# 虚拟偶像生成与接受的
# 互动关系场域研究

杨名宜　著

人民日报出版社

北京

图书在版编目（CIP）数据

虚拟偶像生成与接受的互动关系场域研究 / 杨名宜
著. —北京：人民日报出版社，2024.5
ISBN 978-7-5115-8157-0

Ⅰ.①虚… Ⅱ.①杨… Ⅲ.①虚拟现实—研究
Ⅳ.①TP391.98

中国国家版本馆CIP数据核字（2024）第019673号

书　　　名：虚拟偶像生成与接受的互动关系场域研究
　　　　　　XUNI OUXIANG SHENGCHENG YU JIESHOU DE HUDONG
　　　　　　GUANXI CHANGYU YANJIU
著　　　者：杨名宜
出 版 人：刘华新
责任编辑：梁雪云　王奕帆
封面设计：中尚图
出版发行：人民日报出版社
社　　　址：北京金台西路2号
邮政编码：100733
发行热线：（010）65369527　65369846　65369509　65369512
邮购热线：（010）65369530
编辑热线：（010）65369526
网　　　址：www.peopledailypress.com
经　　　销：新华书店
印　　　刷：三河市中晟雅豪印务有限公司
法律顾问：北京科宇律师事务所 010-83632312
开　　　本：710mm×1000mm　1/16
字　　　数：269千字
印　　　张：19.5
版次印次：2024年7月第1版　2024年7月第1次印刷
书　　　号：ISBN 978-7-5115-8157-0
定　　　价：68.00元

# 序

我们正处在从工业文明时代向数字文明时代过渡的深刻转型期，其间充斥着如创新经济学家熊彼得提出的"断裂式的发展"和"破坏式的创新"。所谓"断裂式的发展"是指，按照传统逻辑去画延长线的做法已经难以为继，传统模式的发展已经中断和终结；所谓"破坏式的创新"是指，新的发展机会和可能，必须建立在对传统发展的规则、模式和逻辑的"破坏"的基础上，真正的创新发展才会成为可能。这意味着我们必须走出传统实践与理论的窠臼所营造的"舒适区"，去直面那些陌生的、充满不确定性的现实与变数。

技术的涌现为社会与传播带来了深刻的重构，新闻传播学科实践的思考从二元对立的"人—机本体论"逐渐转向人机共融的新形态关系路径。其中，媒介技术始终是智能传播时代新闻与传播学实践研究重要的变量维度。

在所有的变数之中，虚拟技术及数字偶像无疑是其中相当重要的研究课题之一。杨名宜博士的这本专著《虚拟偶像生成与接受的互动关系场域研究》，正是从智能时代人与虚拟数字人的对话互动角度，以20世纪80年代"虚拟偶像"概念的诞生为开端，多维度描绘在技术框架与文化特色的耦合下，以虚拟偶像为代表的虚拟数字人与人建立多重行动者聚集的强关系，其内容生产组织活动如何以去中心化的传播方式有秩序地运行。本书不仅较为全面地从静态结构和动态演进呈现了虚拟偶像的认识建构过程，也为当下智能传播时代理解人机关系的路径提供了有益的参照。尤其是从人机传播角度展开主客体间话语角度的建构作用和建构策略的研究，探讨在人机共融的强关系下，内容生产场域中经济资本与社会资本的相互转换，在目前的新媒体研究中并不多见，具有一定的学术启示意义。

从结构来看，《虚拟偶像生成与接受的互动关系场域研究》一书采用量化与质化相结合的混合研究方法，围绕虚拟偶像媒介所属方与产消者的互动关系，一方面通过社会网络分析研究虚拟偶像内容生产场域的客观结构，以布迪厄的经典场域理论为基本框架，以皮亚杰的发生认识论为研究的行动策略，将虚拟偶像的认识建构划分为四个时期，虚拟偶像媒介所属方的场域位置经历了"主导—边缘化—调整策略—回到中心位置"的变化，以及这一过程中产消者从分散且独立的"强个体"逐渐演变为"强强联合"的局面。另一方面通过批判话语分析方法探讨行动者如何紧扣歌手话语、偶像话语，采用不同的话语建构策略加入虚拟偶像的认识建构之中。

本书立足于中国虚拟数字人的内容生产实践，开拓了媒介技术研究的新视角，呈现出中国智能传播时代内容生产与传播的本土特征。本书针对虚拟偶像这种新型传媒产品或媒介与传统内容产品的差异，探讨官方团队如何通过引导和管理虚拟偶像内容生产，与产消者共同建构被大众认可的虚拟偶像，在思维和实际商业操作上为以虚拟存在为主体的内容生产现象提供更多的经验材料和研究成果，分析在人工智能时代衍生出的新型传媒产品的成功基因，对虚拟现实技术下的内容生产和传播效果的后续研究具有一定的启示性。

研究表明：作为一种虚实相融的混合媒体，虚拟数字人将是承担未来传播的"升维媒介"，也将在未来传播实践中承担重要角色。这将是一个未来新传播领域中极具创新想象力的巨大舞台，我们必须勇于抓住这一时代发展赋予我们的发展机遇，将这一充满不确定性的变量转化为促使我们提升的传播影响力和价值力，而实现这种转化的前提就是要在理论上对这种数字化技术的发展及其内在逻辑具有深刻的把握力。毫无疑问,杨名宜博士的这本专著《虚拟偶像生成与接受的互动关系场域研究》就是一个很好的入门指南。


(喻国明:教育部长江学者特聘教授、北京师范大学传播创新与未来媒体实验平台主任)

# 目 录

— CONTENTS —

# 引言：问题的提出与研究路线图

技术型虚拟偶像的建构过程同样是官方与产消者之间合作、博弈的过程，合作的点是官方指导与产消者配合的"共建"，构建共同认同的虚拟偶像，博弈的点是官方与产消者对虚拟偶像的"认知差异"，通过内容生产塑造各自心中理想的虚拟偶像。在虚拟偶像内容生产场域中，官方与产消者以自己的立场生产符合自身权益的虚拟偶像，其价值观与个性通过作品被诠释、被赋能和被"赋魂"。

建构过程中，官方掌握专业技术开发和资本支持等重要资源，产消者则拥有劳动力和内容创作技能，零散且去中心化自组织式的参与会对虚拟偶像的建构造成怎样的冲击？在虚拟偶像建构的不同时期，两者的关系发生着怎样的变化？虚拟偶像认识建构的权力是否会向少数人倾斜，虚拟偶像的内容生产场域未来是否会出现"强者愈强，弱者愈弱"的马太效应？为了深入探讨上述问题，本书以场域理论为基本框架，以发生认识论原理作为研究的基本行动策略，以社会网络理论和社会交换理论中的资源依赖视角为研究工具，探讨虚拟偶像生成与接受的互动关系。

研究方法方面，本书结合定性和定量两类研究方法对论文提出的框架展开实证研究，具体而言，主要采用社会网络分析方法研究虚拟偶像内容生产场域的客观结构，对虚拟偶像认识建构的过程中的内容生产场域内的权力关系进行描述性分析。同时，在场域的主观结构和行动者的话语策略部分采用批判话语分析方法和内容分析方法进行研究，辅以对线上线下虚拟偶像内容相关的基本介绍、创作者和官方团队的访谈资料、社交媒体认证账号发布的公告和出版物进行批判内容分析。其中，虚拟偶像内容相关基本介绍的数据来源主要是创作者或官方团队在内容发布网站和社交媒体账号上提供的内容介绍、杂志出版物和网站中发布的虚拟偶像新闻、官方团队和内容创作者的访谈内容等。

## 一、提出问题

本书研究问题从中观—微观—宏观三个维度依次探讨在虚拟偶像认识发展的不同时期，官方与产消者之间的互动关系，并提出三组研究问题（RQ）：

RQ1（中观）：虚拟偶像内容生产场域结构是如何变迁的？

为了全面且客观地展现虚拟偶像内容生产场域的现状和历史演进过程，本书在第一部分需要回答：产消者（挑战者）参与下，虚拟偶像内容生产场域的结构是如何变迁的？以官方团队及其合作者为代表的既有行动者在虚拟偶像内容生产场域中占据什么位置、扮演怎样的角色？不同类型的虚拟偶像产消者分别在其中占据什么位置、扮演怎样的角色？（RQ1.1）虚拟偶像认识建构的不同时期，场域中的权力格局是否有所不同？产消者和官方团队及其合作者在场域中的位置经历了怎样的变化？（RQ1.2）

RQ2（微观）：场域中官方团队与产消者分别采取的保守策略和颠覆策略与场域结构的改变有何关系？

RQ3（宏观）：场域中的行动者的社会资本（场域中的位置）与经济资本（内容生产带来的收益）之间是否能够互相转换？

### （一）中观：虚拟偶像内容生产场域动态演化过程

为了对虚拟偶像认识建构的现状和动态演化过程有一个全面且客观的呈现，本书将关注虚拟偶像的用户内容生产场域结构是如何建构和变迁的。根据皮亚杰的发生认识论原理，大众对虚拟偶像的认识起因于官方团队和用户之间的相互关系和相互作用，而这种作用发生在官方团队和用户之间的中途，虚拟偶像内容生产场域就是承载两者互动的主要场域之一。场域理论借鉴了网络结构理论的核心概念和研究方法，场域的本质是社会网络，而研究对象是发生互动、事务和所发生事件之中蕴含的社会空间（Bourdieu，2005：148）。虽然布迪厄认为场域的本质是社会网络（刘少杰，2015：511），但他拒绝社会网络分析方法，因为这种方法倾向于强调人际关系，而不是各种形式的资本之间的关系。这种观点被场域理论的后续学者反对，他们不认同场域理论的倾向差异（De Nooy，2003），并认为社会网络分析对组织间的关系和场域结构的研究是有利的（Lindell，2017），网络分析方法与场域理论的结合能够为场域的实证研究提供有效的技术工具（Fligstein & McAdam，2012：30）。

偶像化的运营造就了虚拟偶像这种能够与用户建立强关系的新型传媒产品或媒介。虚拟偶像中的"虚拟"决定了它无实体，不受载体的限制，依赖稳定且持久的运营维持。研究虚拟偶像的认识建构需要从官方团队和用户群体之间的中介物入手，而内容生产活动正是官方团队和产消者的思想和理念产生碰撞的场所。因此，建构虚拟偶像的过程也是内容生产场域变迁的过程，官方团队与产消者之间位置和权力关系随着虚拟偶像的发展而变化，量变到质变也意味着场域的转型。虚拟偶像用户内容生产场域的结构研究有助于探讨官方团队与产消者之间通过内容生产活动对虚拟偶像整体进行双重建构过程。

### （二）微观：个人策略与虚拟偶像建构权利转移之间的关系

微观部分关注虚拟偶像用户内容生产场域中官方团队和产消者之间的竞争与合作，探讨官方团队与产消者这两大类行动者分别采用怎样的策略改变或确保自身在场域中的优势，占据优势的地位意味着该行动者是当时内容生产场域中的掌权者，他们掌控着虚拟偶像认识建构的走向。微观策略的分析将会在经济社会学的社会交换理论的资源依赖视角下进行讨论。

场域中的行动者会为获得不同资源而产生合作的想法，而官方团队与产消者之间权力关系由对彼此优势资源的依赖程度决定，对关键资源的占有是权力的基础。当两者资源依赖关系相当时，组织间的关系是平等的，当一方的依赖程度强于另一方时，依赖程度强的一方将会受制于依赖程度弱的一方，因此对于场域中需要合作生产的行动者而言，摆脱对对方资源的依赖是改变场域权力关系的重要手段（曹璞，2018）。本书将通过对虚拟偶像内容生产场域的动态分析，采用资源依赖视角分析官方团队与产消者之间的权力关系，分析官方团队为了加深产消者对其优势资源的依赖而采取了怎样的策略，同时思考产消者为了摆脱对官方团队优势资源的依赖采取了怎样的策略。

### （三）宏观：内容生产场域的未来发展趋势

宏观层面，虚拟偶像是一种能够与人建立关系的新型传媒产品或媒介，而对于传统内容生产方和内容运营方而言，如何生产以虚拟存在作为主体的传媒产品，如何偶像化运营虚拟形象或虚拟数字人是未来传媒业必须面对的问题。本书尝试通过研究以虚拟存在作为主体的内容生产场域，以技术型虚拟偶像的内容生产场域为例，分析虚拟存在的内容生产场域中的社会资本与经济资本之间的关系。由此，引发猜想：随着虚拟偶像内容产业的发展与成熟，场域内是否也会出现"强者愈强，弱者愈弱"的马太效应？本书不仅探讨官方团队与产消者合作生产实践中的互动关系，也从宏观角度探讨虚拟存在的内容生产场域的发展趋势，为场域的既有行动者和新参与者提供某种可预见性的趋势。

## 二、研究路径

本研究的行动路线如图0-1所示。具体章节安排如下：

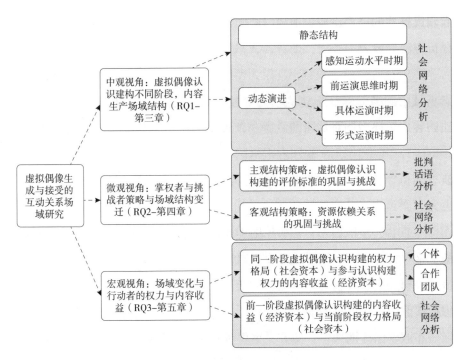

图 0-1　本研究行为路径图

（一）提出问题。第一章介绍研究背景，从人工智能和虚拟现实技术为传媒产业带来的新机遇、对虚拟存在为主体进行内容生产管理和知识产权保护，新型传媒产品的发行和运营为传媒产业带来新的挑战的背景下提出研究问题，并以此界定了本书的研究对象和涉及的关键概念。接着依次论述本书将使用的理论范式、研究对象和研究方法。第二章以"虚拟偶像研究"和"内容生产场域研究"为主题，描绘现阶段已有文献的知识图谱，并在此基础上进行文献综述。

（二）提出研究设计，主要包含理论框架和研究方法两部分。本书以布迪厄的经典场域理论为基本框架，以皮亚杰的发生认识论为研究的行动策略，探讨在虚拟偶像的内容生产场域中，虚拟偶像的认识建构的各个时期中场域结构的变迁，以网络结构理论和资源依赖视角对虚拟偶像内容生产场域的主观和客观结构进行分析。研究设计部分将阐述本书的研究框架和假设推导的过程，最后呈现研究中使用的社会网络分析方法和话语批判分析方法。

（三）阐述本书的研究结果，本书将从三个维度探讨虚拟偶像内容生产场域中虚拟偶像认识建构权力变迁问题。第三章运用社会网络分析方法回答"掌权者与挑战者建构虚拟偶像的内容生产媒介场域结构是什么"（RQ1），其中包括静态分析（不同时期的客观格局是怎样的）和动态演进分析（权力格局伴随虚拟偶像认识建构的发展是如何演变的）两个方面。

（四）关注"掌权者与挑战者建构虚拟偶像认识策略与场域结构变迁的关系"（RQ2）。这部分从主观和客观两个维度展开。虚拟偶像的主观场域结构部分研究掌权者和挑战者的话语策略，通过运用批判话语分析呈现虚拟偶像内容生产场域的主观结构特征——对虚拟偶像的认识差异，偶像话语和歌手话语的博弈；接着，聚焦既有掌权者和挑战者在主观结构方面分别对对其有利的话语采取怎样的话语基调；最后，探讨场域内的行动者对两种话语的解读与回应。在客观部分，本书将通过定量的研究方法分析掌权者和挑战者在前一时期采取的策略是否与后一时期在场域中的权力位置相关。

（五）关注"变化后的场域结构与行动者参与虚拟偶像认识建构的内容收益之间的关系"（RQ3）。首先，探讨在同一时期的虚拟偶像内容生产场域中，掌权者和挑战者在场域中的位置对其内容收益有何影响。其次，分析前一时期的内容收益与后一时期权力格局之间存在怎样的关系。

# 第一章  虚拟偶像：亚文化与技术耦合下的强关系

## 一、虚拟偶像：亚文化与技术的耦合

偶像的诞生源自爱慕与崇拜，技术被誉为最强大的力量，两者的结合孕育了具有强关系属性的技术载体——虚拟偶像。然而，虚拟偶像为何存在？人们如何为技术缝制"偶像新衣"？聚焦虚拟偶像的内容生产，需要探讨媒介运营者和内容生产者之间的互动关系。亚文化包装下的技术如何面对自组织式内容生产模式？去中心化运营的虚拟偶像所属方如何与分布式的内容生产者合作？如何为技术编造最理想的虚拟偶像外衣？"共创、共建、共治和共享"自组织式内容生产模式会给传媒业界带来怎样的挑战与机遇？这将是未来媒介内容供给侧需要面对的新问题。

虽然虚拟形象的内容生产和偶像化运营在现阶段只是传媒产业领域中出现的新现象，最具代表性的是以 VOCALOID 人声合成技术为载体的技术型虚拟歌手的偶像化运营在中国娱乐和二次元产业的兴起，但在人工智能技术的普及和个性化满足用户的需求的推动下，日后在不同技术、内容或产业驱动下的"虚拟数字人"将会越来越多。"虚拟数字人"的内容生产为媒体产品的运营方和生产方均带来了新的问题和挑战，有别于以往的传统内容产品的生产，虚拟偶像既是传播内容的主体，也是内容的传播渠道，而以 VOCALOID 人声合成技术为载体的技术型虚拟偶像在中国的成功塑造和实现盈利为我们提供了研究这种新现象的途径。虽然虚拟偶像目前只是在二次元和青少年群体中得到了广泛认可，这种新兴传媒产品尚未成为全社会熟知的现象级产品，以虚拟存在作为主题的内容生产也尚未成为传媒产业的主流现象，但伴随科技发展和特定群体对定制化"理想人类"的需求，生产和运营虚拟偶像此类"虚拟数字人"的商业模式逐步成熟，"虚拟数字人"这种新型传播主体将长期存在于传媒产业，并具有持续发展并成为传媒产业主流现象的潜力。

## 二、概念：何为虚拟偶像

虚拟偶像的定义方面，国内学者主要有两种意见：部分意见认为虚拟明星的概念与真人偶像对应，由动画或电脑技术生成的虚拟数字人能够通过在影视内容中的出色演出给受众留下深刻印象。他们认为热门动画电影或电视剧中的角色应该算是"虚拟明星"（王玉良，2015），因为动漫角色并不是基于现实世界设计的虚拟人物，这些只是经典的舞台形象，应该是偶像或明星扮演的角色，而非偶像本身，虚拟偶像应属于演艺明星的范畴（张书乐，2018）。有学者则持反对意见，认为虚拟偶像应该是生活在现实世界的虚拟人物，而不是仅仅存在于虚构故事中的角色，她提出虚拟偶像应该具备以下四个条件：（1）背景故事应发生在现实世界中；（2）有某种能够成长为公众人物潜能的职业；（3）有形或无形地在现实世界留下痕迹；（4）与现实世界的互动或关联呈现给大家（穆思睿，2018）。以上观点建立在虚实时空和角色身份的层面，而其情感维度和关系属性值得进一步思考。

回归到基础概念，偶像的最基本属性是被一定数量的人喜爱、追捧和崇拜，将之延伸至虚拟偶像的概念。狭义而言，虚拟偶像是被虚构出来的、受到崇拜或挚爱的客体。在人工智能时代，虚拟偶像则是"虚拟场景或现实场景中进行偶像活动的架空形象"（喻国明、耿晓梦，2020）。虽然偶像可以是人、动物、神或其他无生命的架空形象，但它必须"满足人类与之建立亲密关系"（高寒凝，2019）的需求，才能让人类的粉丝产生崇拜和狂热的感情。因此，目前而言，虚拟偶像基本上都是以人为原型，基本具有高度拟人化的虚拟形象。

广义而言，虚拟偶像是一种自带关系的新型传播媒介，是人类强关系的延伸。虚拟偶像为内容增加了关系属性，让内容在部分受众中更容易被关注和认可，更具影响力。借助虚拟偶像的影响力，内容和产品能够更快速地进入目标受众群体。虚拟偶像在互联网人工智能时代承载的是以关系为逻辑的新型算法，能够帮助传播者更快速地找到目标受众，同时目标受众也因为关系加成而更愿意接受与喜爱的虚拟偶像相关的内容。在人工智能和虚拟现实技术时代，成为偶像意味着将拥有一定数量的目标受众，目标受众愿意通过这个特定渠道接收与之相关的信息，选择付出一定的参与成本（时间、金钱或劳动力）来与之建立强关系。在粉丝群体眼中，偶像传播的内容是"带红点提醒"的内容，是自带权重优先推送的内容，虚拟偶像亦是如此。

由于虚拟偶像是特定群体共同认同的理想化身，人物设定成为虚拟偶像的立身之本。偶像人物设定的概念源自 20 世纪 90 年代中后期的日本，当时的御宅族不再热衷于作品背后的宏大叙事，而更关心角色的"萌元素"，日本偶像产业逐渐也将数据库消费（database consumption）的理念应用在设计和塑造偶像上（東浩紀，2001）。消费时代的偶像可以通过成熟的产业链实现批量化的流水线生产，具体的操作流程大致如下：第一，根据个体本身特点提取"萌元素"，将其整合为该真人偶像的人物设定，再要求该人按照偶像设定进行活动，不能做出违反人物设定的举动。部分具有成熟偶像产业体系的公司会更愿意推出团队组合，通过团队成员之间的互补或反差来吸引不同粉丝群体的需求。国内学者高寒凝认为，网络时代偶像形象正朝着虚拟化与数据库化方向发展，粉丝消费的是"以偶像本人为原型创造出来的，某种可被放置于亲密关系想象之中的形象"（高寒凝，2018）。网络媒介的发展让偶像走下神坛，学者用戈夫曼的"戏剧"

理论探讨偶像如何通过网络虚拟互动将自己塑造成正面的公共人物，并以此获取利益。与偶像线上的虚拟互动只是精心营造的假象，因此真人偶像塑造的完美形象的崩塌是不可避免的（蔡叶枫，2018）。相比之下，由技术驱动的虚拟偶像不受真人的局限，有很大可能避免这种"塌房"的情况，一千名粉丝就会描绘出一千种不同的理想化身，这些理想都可以寄宿在虚拟偶像的外衣之下，他们的心声和愿望被虚拟偶像保留和封存。

在确定了偶像的立身之本——人物设定之后，虚拟偶像的运营和维系与传统真人偶像的造星工业是一脉相承的，明星制和养成制依旧是虚拟偶像的根本逻辑（雷雨，2019）。为了让虚拟偶像更接近真人，粉丝会对官方的人物设定进行二次创造，甚至会用"饭圈"话语给虚拟偶像制造绯闻和丑闻（徐越、付煜鸿，2019）。虚拟主播等依赖真人演绎的虚拟偶像仍会面临"塌房"问题，"中之人"（驱动虚拟偶像的真人）在传播关系中仍处于关键地位，"中之人"与所属官方的关系、与受众的关系都会直接影响虚拟偶像的整体形象。官方在运营真人驱动的虚拟偶像时需要多加留意"中之人"本身与虚拟偶像人物设定的契合度。相对而言，完全由人工智能等技术驱动的虚拟偶像则更依赖官方的运营与维系，日常社交媒体账户的更新与线上线下活动的定期举行都是虚拟偶像"活着"的证明，随着 ChatGPT 和 Midjourney 等生成式人工智能的普及，虚拟偶像相关的内容生产成本大大降低，官方团队在有限的时空和人力支持下能够更大程度地"演绎"虚拟数字人的生活，让虚拟偶像不仅仅局限在"活着"的存在层面，还能在各大社交媒体平台中过上文字、图像、音频和视频等多模态的精彩生活。

人是客观存在的，是具有身体的，只存在于虚拟空间的虚拟数字人是二维和抽象的，想要让虚拟偶像从二维平面进入三维立体世界，离不开技术的支持与商业应用，虚拟现实、全息投影、人工智能、动作实时捕捉和人声合成等刺激感官的新兴技术在虚拟偶像和虚拟主播的概念辅助下实现商业化，从而直接推动该领域相关技术的进一步开发与商用（邵仁焱、史册，2019；张颖，2019；郝昌，2019；郭倩玲，2019；陶若恺，2013；李墨馨、霍一获，2020；Hilary Bergen，2020）。虚拟偶像和虚拟直播在传媒领域的应用也受到了学者的关注，虚拟偶像的概念与气象影视节目、直播间和电视节目中实现了全息影像、演唱会直播等内容形式结合（白秀梅、徐世民，2020；邵仁焱、史册，2019）。虚拟偶像的演唱会给传统舞台设计和舞台效果带来了新的挑战（木泽佑太，2014；陶若恺，2013；郭倩玲，2019）。

## 三、技术溯源：为技术量身定制的"偶像外衣"

虚拟偶像概念至今已发展 30 余年，其间的每一次发展都伴随着技术发展和偶像运营模式创新。技术型虚拟偶像的出现与计算机合成技术和 3D 技术的诞生息息相关，紧随技术的出现，如何推向市场、技术产品化的定位都成为亟须解决的问题，而世界首位虚拟数字人 Max Headroom 和世界首位 3DCG 技术创作的虚拟偶像伊达杏子都是将技术推向市场的实验性产品。将技术商品化中偶像化运营最成功的是以雅马哈（YAMAHA）公司生产及开发的 VOCALOID 人声合成技术为基础，由日本公司 Crypton Future Media 运营的虚拟偶像初音未来。雅马哈公司开发人声合成技术 VOCALOID 最早是为专业音乐人制作的，但是由于其技术调试成本较高且远不如自然人声动听，因此雅马哈为专业音乐人推出的虚拟数字人声库均以销售惨淡告终，而 Crypton Future Media 公司则敏锐地察觉到日本二次元市场的需求和产业的成熟，将产品定位为业余音乐爱好者，为声库设计了符合二次元群体品位的虚拟偶像，并推出初音未来 VOCALOID 二代声库。公司早期设计该虚拟形象只是为了增加第二代语音合成技术软件 VOCALOID 的销售量，通过虚拟形象吸引二次元用户，拓宽用户群体，但初音未来在市场上的火爆盛况为 Crypton Future Media 偶像化运营 VOCALOID 人声合成技术带来了可能性，Crypton Future Media 公司根据二次元市场的需求，相继推出其他人物设定和形象的人声合成音源库，满足二次元用户多元化需求，进一步抢占虚拟偶像市场，并于 2017 年 8 月推出中文版本的初音未来 VOCALOID 四代音源。日语 VOCALOID 虚拟偶像初音未来发布于 2007 年，虚拟偶像内容生产的热潮也感染了一海之隔的中国大陆二次元市场，喜爱 VOCALOID 的中国人声合成爱好者在很长一段时间苦于没有中文系统的 VOCALOID 音源库，被迫使用日语音源库生产中文内容，其中影响较大的曲目是 2010 年 5 月 8 日由产消者"solpie"生产的《月·西江》，这首曲子虽然赢得了很多人的喜爱，但同时引起很大争议，因为部分日本用户反对这种跨语种调教的行为。

在此背景下，中文 VOCALOID 声库应运而生。中文市场逐渐引起了雅马哈公司的注意，随后雅马哈公司和 Bplats 公司合作推出 VOCALOID 中国计划（VOCALOID CHINA PROJECT），并于 2012 年推出中文 VOCALOID 首位虚拟偶像洛天依。自此，以人声合成技术、全息投影技术和增强现实技术为基础的技术型虚拟偶像在中国萌芽。自 2012 年世界第一款中文 VOCALOID 声库洛天依在中国市场扎根后，技术驱动型虚拟偶像的概念在中国的沃土中生长壮大已十余年。人工智能技术和虚拟现实技术在大数据、移动网络和算法等基础性技术的辅助下蓬勃发展，使人们逐渐意识到人工智能技术可以应用在人类生活的方方面面，这也意味着无限的商机。伴随人工智能技术和虚拟现实技术的发展，人与"虚拟数字人"或"机器人"朝夕相处的人"人"时代不再遥远。目前，在中文 VOCALOID 虚拟偶像内容生产场域中较为活跃的虚拟偶像主要有 11 名，分别为洛天依、乐正绫、乐正龙牙、言和、徵羽摩柯、赤羽、苍穹、心华、墨清弦、星尘和初音未来。请在附录中查看中文 VOCALOID 虚拟偶像认识建构过程中具有代表性的事件。

在人工智能技术和虚拟现实技术的发展下，将有越来越多的虚拟数字"人"走进大众生活的方方面面，虚拟偶像作为虚拟现实和人工智能时代的衍生品，其作为传媒产品的商业和社会价值逐步被人们认可，虚拟偶像作为一种连接中国 Z 世代群体的重要渠道被各种政治、商业资本关注，除了世界范围内的顶级商业品牌积极通过与虚拟偶像合作吸引青少年群体注意以外，共青团中央在 2017 年也开始注意到虚拟偶像在青少年群体中的影响力，与洛天依等具有影响力的技术型虚拟偶像联动，通过与官方团队和具有影响力的产消者（prosumer）合作，共同制作和传播符合中国主流价值观的虚拟偶像相关音乐内容，在青少年群体中得到了广泛认可与关注，例如共青团中央在其主导生产的中国制造日的主题曲《天行健》中邀请了虚拟偶像官方团队进行合作，该音乐视频在哔哩哔哩弹幕视频网站中的播放量超 300 万。

## 四、文化起源：亚文化沃土培育的特定偶像

20 世纪 80 年代，日本动漫游戏产业蓬勃发展，随之崛起的以二次元文化为代表的亚文化风靡全球。虚拟偶像的出现与亚文化崛起密不可分。动漫公司逐渐不满足于角色在虚拟世界的发展，为角色在真实世界的舞台立足积极铺路，例如 80 年代的动画《超时空要塞》的虚拟角色林明美以角色身份发布个人单曲，曲子还成功进入日本音乐公信榜。虚拟偶像的出现不仅仅源自二次元文化的崛起，游戏文化、粉丝文化、音乐文化、电竞文化和后现代思潮下的赛博朋克文化等多方面文化因素都左右着虚拟偶像的萌芽与发展。

第一，"二次元"是目前成功的虚拟偶像普遍具有的基本属性，二次元产业与虚拟偶像的受众密不可分，学界研究非常重视二次元文化对虚拟偶像的影响。中国拥有千亿级二次元的消费市场，二次元文化爱好者和95 后的受众群体都有可能是虚拟偶像的潜在粉丝，虚拟偶像的粉丝群体深受二次元文化的影响（黄婷婷，2020；石淼、张潋然，2020；钱丽娜，2020；严佳婧、金伟良，2015；嫣然，2013）。御宅族是日本对二次元文化的深度爱好者的称谓，该群体一直是支撑虚拟偶像发展的核心力量，

"萌元素"等符合该群体喜好的特征被广泛应用在虚拟偶像的角色塑造之中，奠定了虚拟偶像为特定群体个性化定制服务的传统。

第二，粉丝文化方面，赵艺扬（2020）在研究虚拟偶像的亚文化景观时，指出消费主义浪潮、技术革新和后现代主义思潮是诱发虚拟偶像亚文化的原因，而中国虚拟偶像的亚文化风格可以具体分为六类，分别是古风系、梗曲、日系、鬼畜、御宅和暗黑。参与式文化的影响下，虚拟偶像相关的用户内容生产趋于平民化，粉丝权力分层化和粉丝权力颠覆经纪公司权力，自下而上的文本生产从边缘引向主流（雷雨，2019）。

第三，音乐文化和游戏文化方面，现有研究涉及虚拟偶像对游戏电竞文化（徐越、付煜鸿，2019）和音乐文化的影响（Hayashi, Bachelder & Nakajima, 2014；宋岸，2017；孙薇，2015；魏丹，2016；赵艺扬，2020），对虚拟偶像的音乐流派和印象的分析（末吉優、関洋平，2017），以及通过虚拟偶像的音乐词曲从传统元素、感官化、主流价值和情绪宣泄四个角度分析虚拟偶像洛天依代表的心理学符号（缪滢岚，翟华镕，2019）。

第四，后现代思潮和赛博朋克文化的影响下，虚拟偶像同时存在于现实空间和虚拟空间之中，被韩国学者한저和이현석称为后形而上学（pataphysics）的产物（2020），它代表着对社会模式、流行文化和技术的反对和颠覆。艺术和哲学方面，现有学者从后现代主义思潮和赛博理论（cyber）等方向探讨后人类时代与技术媒介的融合问题。多位学者在赛博理论的基础上探讨虚拟偶像作为跨媒介艺术，它的后身体与后人类的问题，研究虚拟偶像带来的现实世界与虚拟空间的联系和伦理问题等（成怡，2013；何川，2017；袁梦倩，2019；张驰，2020；朱钊，2010；Daniel Black, 2006；Tatsumi Takayuki, 2018）。技术发展正在"消解"身体，具身性与具身传播的理论视角下，主播产业下发展起来的虚拟偶像实现了身体的"人机互嵌"，如何处理"在场"与"离场"的关系很重要，需发挥身体作为"传播平台"的作用（邵鹏、杨禹，2020）。真人演绎的

虚拟直播披着梦中偶像的"皮套"进行具身性传播实践，人类的涉身认知渗透到虚拟直播媒介景观之中，提出"他者出席而又离场"的虚拟直播场域让人类放弃主体地位，营造离身的"天使交流的永恒梦境"，为后人类主义下的具身人工智能积累实践经验（喻国明、杨名宜，2023）。新媒体景观下的艺术表演牵动大众情感抒发，数字文化以新形式正在打破现实和虚拟的壁垒。受众希望虚拟偶像能提供更丰富的情感体验和行为模式，但同时不能失去原有特点（李佳黛，2020）。

## 五、强关系：具有关系属性的新型媒介

狭义而言，"虚拟偶像"是被虚构出来的、受到崇拜或挚爱的客体。考虑到人工智能和虚拟现实技术发展下，我们已经进入"人'（虚拟数字）人'时代"，只要能与粉丝交互、沟通和建立强关系，无论是真人、虚拟人物、人工智能机器人，甚至是拟人化的虚拟形象都可以借助技术的力量转化成为偶像。在人工智能时代，虚拟偶像则是"虚拟场景或现实场景中进行偶像活动的架空形象"（喻国明、耿晓梦，2020）。虽然偶像可以是人、动物、神或其他无生命的架空形象，但它必须"满足人类与之建立亲密关系"（高寒凝，2019）的需求，才能让人类的粉丝产生崇拜和狂热的感情。因此，目前而言，虚拟偶像基本上都是以人为原型，基本具有高度拟人化的虚拟形象。

虚拟偶像的本质是具有关系属性连接特定群体的传播媒介，不存在固定形式的载体，其虚拟形象和人物设定是目标受众的共同特征和喜好的表征，因此根据传播目标受众的大小和性质可以将虚拟偶像纳入分众媒体，相对于大众媒体而言，虚拟偶像传播信息面向与之建立关系的特定受众，而与传统广播等分众媒体不同的是受众可以通过内容生产或互动行为等方式参与媒介的塑造过程，通过虚拟偶像这个"频道"，为拥有共同爱好的群体提供无偿的内容服务时，也参与虚拟偶像这种媒介的形象塑造和产

品开发，甚至为媒体所有者提供技术性指导和服务，例如产消者"纳兰寻风"凭借自身过硬的内容生产能力，被上海望乘有限公司邀请参与虚拟偶像"悦成"和"章楚楚"声库的开发。伴随着科技发展和娱乐市场的壮大，虚拟偶像的技术载体并不局限于某种特定技术，驱动其发展的可能是某一个产业，或某一个系列的内容产品，例如由直播行业发展驱动的虚拟主播目前也正在朝着偶像化运营的方向发展，而很多动画游戏产品中的人气角色"IP"也同样有偶像化运营的可能性。然而，无论未来如何发展，虚拟形象作为一种无实体且充满不确定性的新型传播媒介，它的发展都将离不开官方的运营和用户的参与。从开发、设计、发布到运营和维护，虚拟偶像的建构是永远不会停歇的，运营能保证虚拟偶像在空间中"活着"，用户的积极参与能保证虚拟偶像在空间中"活得多姿多彩"，保证虚拟偶像的整体形象朝着预设的方向发展，让受众接受并参与维护虚拟偶像的既有形象和人物设定，这是具有关系属性的"虚拟数字人"新型媒介的运营方必须面对的问题。

因此，虚拟偶像作为一种能够与人建立关系的新型传媒产品或媒介，其发展依靠与更多的目标受众连接，建立强关系，但由于虚拟偶像的生成与接受都高度依赖受众的参与，任何人都能够通过内容生产参与虚拟偶像的建构，同时虚拟存在不受实体的物理限制，也意味着这种新型传媒产品具有极强的不确定性，与以往传统媒体的内容生产不同，其内容的主体对象是虚拟存在，媒体所有方的重点将从生产转移到对内容生产的引导与管理，虚拟偶像本身的不确定性让我们重新认识传者与受众的关系。

## 六、知识图谱：虚拟偶像的关键词

为了更全面地理解虚拟偶像研究的基本方向，2020 年 9 月 15 日 [①] 笔者分别以"虚拟偶像""虚拟主播"和"初音未来"检索中国知网 CNKI 数据库，并以"virtual idol""virtual youtuber"和"Miku"检索 WOS 外文数据库，排除非学术的资讯类文献和无关文献后，共得到有效文献 106 篇，其中中文学术期刊文献 70 篇，外文学术期刊文献 21 篇，硕士学位论文 10 篇，会议论文 4 篇。编码后得到关键词 287 个。

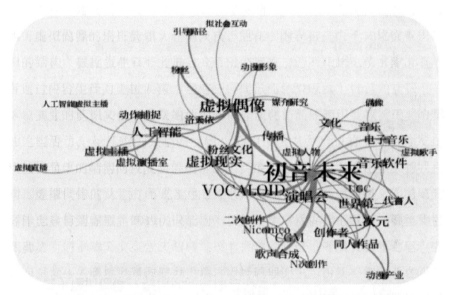

**图 1-1　虚拟偶像国内外研究关键词共现网络（采集自 2020 年 9 月）**

虚拟偶像的概念开始于 20 世纪 80 年代，而国内外对于虚拟偶像的学术性研究则起步较晚，最早的相关文献出现于 2000 年，为曾仕龙（2003）的《虚拟的偶像——"古墓奇兵"萝拉对市场营销业的启示》。自从 20 世

---

① 本书的数据采集于 2020 年 9 月 15 日，研究对象是虚拟偶像内容生产场域，探讨以虚拟偶像为代表的虚拟数字人的生成与建构问题。本书以理论探讨为主，运用知识图谱主要是为了展示虚拟偶像研究的基本方向，方便读者掌握虚拟偶像相关研究的大致情况。

纪 80 年代，日本动画《超时空要塞》的偶像角色林明美获得成功后，虚拟角色偶像化的概念开始萌芽，但该领域的学术研究则处于滞后的状态，在 2007 年初音未来以人声合成软件的身份诞生，其偶像化的发展路线让虚拟偶像逐渐引起学术研究者的关注，相关研究在初音未来 2019 年的全息投影演唱会成功举办后有了小幅提升。随着人声合成技术的发展，世界第一位具有中文声库的虚拟偶像洛天依于 2012 年面世后，2013 年相关研究增多，2017 年洛天依的第一场演唱会顺利举办，而虚拟偶像相关研究开始快速发展。近年来，伴随着人工智能技术的井喷式发展，以虚拟偶像为代表的虚拟数字人相关研究也同步增多。

研究方向上，按照传播关系将研究类型分为传者研究、受众研究和媒介研究三大类，国内外已有文献在此三个方向上均有涉及，其中虚拟偶像媒介研究的数量（48.6%）高于传者研究（26.6%）和受者研究（12.3%）。媒介类研究主要为虚拟偶像的理论型研究、相关技术的应用及其发展与影响。传者类研究主要关注两个层面，其一是虚拟偶像在传媒、偶像、文化、游戏等产业中的应用与发展（64%），其二是技术型虚拟偶像的创作者及其内容创作模式（35%）。互联网的大背景下，技术驱动型虚拟偶像的成功离不开其独特的内容生产模式，大部分的内容主要依靠官方的版权支持和参与式文化下非专业用户的生产，有异于传统大众媒体和真人偶像产业的主流生产模式。在这种新型生产模式的推动下，初音未来的诞生引起了国内外学者的广泛关注，她是第一个被世界范围内不同国度的粉丝广泛认可的虚拟偶像。受众研究则主要关注虚拟偶像粉丝群体的互动模式、身份认同、崇拜心理与消费动机。

就研究对象而言，现阶段被视为虚拟偶像的虚拟存在大致分为三类，分别为技术驱动型虚拟偶像、内容驱动型虚拟偶像和产业驱动型虚拟偶像（喻国明、杨名宜，2020）。对虚拟偶像的整体进行研究的文献（20%）较少，大部分研究选择针对虚拟偶像的某一类型或个体进行研究，其中技术驱动型虚拟偶像（61%）最受学术界关注，其次分别为产业驱动型虚拟偶像（15%）和内容驱动型虚拟偶像（4%）。其中，最受国内外学界关注的虚拟偶像是在世界范围内第一位被广泛认可的日本虚拟偶像初音未来，占国内外研究总数的42.9%，而为中国市场打造、与初音未来拥有相似"基因"的技术驱动型虚拟偶像洛天依则位居第二（11.4%），另外，产业驱动型虚拟女团KDA作为风靡全球的游戏"王者荣耀"中的主要女性游戏角色同样受到了韩国学者的关注（2.9%）。

就研究方法类型而言，国内外虚拟偶像相关研究基本均采用质化的研究方法（91.4%），量化研究的数量非常有限（6.5%），说明采用量化研究的方法探讨虚拟偶像问题仍有很大的空间。另外，有两篇文献采用量化和质化相结合的方式，通过质化研究构建虚拟偶像的相关理论，并用实证的方法验证其理论假设。已有的量化文献说明，量化或多种方法结合进行虚拟偶像研究具备可行性。现阶段暂时没有虚拟偶像相关的博士学位论文，10篇硕士学位论文中，8篇是以质化研究为主（80%），其余2篇是采用问卷调查和深度访谈相结合的个案分析型的实证类研究。

就具体研究方法而言，案例分析（79%）、深度访谈（8.6%）、内容分析（4.8%）、问卷调查（3.8%）是四种最常用于虚拟偶像领域的研究方法。如今虚拟偶像的主要受众Z世代的95后群体出生在互联网已普及的年代，虚拟偶像相关的内容、言论和信息都集中发布在互联网中，用户与用户之间、用户与内容生产者之间、用户与虚拟偶像之间在互联网中编织了复杂而密切的社交网络。运用社会网络分析研究方法对虚拟偶像的内容生产场域进行研究的数量呈个位数，较为有代表性的是日本学者以虚拟偶像初音未来相关内容的创作团队作为研究对象，研究日本弹幕视频网站Niconico上大规模协作视频内容创作活动与社交网络（滨崎雅弘，武田英明，西村拓一，2010）。

从上述研究可以看出，技术型虚拟偶像的发展起步早，生命力强，名气和人气集中在头部虚拟偶像，二八法则明显，呈现一极多头的情况，从知识图谱可以看出，初音未来为代表的技术型虚拟偶像是学界重点关注的对象，初音未来及其系列 VOCALOID 家族的成功可谓是"一剂强心针"扎在了该领域的学术研究。与日本虚拟偶像初音未来相比，中国本土虚拟偶像受到学术共同体的关注，但远低于初音未来，技术型虚拟偶像在"中国化"的过程中所面临的问题有待进一步解决。与初音未来"基因相近"，拥有同样的技术基础和运营理念的洛天依在中国市场的发展是研究虚拟偶像本土化发展的优秀样本。

此外，内容是虚拟偶像的"血肉"，是虚拟偶像的"灵魂"载体，内容是受众感知虚拟偶像的窗口，是其"个性"和"价值观"的体现方式，内容生产者均站在自身角度为虚拟偶像"铺路"。除此之外，将虚拟偶像官方团队和产消者之间的关系简化为纯粹的合作关系不能体现两者之间的博弈和竞争，两者关系在动态演化过程的博弈与合作也未得到充分展开。

## 小　结

虚拟偶像是一种自带关系的新型传播媒介，是人类强关系的延伸。虚拟偶像为内容增加了关系属性，让内容在部分受众中更容易被关注和认可，更具影响力。由于虚拟偶像的生成与接受高度依赖受众的参与，任何人都能够通过内容生产参与虚拟偶像的建构，也意味着这种新型传媒产品具有极强的不确定性，媒体所有方的重点将从内容生产转移到对内容生产的引导与管理，虚拟偶像本身的不确定性让我们重新认识传者与受者的关系。

至今，虚拟偶像概念已发展 30 余年，其间的每一次发展都伴随着技术发展和商业模式上的创新，智能技术的硬性支撑与亚文化生态的软性培育是其成功发展的关键。计算机合成技术和 3D 技术是最早以虚拟数字人进行商业化运营的技术，其中偶像化运营最成功的是雅马哈（YAMAHA）公司生产及开发的 VOCALOID 人声合成技术。在 Crypton Future Media 公司将该技术进行偶像化运营之后，第一位具有全球影响力的虚拟偶像初音未来诞生于 2017 年。2012 年，世界第一款中文 VOCALOID 人声合成技术的声库洛天依在中国市场扎根，虚拟偶像被视为连接中国"Z 世代"青少年群体的重要渠道，其商业价值与影响力被各种政治和商业资本关注。目前，成功的虚拟偶像普遍深受"二次元"文化、参与式、音乐文化和游戏文化等影响。

伴随着新质生产力和人形机器人概念的兴起，以虚拟偶像为代表的新型媒介将长期存在于传媒产业，并具有持续发展成为传媒行业新质生产力的潜力。

# 第二章　共建场域：官方与粉丝合奏的虚拟偶像舞台

## 一、场域理论：从媒介域到新闻域

虚拟偶像是一种具有强关系的新型媒介，通过特殊渠道对特定人群进行内容发放，内容的生产与流通决定研究虚拟偶像的发展状态离不开探讨创作网络中的官方与产消者之间的博弈，本书在此引入场域理论，探讨内容生产场域中的行动者权力关系变化。

场域的研究始于 1966 年，布迪厄首次提出新闻场和电视场等概念，由后续的研究者整合提出媒介场（media field）的概念，并于 2003 年开始使用场域理论研究媒介问题。学者通过将英裔美国人的媒介生产实践作对比，发现场域理论对媒介生产研究的价值是有限的，同时认为布迪厄与雷曼·威廉（Raymond Williams）晚期作品中，用场域理论对媒介生产进行话语批判研究是成果丰硕的，布迪厄的研究也为不同场域的关系研究提供了新的思考（Hesmondhalgh，2006）。基于媒介场的概念，布迪厄在 1971 年名为"智识场域与创造性工程"中首次提出场域概念，场域是指发生互动、事务和所发生事件之中蕴含的社会空间。媒介生产研究的价值随着时代变迁而显现，媒介场的主要研究对象从电视新闻媒介场逐渐向新媒体媒介场转移（程粟，2019；韩筱涵，2017），移动互联网技术的诞生对媒介场域空间的影响是革命性的，传播力和媒介使用者的关系也因新兴技术的出现而变迁，从单向被动关系转变为多元互动的相互作用关系（马宁，

2013）。媒介技术改变媒介场域的同时也改变人的媒介行为实践，刘宴熙（2016）指出信息媒介场的特征是互动性和虚拟性，媒介实践让媒介行为主体趋于模糊，加速人的媒介化。布迪厄在学术生涯中的研究重点始终围绕着自身所遇到的实践问题，"场域"的概念是他研究实践问题时提出的一套成熟的方法论，用于绘制客观的结构性关系。

新闻媒介场的结构受两方面影响：其一是媒介机构的自主程度、市场控制的广告收入、政府控制的资助费和信息提供；其二是传播者的自主程度，例如研究媒介业态的就业控制、由传播定位决定的职业行为、体制控制下的劳资关系和分工分配制度支配下的生产能力等。与其他场域的权力关系上，新闻场域通过推行新的文化生产形式和文化市场的评价原则来对邻近的生产场域施加影响（刘坚，2012）。除了传媒领域，研究者也在文化生产的理论建构上做出积极的尝试，场域理论作为一种新范式拓展到文艺学和艺术社会学等领域，使用文化生产相关概念重新审视文艺学和艺术社会学的生产场域，以及它们与相邻场域的关系（Born，2010；李勇，2019a；李勇，2019b）

"资本""惯习"和"场域"三个概念是该方法论的基本组成部分，三者相辅相成。运用场域理论研究问题的路径应该遵循以下三个步骤：（1）在分析场域的权力场和行动者的位置时，以相对的双方（vis-à-vis）开展分析。（2）描绘各个位置之间的客观结构，探讨这些位置被哪些行动者所占据，他们围绕特定权威的合法性形式展开怎样的博弈，而这一切发生的场所称之为场域。（3）具有决定性的经济条件和社会大环境逐渐被行动者内化，演化为场域中行动者的惯习，分析行动者的惯习（Bourdieu，Wacquant，1992：104-105；迈克尔·格伦菲尔，2008/2018：93）。

新闻的生产问题一直是该领域的研究重点。微观而言，国内外部分研究者选择针对个案或某个新闻生产场景具体展开，也有部分学者通过内容分析探讨新闻生产场域。个案研究中，张志安（2007）以《南方都市报》的编辑部为研究对象，从日常新闻生产过程和编辑机制入手分析编辑部新闻生产的场域特征。刘晓燕等（2010）则从"杭州飙车案"这一事件的新闻生产过程分析新媒体冲击下，网络和报纸各自的传播形态和言论控制模式。国外研究者更倾向于采用内容分析和对比的方式探讨该领域问题。Timothy Neff 通过对比美英《巴黎气候协定》的报道认为，商业新闻媒体会比非营利性公共媒体更倾向于对谈判进行不同的叙述，国际报道内容呈多样性，说明新闻内容生产在某种程度上受市场压力的影响较小。Weiss（2020）通过对比 2011 年日本福岛核事故前后的报纸报道发现，日本媒体报道存在盲区，并在场域理论的基础上探讨未来如何弥合新闻自我认识和时间之间的解释。数字传播时代，新媒体对新闻内容生产的影响深远，Tandoc（2018）通过对比纸媒报道和 BuzzFeed 线上新闻，分析新闻的价值、主题、来源、格式和规范在数字化浪潮的冲击下发生了怎样的改变。社交媒体巨头脸书（Facebook）对传统新闻生产和运营造成了冲击，新闻机构为适应社交媒体平台的特点，显著增加了社交类视频的生产。中国文献则更多考虑政治因素对新闻生产场域的影响（张宁，2007）和新媒体的冲击下中国新闻生产场域的重构（张雨涵，2018）。

宏观新闻生产场域，部分学者运用惯习概念对新闻实践进行分析（杨雨丹，2009），同时也有学者从历史角度动态地梳理新闻生产场域的变迁。学者通过对 1890 年至 2000 年美国新闻报道的梳理，在布迪厄文化生产理论的基础上探讨美国公共服务的新闻理想是如何形成的（Krause，2011）。不同于西方新闻媒体，中国的电视新闻生产在政治方面具有特殊地位，由于隶属于中国的政治场域，天然获得很多优势，但同时削弱了生产的自主性，因此面对新媒体技术和资本的冲击，反应速度不如西方媒体，但在权威性和公信力的建构方面仍有一席地位（李勇，2012）。

在新闻生产场域的生产者研究主要来自国外文献，新媒体和数字化时代对新闻记者产生的冲击和影响是该子领域的研究重点。移动互联网造就了移动新闻和移动记者的概念，信息量的剧增让自动化管理数据走进新闻编辑室，技术公司的进入对传统新闻生产场域造成冲击（Laor & Galily，

2020；Perreault & Stanfield，2019；Wu，Tandoc & Salmon，2019）。新闻记者和摄影师的身份问题也备受国外学者的关注，例如从场域角度思考律师等非职业记者在数字化媒体中生产的新闻类内容，社区摄影师和主流摄影记者的惯习差异如何塑造其各自的主观性，并带来怎样的局限性（Baroni，2015；Robertson & Dugmore，2019）。同样，该子领域还会涉及政治和宗教方面的新闻生产与传播问题（Broussard，2020；Munnik，2018）。

就受者而言，该子领域的文献主要研究新闻内容传播的舆情效果（咸玉柱、罗彬，2016；芦依，2019），以及受众对新闻的评论分析和受众对新闻类型的喜爱程度。学者通过对 15 至 18 岁的丹麦年轻人进行访谈，并采集其公开日记或基本个人信息，再从文化资本的角度分析青少年对不同新闻类型、平台和内容生产者的喜好，发现文化资本丰富的青少年更偏爱报纸等实体新闻，而文化资本较贫乏的年轻人则选择抛弃传统大众新闻（Hartley，2018）。部分学者采用网站分析（web analytics）发现，受众可以通过点击量等指标影响记者的新闻创作，而受众在阅读新闻时也保持着自主性，通过某些评论技巧合法地反馈其心声（Tandoc，2015）。

## 二、内容生产场域：大众媒体、新媒体和文化产业

中国大众媒体媒介场的研究主要是个案分析，研究对象主要集中在娱乐综艺类节目和电视剧，综艺类节目包括电视读书、真人秀和婚恋类节目。总体而言，中国电视内容生产受到政治制约、经济影响和行业显性及隐性规则约束（王彦林，2013；曹斯琪，2015；卢美宇，2018；李菲露，2020）。另外，由于大众媒介起步早发展久，留下的历史素材较多，早期研究者会选择从媒介史角度研究大众传媒内容生产场域。以西方媒体为研究对象的文献中，学者以问卷调查方法对法国广播听众进行研究，指出广播听众并不是"广泛大众"或"普通大众"，而是那些彼此分化又互相关联的特定受众。他们认为应该摒弃"广泛大众"的概念，而转为"主

要侧写"，摒弃"共同点"，转向"分裂观"，这能将模糊的大众分化为不同类型的小众，但也不能忽略群体之间的共同点和相互作用（Glevarec & Pinet，2008）。以中国媒体为研究对象的文献中，研究动态呈现中国电视场域变迁和新中国成立 70 周年农村题材电视剧的发展，电视从 20 世纪最具渗透力的媒介到新媒体时代的收视碎片化，面临聚合困境。电视剧发展受到现实社会场域影响，政策导向下电视产业的快速发展让媒介影像的表达也呈现出明显的"场域"变迁轨迹（陈文敏，2019；朱婧雯，2019）。量化研究能为电视内容生产媒介场理论提供数据支撑。Lindell 等学者通过统计学数据分析认为，在电视内容生产领域，经济资本与文化资本可以是分化的，也可以是并驾齐驱的（Lindell，Jakobsson & Stiernstedt，2020）。公共服务类和新闻类的内容代理会拥有更多的文化资本，也会对生活中的习俗文化（institutionalized culture）更感兴趣。电视内容生产场域中的定位会为其塑造可能的空间（space of possible），并生成一些常备剧目复制当前场域结构。公共服务电视和商业电视会由于定位的差异而逐渐对立。全球化发展下，电视内容生产跨国合作的社会网络分析研究发现，国外进入德国电视内容制作市场的首选策略是以网络为入口，减少"文化折扣"带来的风险（Sydow et al.，2010）。

新媒体内容生产场域方面，学者 Johan Lindell 抓取瑞士文化团队的脸书官方主页的"赞"（Likes）数据，尝试用社会网络分析方法和场域理论探讨社交媒体中文化团队之间的互动，将社交媒体中的活动放置在更大的社会背景中讨论，发现如布迪厄的理论所述，文化场域的结构和自主性是稳定的。虽然布迪厄曾认为社会网络分析方法不适合研究场域问题，但他认为社会网络分析方法可以为场域理论提供实证支撑（Lindell，2017），布迪厄也曾表示应该从关系的角度理解社会，研究场域客观关系中的行动者（agents）。学者通过研究社交媒体平台对喜好判定，表示赞、转发、分享等平台单元不仅仅是用户喜好的表现形式，还可转化为用户判定喜好的手段，可将这种转化看作是文化模式的变量和特性的基本变化（Passmann

& Schubert，2021）。

　　用户生产内容场域研究方面，Levina 和 Arriaga（2014）运用布迪厄的实践理论分析承载用户生产内容的媒体平台可能引发的社会阶层问题，认为线上内容生产场域由共同兴趣维系，个体和组织在该场域中以各种不同的形式争夺用户关注和影响力，争取资源的地位和权力的动机可以在注意力经济领域用于分析内容生产和传播动力的多样化。众多学者用社会媒介场域概念研究中国用户生产内容行为，部分学者以社交媒体平台新浪微博为例解析自组织传播的关键概念，例如主体、符号权力、幻象、位置关系、资本和惯习等（孙大平，2011；周荣庭、孙大平，2011）。虽然短视频等新型内容形式打破原有产制模式，但在中国农村，由于文化资本积累的落后，农村行动者依旧无法与城市精英抗衡，仍未在此轮技术冲击下掌握重构身份的权力（付天麟、索士心、杜志红，2019）。

　　文化产业相关的内容场域研究方面，文化作品的知识产权（IP）的媒介内容生产是业界较为关心的问题，IP 相关的内容产品的生产与分发在新媒体时代面临新的挑战与机遇，例如传统媒体主导的组织化生产场域和非专业用户的自发生产场域之间的关系，传统文学场域和网络文学场域的写作与碰撞（徐媛，2019）。就受众与生产者的关系研究而言，粉丝和生产者之间的争斗集中在合法性和维权上，学者通过分析澳大利亚肥皂广播剧的粉丝与生产者之间的权力关系，用场域理论解释粉丝与创作者之间的摩擦与冲突（Williams，2010）。就受众研究而言，布迪厄的"惯习""资本"等概念被用于解释粉丝或受众的行为特征（张磊，2019）。唐婷玉（2019）以社交媒体的评论区为研究对象探讨话语内容生产，认为资本是评论区场域运行的根本动力，用户在评论的生产与互动中积累资本，在公共虚拟空间中获取话语权和影响力。两位中国学者将中国足球的社交空间视为"场"，用布迪厄的"惯习"概念解释流氓粉丝的行为，通过问卷调查以野蛮行为倾向、胜负心、国家自尊和情绪四个指标解释中国足球迷的攻击行为（Hu & Cui，2020）。学者也尝试将布迪厄理论应用到粉丝研究中，解释日本二次元粉丝群体行为的一系列混合特征（Kacsuk，2016）。

## 三、虚拟偶像的编织者：多元的创作主体与去中心化内容生产

偶像是受到崇拜或挚爱的客体，而崇拜和挚爱是一种需要互动维系的情感，这种互动可以体现为曝光度提升、增加接触时间等，加大用户参与度，营造良好的用户体验是维系粉丝群体非常关键的一环。除了传统的真人偶像经纪人模式，虚拟偶像的内容生产从依靠真人实体创作拓展到官方和粉丝的共同虚构，是一种类似于"岛"（DAO, Decentralized Autonomous Organization）的去中心化的自组织生产形态紧密结合的生产模式，其中包含了二次创作（也有日本学者更愿意称之为 N 次创作）、消费者生成媒介（CGM）和用户生产内容（UGC）等方面。早稻田大学教授 Hiroki Azuma 认为，虚拟偶像作为一种知识产权（IP），其真正价值在于"二次创作"。技术只是虚拟偶像的基础，需要粉丝们的不断修改、添加和完善才能让虚拟偶像真正活起来。可视化处理或进行二次创作是补充和拓展原作品的重要途径（後藤真孝、中野倫靖、濱崎雅弘，2014）。濱崎雅弘等学者探讨虚拟偶像初音未来在弹幕视频网站 Niconico 中的大规模协作生产，通过社交网络分析探讨创作者之间的关系及其社会网络，指出创作者网络呈现集中化社群，他们的成员拥有特殊的标签。

不同类型的创作者在社交网络中扮演着不同的角色，例如作曲人会与更多不同类型的创作者建立联系，是社会网络演化的助推器（濱崎雅弘、武田英明、西村拓一，2010）。平山智香子在视频发布平台 Niconico 中研究虚拟偶像初音未来的 UGC 和 CGM 时指出，由于 UGC 内容质量良莠不齐，同时 CGM 没有大众消费市场，因此研究 UGC 内容的创新扩散有一定的难度（Hirayama，2018）。韩国学者한저和이현석通过研究《英雄联盟》游戏角色组成的虚拟女团 KDA 的用户生产内容，探讨 UGC 内容如何再生

产原有内容并拓宽其原有商业价值（2020）。就 UGC 内容生产动机而言，传统真人偶像崇拜源自情感依赖，而虚拟偶像的粉丝群体则出于兴趣进行内容创作，再通过外部获得及时且直观的精神激励（张自中，2018）。

初音未来、洛天依等虚拟偶像主要以技术为骨架，以运营为筋，以内容生产为肉，官方团队和自组织式的产消者合力为技术编织"偶像"的新衣。与另外两类虚拟偶像相比，用户群体自组织式的内容生产活动参与技术驱动型虚拟偶像的建构，日本的初音未来和中国的洛天依都证明了其商业的可行性。其内容的生产存在自主性与自动化的特点，内容的传播也不局限于官方素材，同人和二次创作等内容生产呈百花齐放的态势，散布在各个区域和平台。

为了方便理解，本书将技术型虚拟偶像的内容生产者分为两类：第一类是官方团队及其合作者；第二类是产消者，他们是自组织式的创作个体或团队，与官方团队没有隶属或合作关系。

官方团队及其合作者拥有虚拟偶像的归属权、版权和使用权等，负责旗下虚拟偶像从人物设定、形象维护、商业运营、技术开发到升级维护的所有业务，他们是虚拟偶像的实际控制者和直接获益者，例如官方团队的专业内容生产和技术人员等。

产消者使用虚拟偶像技术并享受其服务，其中包括个体用户、具有专业内容生产技能的文化团队、以共青团为代表的政治组织和以商业活动为主的经济类团队。本书中提到的产消者是参与内容生产的群体，单纯的消费者不在本书的研究范围之内。产消者（prosumer）的概念源于美国学者克里斯·安德鲁，他在 2006 年的著作《财富与革命》中提出。产消者的单词由生产者和消费者两个英文单词合并而成，特指具有生产者和消费者双重身份的用户。目前发展较好的技术型虚拟偶像主要是以人声合成技术为基础，其自身没有内容生产能力，参与虚拟偶像内容生产的用户既是消费者也是生产者。出于各自的需求和目的，他们通过官方授权或购买官方出品的 VOCALOID 人声合成软件来获得虚拟偶像的使用权，使用虚拟偶像生产的二次创作内容在版权层面归属于官方团队，但在实际操作层面，官方团队为鼓励二次创作，会将二创收益让渡给创作者。当然也存在例外情况，如上海望乘科技有限公司旗下的虚拟偶像悦成和章楚楚仅以"内容创作与声库授权交换"的方式进行合作，不公开发售。

　　技术型虚拟偶像的内容分类同样可以分为技术型虚拟偶像的用户生产内容（UGC）、专业内容生产团队或传媒公司生产的专业生产内容（PGC）和品牌生产内容（OGC）三类。技术型虚拟偶像的内容以用户生产内容为主，其自组织式内容生产呈现分布式和去中心化特点，数量庞大且富有创意，但由于用户个体差异较大，拥有不同的知识储备水平和良莠不齐的专业技术，群体内部个体独立且分散，因此内容质量难以保证，但其中也不乏卓越的产消者，如创作了《普通 Disco》和《达拉崩吧》等中文原创曲目的产消者"ilem"，他的曲子多次登上中央电视台和湖南卫视等电视媒体，歌曲也被著名歌星改编翻唱。同时，UGC 基本是在尊重虚拟偶像官方基础设定上进行二次创作或第 N（常数）次创作，二（N）次设定的内容一般与官方团队提出的基本人物设定和形象设计不冲突，部分被广泛接纳且符合官方团队利益的二次设定甚至会被官方团队采纳，列为官方基础设定（一次设定）。以洛天依的"吃货"设定为例，"吃货"和"吃货殿下"的二次设定源于第一张官方专辑中的曲目《千年食谱颂》，此曲的音乐视频（Pv，Promotion Video）于 2012 年 7 月 13 日发布在哔哩哔哩弹幕视频网站（B 站）[①]上。由于此曲中对于洛天依"吃货"设定和形象的塑造深受用户群体喜爱，且"吃货"的设定有利于虚拟偶像洛天依的商业发展，因此官方团队将"吃货"纳入了官方设定，这为洛天依后期与国际连锁快餐品牌和中国知名零食品牌合作打下了良好的基础。

　　与 UGC 相对的内容形式是 PGC，虽然数量相对较少，但质量有一定

---

[①]　哔哩哔哩弹幕视频网站，域名为 https://www.bilibili.com。因其英文名为 Bilibili，网民习惯将其简称为"B 站"。后文取其官方名称的简称——哔哩哔哩。

保证。PGC 内容由专业内容生产团队生产，用户群体中受欢迎的内容生产社团或工作室包括忘川风华录企划组、踏云社、无名社、平行四界和幻月音乐团等，他们有独立的商业团队，其生产的原创音乐和形象设计大部分能以专辑或周边的形式进行销售，官方团队、经济团队或政治组织也会与其进行商业合作。

在人工智能和虚拟现实技术发展的背景下，本书聚焦媒体运营方和产消者共同参与下对虚拟形象的认识建构过程。认识的建构发生在主体和客体之间，本质上是以某种中介物作为载体，官方团队的主观意志与受众群体的客体认识之间的博弈，是话语权和决定权的争夺，这些争夺旨在维持或改变虚拟存在与受众建立的情感关系。

## 四、去中心化运营与自组织式内容生产的博弈

作为一种新型媒介，虚拟偶像既是用户与用户之间交流、沟通和建立关系的媒介渠道，也作为主体与用户建立关系。虽然让虚拟偶像"活着"的是幕后的官方团队，但众多用户是将虚拟偶像视为生活在虚拟空间的"人"进行交流与沟通的。因此，其形象推广和人物性格的设定与塑造离不开庞大的信息流动和内容支撑，新媒体和大众媒体作为重要的媒介，为虚拟偶像的塑造提供了载体和平台，原本必须承担庞大内容生产任务的官方团队考虑到成本等因素选择将内容生产的权限下放，产消者有了参与建构虚拟偶像的权利。虚拟偶像既是媒介渠道也是产品内容本身，由于虚拟偶像不具有实体，整体形象处于实时变动的状态，影响力高的内容产品会直接影响受众对虚拟偶像的整体认识，引导和管理虚拟偶像的内容生产是官方运营团队不可避免的难题。

一方面，互联网技术带来的网络组织形式降低了内容生产成本，虚拟偶像所属方通过放宽版权限制，与产消者和文化团队合作生产，使文化资源整合方式更为灵活，边际成本趋近于零，但经济学家 Andrew Graham 对

此并不乐观，他认为由于内容生产对某些关键资源高度依赖，内容生产始终会朝着范围经济和规模经济发展，产业始终是趋于集中化的（Graham，1998）。虚拟偶像作为一种新型媒介产品，媒介运营方的经营策略均有不同，但最为成功的虚拟偶像初音未来和洛天依主要依靠去中心化自组织式的网络组织形态"岛"（DAO）进行内容生产活动，官方团队下放权力，不追究产消者使用旗下虚拟偶像生产内容产品，甚至主动与具有专业技术的产消者和较为成熟的创作团队进行合作，合作生产现象较为普遍，不仅允许同一产业的不同所属公司旗下的虚拟偶像进行合作，还出现产业间的合作，例如虚拟偶像洛天依到中国美妆头部男主播的直播间"带货"。

　　另一方面，作为意义生成的场域，虚拟偶像的传媒产品生产和经营的网络中存在多种类型的参与者，它是由虚拟偶像媒介所有方主导，产消者共赢的内容生产场域。虚拟偶像的商业模式是明星偶像工业的虚拟化转向，整体运营逻辑和技术细节都与传统偶像产业一脉相承。偶像产业通过与二次元文化的合流催生了虚拟偶像，虚拟偶像是偶像工业发展脉络自然生产的产物（高寒凝，2019）。虚拟偶像是由所属方开发并拥有知识产权的产品，整体发展方向与规划由官方主导，也积极下放 IP 的使用权，刺激二次创作的积极性和粉丝群体参与度。官方团队需要明确表明其对二创的态度与规范，否则二创同人作品都会面临复杂的版权问题，甚至可能触犯法律。以虚拟偶像初音未来为例，初音未来的版权方对非商业的自发创作活动是支持的，为同人作品建立专属投稿交流网站，对角色形象和使用方法设立明确规范，规范一般用户以初音未来为中心的创作活动（胡萌萌，2014）。

　　随着虚拟偶像的走红，其 IP 价值和代言能力备受业界关注，品牌邀请虚拟偶像当"品牌代言人"，甚至部分品牌开始运营自家的商标或吉祥物，打造品牌自创的虚拟代言人，虚拟偶像的出现重新定义了品牌代言人（刘佳美，2019；小松阳一，2009；张凯，2019），官方和粉丝生产的同人作品也是中国虚拟偶像的变现方式，官方变现主要依靠演唱会、周边、代言产品、联动游戏等，而用户创作群体则依靠同人专辑、同人周边等（梁伟，2018）。随着直播行业的火热，日本虚拟主播"绊爱"一跃成为全民偶像，实时表情和动作捕捉技术让虚拟形象通过真人扮演与观众互动，"中之人"这种职业的出现让任何虚拟形象均可变成虚拟主播。虚拟主播已形成完整产业链，上游是主播的 3D 模型制作，产业中游需要培养和选拔合适的"中之人"，产业下游是品牌营销和变现，但国内行业发展并不成熟，面临着运营模式没有本土化、"中之人"的培养和选拔落后和品牌产品营销的缺失等问题（高勇、马思伟、宋博闻，2020）。

## 五、创作心理：虚拟偶像粉丝创作动机

中国虚拟歌姬品牌 Visinger 的粉丝以 15–25 岁的 00 后和 90 后为主，消费虚拟偶像的方式可分为观赏式消费、付费式消费和生产式消费三种（宋雷雨，2019）。00 后的消费行为不再是单向且简单的，他们对互动、定制和仪式感等消费形式有更高的要求（梁伟，2018）。虚拟偶像粉丝群体心理的研究可拓展到偶像与粉丝的关系、群体身份认同、崇拜动机和消费动机共三个方面。

第一，虚拟偶像与粉丝群体的关系。美国心理学家提出"准社会交往 /准社会关系"理论，他们认为媒介接受者与其消费者之间发展出单方面想象的人际交往关系（Horton & Richard Wohl，1956）。崇拜会使粉丝认为自己与偶像之间存在某种潜在的关联，而偶像崇拜的动力则源自这种虚拟的社会关系（Giles，2002）。粉丝与虚拟偶像之间也被发现有类似的现象，粉丝虽然和初音未来这些虚拟偶像不存在血缘关系，但他们却对初音未来有着家人的情感（沐泽佑太，2014）。张萌在研究虚拟偶像与粉丝的互动关系时指出，粉丝通过消费虚拟偶像这个充满"二次创作"的开放性文本，逐渐发展出一种比拟社会互动的关系，由此产生身份认同感和偶像的崇拜情结。

第二，虚拟偶像粉丝群体的崇拜心理与动机。中学生对虚拟人物产生偶像崇拜情绪分为初识、暧昧和关系幻想三个时期。在积极引导下，对虚拟偶像的崇拜对中学生有一定的积极作用（武香慧，2019）。虚拟偶像的网络粉丝社群主要以内容生产和隔空互动的形式将崇拜的情感具象化，认为粉丝不仅掌握虚拟偶像的制造权，自发组织粉丝群体的书写行为，并且以"隔空互动"的形式完成拟社会互动。他们认为，虚拟偶像的形象、角色的丰富性、粉丝的投射和粉丝的认同程度是影响虚拟偶像与粉丝互动的变量（李镓、陈飞扬，2018）。可见虚拟偶像的粉丝社群对虚拟偶像的崇拜不亚于真人偶像的粉丝群体。

第三，虚拟偶像粉丝群体的身份认同方面，曾增恩在研究青少年对虚拟偶像的认同历程中指出，在 400 名样本中，50% 以上的中国台湾青少年曾追过初音未来（曾增恩，2014）。人际传播是他们了解虚拟偶像的重要途径，获取虚拟偶像相关资讯，在游戏或视频中与虚拟偶像进行互动，并与其他粉丝进行交流使他们获得满足感。自我认同感和想象的共同体是组成虚拟偶像粉丝群体自我认同的重要部分（战泓玮，2019），虚拟偶像粉丝可以根据其消费行为划分为忠实型和狂热型两大类，他们的消费动机都是自我认同和社会认同（周诗韵，2019）。

## 六、知识图谱：内容生产场域的关键词

研究者于 2020 年 9 月 29 日以"场域""内容生产""媒介建构"检索中国知网 CNKI 数据库，并在 WOS 数据库中检索"field theory""media""content creation"，将非学术和无关的文献排除后，筛选出有效文献 72 篇，其中中文学术期刊文献 24 篇、外文学术期刊文献 30 篇、硕士学位论文 9 篇、博士学位论文 7 篇和会议论文 2 篇。编码后得到 233 个关键词。

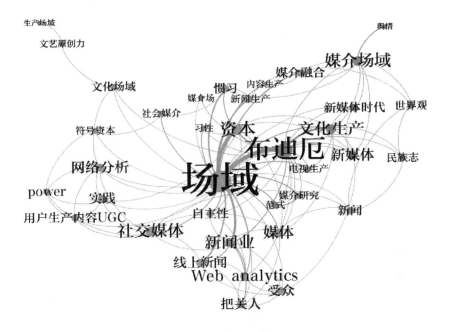

图 2-1 内容生产场域知识图谱

学术界运用布迪厄（Pierre Bourdieu）的经典场域理论进行内容生产研究的历史较短，相关文献最早出现在 2003 年，学者罗德尼·本森、韩纲和 Nick Couldry 均在 2003 年考虑将场域理论应用到媒介研究中的可行性，探讨媒介研究的新范式（Couldry，2003）。布迪厄提出，人类之间发生互动、事务和所发生事件之中蕴含的社会空间是场域理论的主要考察对象。诺克等学者强调社会空间研究的重要性，认为社会网络分析理论及其研究方法的宝贵之处在于对社会空间中行为人之间关系的结构形式和实质内涵的识别、测量和检验（戴维·诺克、杨松，2005：8）。

通过对内容生产媒介场现有研究进行文献计量分析和综述后发现，目前该领域在以下四个方面有待进一步发展。

第一，研究视角方面。国内外学术共同体对内容生产媒介场的研究集中在微观和宏观两个视角，而使用中观视角数量较少。宏观研究主要关注场域理论的范式研究和内容生产场域与其他场域的关系，强调政治、文化、经济和技术等权力对场域的影响（罗德尼，2003）。部分学者（Ornebring，Karlsson，Fast & Lindell，2018；李菲露，2020；曹斯琪，2015；廖媌婧，2015）在微观角度关注内容生产场域中的某种现象、内部生产过程和场域中行动者的分析。基于此，在下一章节，本书将通过社会网络分析方法呈现虚拟偶像内容生产场域的结构变迁，分析场域中的官方团队和产消者之间的互动关系。

第二，研究对象方面，现阶段内容生产媒介场的研究主要集中在新闻媒体和娱乐媒体等专业传媒机构生产的内容媒介场，对新媒体技术造就的 UGC 等新型内容形式仍有研究空间。现阶段已有文献用实证的方式研究国外社交平台上的用户生产内容场域（Levina & Arriaga，2014），国内学术共同体也对该领域进行质化研究（孙大平，2011；周荣庭、孙大平、2011；付天麟、索士心、杜志红，2019），与大众传媒等专业媒体人员创作的内容相比，用户生产内容虽然近年来发展迅速且关注度较高，但起步较晚，说明该领域有进一步研究的价值和潜力。

第三，内容生产场域的定量研究数量有限。该领域采用社会网络分析的文献只有两篇国外文献，分别研究社交媒体中文化团队的互动关系和外国市场进入德国电视内容制作的市场策略，描述和解释生产场域的组织与个体行动者之间的位置关系。本书将利用社会网络分析呈现虚拟偶像内容生产场域的客观结构，并使用批判话语分析方法呈现其中的主观结构。

## 小　结

内容的生产与流通决定了虚拟偶像的发展状态，要理解虚拟偶像的生成与接受就离不开对内容生产合作网络的研究。因此，本书引入布迪厄的场域理论，以期探讨内容生产场域中行动者权力关系的变化，分析官方与产消者如何通过内容生产争夺虚拟偶像的建构权。

与传统传媒产品不同，虚拟偶像既是媒介渠道也是产品内容本身，整体形象处于实时变动的状态，影响力高的内容产品会直接影响受众对虚拟偶像的整体认识。因此，官方运营团队会为了维持其形象与人物设定采取去中心化的运营模式，通过用户自组织式的内容生产维持虚拟偶像日常所需的庞大信息流。去中心化的运营模式大幅降低了虚拟偶像相关内容的生产成本，也能吸引更多的用户群体自愿、无偿地投入虚拟偶像的内容生产与 IP 推广之中，这种注重互动、定制化服务和充满仪式感的消费模式更加符合"Z 世代"用户群体的习惯。但是，自组织式的内容生产模式缺乏统一的安排与稳定的质量输出，用户的创作想法也不会完全符合官方团队的意愿和利益。官方团队的主观意志与产消者的客体认识之间的冲突，逐渐演变为话语权和决定权的争夺，这种争夺旨在维持或改变虚拟偶像与受众建立的情感关系。

# 第三章 生成与接受：认识论视角下虚拟偶像的"成长"

本书从"是什么"开始，探析"虚拟偶像中文 VOCALOID 音乐视频的内容生产场域的现状与动态演化过程"，研究对象为虚拟偶像中文 VOCALOID 音乐类内容生产的合作者之间的关系结构，因而本章主要采用社会网络分析方法，从静态和动态两个角度分析虚拟偶像中文 VOCALOID 音乐类内容生产场域。第一部分为静态分析，回答"现阶段虚拟偶像中文 VOCALOID 音乐类内容生产场域的权力格局的现状如何"。第二部分为动态分析，回答"虚拟偶像认识建构发展的过程中，其中文 VOCALOID 音乐内容生产场域是如何演变的。"

## 一、皮亚杰的认识论与虚拟偶像的建构动机

虚拟偶像是诞生于群体的想象之中，群体认同与彼此编织同一个理想的"偶像"。虚拟偶像诞于虚无，发于想象，形态多样，却"形散神不散"，游牧于不同媒介间，迁徙于不同实体中。建构主义的认识论为理解虚拟偶像的生成与接受提供了一个新角度。

1970 年，哲学家让·皮亚杰（Jean Piaget）系统阐明了认识论的观点。发生认识论原理探讨认识的起源，跨学科跨专业研究是其最大的特点之一。虚拟偶像认识的主客体方面，由于认识的建构是"通过主客体的相互作用"（皮亚杰，1970/1981：21），从建构主义来看，皮亚杰通过心理发生学的分析认为，认识并非源自一个有自我意识的主体，也并不源自对

主体产生反应的客体，认识发生在主客体之间的中途，同时主客体之间相互包含，尚未完全分化，因此，夹在主客体间的中介物是两者联系的关键，认识的建构实质上是对中介物的建构。作为身体本身和外界事物之间的接触点，中介物在外部和内部给予两个相互补充的方向，主客体依赖中间双重逐步建构。由于虚拟偶像的认识建构同样需要经历主客体中间的双重建构，因此，本书将研究对象置于发生认识论的基本假设上，即在所有认识水平上，虚拟偶像背后真正的操纵者——官方团队作为认识建构的主体对自身推出的虚拟偶像有一定的预设和认识，也在某种程度上知道自己的能力。同时，以产消者和消费者为代表的用户群体是"作为客体而存在的客体"，即虚拟偶像一开始就是为服务特定二次元用户而生产的目标受众。那么，存在着在主体到客体、客体到主体之间起着中介作用的一些中介物，介于官方团队和用户群体之间的中介物则是内容生产活动、线上线下演唱会或见面会等能够连接主客体的活动。

虚拟偶像认识的建构活动是目标受众心理发生的结果，而目标受众群体中的每一位个体对虚拟偶像的认识都是从简单初级的认识逐渐加深，直至演变为下一阶段。激发目标受众的心理活动是虚拟偶像能够与受众建立关系的基础，而运演（operation）是协调各种活动成为整个运演系统的，渗透在目标受众个体的整个思维活动中。根据认识论，运演具有以下四种特征：其一，运演是内化了的动作；其二，运演是可逆的；其三，运演是守恒的，运演的变换不影响整个体系，体系中的某些因素保持不变；其四，运演能协调成整个运演系统，并非孤立的。在此基础上，根据皮亚杰对儿童思维发展各个时期的划分（皮亚杰，1970/1981：vii-viii），同样将虚拟偶像的认识发展过程分为四个时期，分别为感知运动水平时期、前思维运演时期、具体运演时期和形式运演时期。

## （一）创作动机：推动虚拟偶像认识建构的力量

虚拟偶像的认识建构过程为什么会伴随着内容场域的结构变化？即

在虚拟偶像建构的不同时期，为何行动者会改变关系结构？这是分析虚拟偶像内容生产场域前需要弄清的问题。

受众对虚拟偶像的整体认识是不断建构的产物，而早期的建构过程则主要依赖官方团队不断推进技术开发、市场定位和设计形象等虚拟偶像相关的活动。在早期建构的过程中，一切对虚拟偶像的认识都是从经验开始的，塑造的形象按照过去对目标用户群体的理解，在尊重当代文化主流的前提下，根据目标群体的爱好进行设定，运营方法也会借鉴真人明星的造星经验。一方面，官方团队作为版权拥有者和运营方，他们是虚拟偶像认识建构的主要推动力，旗下虚拟偶像的认识建构成功意味着该虚拟偶像"立起来了"，同样意味着用户更积极的付费行为和品牌合作机会，官方团队是主要的受益人。但是，虚拟偶像的建构不是一蹴而就的，需要官方团队长期有效且不间断地建构，人们对虚拟偶像的认识才会逐渐从简单的卡通形象或某个概念转变为更为复杂且鲜活的虚拟人物。大众对虚拟偶像的认识建构也无法完全按照官方团队的设想进行，虚拟偶像早期的人物设定和形象设计等预先决定的内容并不一定会被市场中的用户群体认可，不被认可的虚拟偶像则会早早地"夭折"。另一方面，大众对虚拟偶像逐渐形成的认识也不会完全按照用户的特性而发展，因为即便早期的设定完全按照目标群体的喜好设定，但只有在虚拟偶像推出市场后，才知道哪部分用户会被吸引，很有可能设想吸引的目标群众并不感兴趣，却意外收获很多其他类型的用户。认识建构的这些不确定因素都可能导致行动者为了维护其自身资本或进一步积累原始资本而选择改变当前的结构关系。具体到虚拟偶像的内容生产场域中，行动者会为了获得或接近对方控制的资源，选择与其他行动者合作。

具体到虚拟偶像内容生产场域中，官方团队是核心资本的既有掌权者，有资本和资历定义场域运行的规则。作为挑战者的产消者，掌控其他类型的资源，有其自身的诉求，有着不同的习惯和逻辑。官方团队和用户群体共同建构虚拟偶像秉承各取所需的原则，同时两者资本的不平衡也导致了两者之间的博弈。当官方团队掌握着产消者无法接近的特定类型的社会资源，如版权、官方授权和影响力等，这必然会导致强势一方对弱势一方的控制，加剧两者的不平衡。一方面，处于相对弱势地位的产消者会为了摆脱官方团队的控制而采取不同的策略减弱或摆脱对官方团队的依赖。另一方面，处于相对强势地位的官方团队也会尽力保持自身的优势，加强场域中的其他行动者对其优势资本的依赖。

因此，虚拟偶像的认识建构源于官方与受众共同的想象，虚拟偶像是"虚构的"，传播者和受众的共同建构形成了大众对虚拟偶像的认识。虚拟偶像认识建构的静态分析部分，将以主体（虚拟偶像的官方团队）、客体（虚拟偶像的用户群体）和中介物（活动、内容生产等）的视角探讨认识的结构。根据发生认识论提出的观点（皮亚杰，1970/1981：ix），行动者通过内容生产对虚拟偶像的建构构成虚拟偶像整体认识的结构，受众对虚拟偶像的认识又会对受众的认识起中介作用，既有结构又会影响接下来的建构活动，人们对虚拟偶像的认识也在不断地发展，虚拟偶像的认识结构从较简单的结构向较复杂的结构演进。由于与儿童思维认识建构过程不同，虚拟偶像的认识并不是发生在个体内部，探讨的是群体共识的形成，客体也参与到虚拟偶像的认识结构中，其建构过程依赖主体和客体的不断活动。

## （二）虚拟偶像认识建构的主体与客体

虚拟偶像认识建构的主体是虚拟偶像所属方，包括官方运营团队和技术团队。虚拟偶像的技术开发和运营主要由官方技术和运营团队负责，他们决定以何种形式承载和展现虚拟偶像，虚拟偶像的基本人物设定和形象设计都是由官方团队决定和发布的。虽然部分虚拟偶像的人物设计是在用户参与下共同决定的——如虚拟偶像洛天依的人物设定原型"雅音宫羽"是通过网络收集人物设定的创意，最终由用户投票选出最喜爱的人物设定的——但是从投稿活动的策划、修改、美化到最后的定稿都是由官方策划与开展的。官方团队拥有虚拟偶像最初的基本设定的决定权。

虚拟偶像认识建构的客体是用户群体，特指具有内容生产能力的产消者，可细分为用户个体、专业内容创作团队、组织和传媒机构。以技术型虚拟偶像的用户群体为例，虚拟偶像初音未来和洛天依都拥有公认的二次设定，例如洛天依的"吃货"、中国传统服饰、黑化等二次设定。"吃货"的二次设定后来被洛天依的所属官方团队禾念公司认可，并将洛天依最爱的食物确定为小笼包。

虚拟偶像认识建构的中介物是对虚拟偶像的知觉或概念，而承载这些知觉或概念的是与虚拟偶像之间的互动，具体而言可以是内容创作活动、举办虚拟偶像的演唱会和现场表演或各种线上线下联动活动等。

为了更好地理解虚拟偶像的生成过程，本书将以年为基本时间单位，根据皮亚杰对认识发生不同阶段的特征，对虚拟偶像的认识建构过程进行划分。具体操作方法是考察某年份中的虚拟偶像是否呈现皮亚杰对儿童认识的某一发展时期的特征。同时，需要强调的是阶段与阶段之间并没有清晰且明确的分界点，认识发展总体是一种量变到质变的过程，并没有明确的分割时间，本章的划分只是为了方便理解进行的理想化的笼统划分。例如，官方团队设计虚拟偶像时，确定了最初的格局（基础的形象设定和人物设定）来对待外部客体（发布并推出市场），开始在此初始格局的基础上策划活动和创作内容。该时期的虚拟偶像只是得到了官方团队单方面的设想，客体的反响与反馈尚未对虚拟偶像的初始格局有任何的影响，即尚未出现"内化"，符合感知运动水平时期的特征，因此将官方设计阶段划分在该时期。

皮亚杰的发生认识论为虚拟偶像的认识建构提供新的理论视角，本章将以发生认识论原理作为研究线索，根据皮亚杰对认识发生不同阶段的特征，对虚拟偶像的认识过程进行划分。

## 二、创作者合作网络：场域中的行动者、合作关系与资本类型

偶像化的运营造就了虚拟偶像这种能够与用户建立强关系的新型传媒产品或媒介。虚拟偶像中的"虚拟"决定了它无实体，不受载体的限制，依赖稳定且持久的运营维持。研究虚拟偶像的认识建构需要从官方团队和用户群体之间的中介物入手，而内容生产活动正是官方团队和产消者的思想和理念产生碰撞的场所。因此，建构虚拟偶像的过程也是内容生产场域变迁的过程，官方团队与产消者之间位置和权力关系随着虚拟偶像的发展而变化，量变到质变也意味着场域的转型。虚拟偶像用户内容生产场域的结构研究有助于探讨官方团队与产消者之间通过内容生产活动对虚拟偶像整体进行双重建构的过程。

根据皮亚杰的发生认识论原理，可以认为大众对虚拟偶像的认识起因于官方团队和用户之间的相互关系和相互作用，而这种关系与作用发生在官方团队和用户之间的中途，虚拟偶像内容生产场域就是承载两者互动的主要场域之一。场域理论借鉴了网络结构理论的核心概念和研究方法，场域的本质是社会网络，而研究对象是发生互动、事务和所发生事件中蕴含的社会空间（Bourdieu，2005：148）。虽然布迪厄认为场域的本质是社会网络（刘少杰，2015：511），但他拒绝社会网络分析方法，因为社会网络方法倾向强调人际关系，而不是各种形式的资本之间的关系。这种观点被场域理论的后续学者反对，他们不认同场域理论的倾向差异（De Nooy，2003），并认为社会网络分析对组织间的关系和场域结构的研究是有利的（Lindell，2017），网络分析方法与场域理论的结合能够为场域的实证研究提供有效的技术工具（Fligstein & McAdam，2012：30）。创作者合作网络演变能够动态呈现虚拟偶像认识建构的发展过程，探讨在虚拟偶像认识建构的不同时期，官方团队和产消者之间的互动关系变化，研究官方团队在虚拟偶像认识建构的不同时期分别采取怎样的策略，以期巩固自身优势

资源在内容生产场域的重要性，掌控虚拟偶像认识建构权，干预虚拟偶像整体发展方向。

## （一）内容生产场域的行动者

内容生产场域的行动者可视为社会网络中的节点，具体为进行虚拟偶像内容生产活动的个人或组织，哔哩哔哩中关于虚拟偶像的内容主要是由以下两类不同的媒介主体提供的：

第一类是虚拟偶像内容生产场域中认识建构权的既有掌权者，即虚拟偶像所属公司及其参股公司开设的官方账号。例如，上海禾念有限公司、北京福托科技开发有限公司，2017年哔哩哔哩开始对上海禾念公司进行投资，成为参股方。一家虚拟偶像经纪公司可以同时拥有多名虚拟偶像的所属权，如上海禾念有限公司为其旗下的Vsinger家族开设的虚拟偶像官方账号，其中包括公司旗下在中国本土发展得较好的洛天依、言和、乐正绫和乐正龙牙等虚拟偶像的官方账号。

第二类是虚拟偶像内容生产场域中认识建构的挑战者，即虚拟偶像的产消者。这一大类可以细分为四类，其中包括政治组织、经济团队、文化团队（包括传媒机构和内容生产专业团队）和产消者个体。

其一，政治组织，有宣传需求的政治团队。共青团中央便是典型代表，以虚拟偶像为媒介让青少年政治教育的宣传内容出现在中国95后群体的视野中。共青团中央哔哩哔哩官方账号在2019年10月1日结合70周年国庆发布由洛天依等中文虚拟歌姬合唱的《庆祝中华人民共和国成立70周年献礼曲》，截至2019年12月28日，该视频在哔哩哔哩的播放量近90万次，有1.5万条弹幕，获得11万个赞。虽然本曲播放量尚未达到100万次，但另外一首2017年发布的中国制造日原创主题曲《天行健》的播放量已经达到246.6万次。由此可见，共青团中央发布的视频内容在洛天依的粉丝群体中起到了一定的宣传作用。

其二，经济团队，内容创作主要以品牌宣传和产品销售为主要目的，吸引年轻群体关注该品牌及其商品。例如，很多品牌与虚拟偶像洛天依合作都是看中虚拟偶像对特定群体的吸引力，如宝洁公司旗下的护舒宝品牌、美国跨国连锁餐厅肯德基等均与洛天依有着良好的品牌代言和商业合作经验。由于经济团体的内容数量较少且内容以广告为主，影响力相对较弱，笔者没有在研究中将其单独划分为一类。因此，本书中的产消者特指产消者个体、文化团体和政治团体。

其三，文化团队，其中包括大众传媒机构和专业内容生产团队。湖南卫视旗下的芒果 TV 是最早对虚拟偶像产生兴趣的大众传媒机构。大众传媒机构都有自己的内容发布平台，但在平台间竞争白热化的背景下，很多大众传媒机构采取渠道多样化的策略，在不同平台上发布不一样的原创内容，以期触达不同年龄层和媒介使用习惯的受众。例如，李宇春在2016 年湖南卫视跨年演唱会中翻唱由"ilem"创作、洛天依原唱的《普通Disco》的现场视频，被芒果 TV 官方账号发布在哔哩哔哩上，得到了虚拟歌姬粉丝群体的热捧。与此同时，以营利为目的的专业内容生产团队也加入虚拟偶像内容创作的行列，主要负责内容创作较为专业的部分，例如音乐可视化的 PV（Promotion Video 的简称，日本对音乐视频的称呼）制作和专辑等实体周边的生产和发售。这些创作社团是互联网技术普及后逐渐兴起的专业内容生产团队，以特定群体为目标，在互联网各个平台发布和传播自制原创内容。这些团队由专业的内容生产者组成，出品的内容产品质量较高，主要看中虚拟偶像的商业价值。平行四界（Quadimension）创作社团是以 VOCALOID 和 SynthV 等歌声合成引擎表现形式为主的音乐厂牌，致力于创作高质量视听作品，发布了五张音乐专辑，其所属公司推出虚拟歌姬星尘，并为其创作音乐内容和贩卖相关漫画和手办等周边产品。

其四，产消者个体。他们一直是国内自媒体生产者虚拟偶像内容创作的主力军，创作动机主要源于对虚拟偶像的喜爱和兴趣，并在此基础上为"爱"创作。大部分自媒体既是生产者也是消费者，被网民称为"up 主"（"up"一词源于英文单词"upload"，又因其中文发音酷似"阿婆"，也有网民将"up 主"称为"阿婆主")。虚拟偶像自媒体生产的内容形式主要包括原创歌曲、翻唱、鬼畜等。

## （二）内容生产场域的合作关系与资本类型

虚拟偶像创作者合作网络中的行动者分为官方团队和产消者，两个群体之间不存在资金上的雇佣关系或名义上的合作关系。产消者的内容生产行为源于喜爱和兴趣，并不隶属于官方团队。由于虚拟偶像的活跃需要大量的内容支撑，官方团队受限于生产能力，很难保证虚拟偶像的活跃度。因此，在共同建构理想中的虚拟偶像的目标下，官方团队与产消者之间逐渐形成合作生产的互动关系网络。内容生产的动机是积累资本，而与其他行动者合作生产的动机是寻求资源（Fligstein & McAdam，2012：15），虚拟偶像的内容生产场域亦是如此。在该场域中，积累资本是行动者参与虚拟偶像内容生产的动机，而寻求资源是官方团队与部分高影响力产消者达成合作关系的动机。行动者作为节点参与到社交网络中，可以获得资金、制度资源和信息资源（Ognyanova & Monge，2003），这也是产消者和官方团队等行动者选择合作生产虚拟偶像内容的动机。对于产消者而言，虽然可以运用自备的经济资本和专业技术知识储备，使自己成为"一体机"，一个人基本完成整个视频的内容生产和发布活动，但合作可以让内容质量更好、生产效率更高。同时，对于官方团队而言，虽然能够将自身经济优势转化为文化资本方面的优势，如聘请专业内容团队合作，但这种生产模式的成本高且数量少，其最终的传播效果可能比不上低成本的"梗"（meme）曲视频；而且，官方团队必须通过与政治组织进行合作，才能获得接近所需政治资源的机会，合作生产是官方运营为了积累资本，控制虚拟偶像建构权，引导虚拟偶像按照预设方向发展的必然选择。因此，针对虚拟偶像的内容生产行为可定义为行动者基于共同的利益和目标，通过合作生产获取不同类型的生产资源，基于"共同想象"合作建构同一虚拟存在的生产行为。行动者的这种共同建构关系主要发生在内容生产场域中，构成了一个基于生产关系的网络，即虚拟偶像内容生产场域。

该场域中，行动者是参与虚拟偶像的内容生产的组织、团队或个体，笔者根据研究问题，将行动者分为既有掌权者——虚拟偶像版权所属方（官方技术开发团队、运营团队和官方聘请的专业内容生产个体或团队），以及虚拟偶像内容生产场域中的新来者——产消者。后者可以进一步细分为用户个体、专业内容创作团队、政治组织和传媒机构。通过对行动者在虚拟偶像内容生产网络中的空间定位，确定其在场域中的位置。

基于场域理论，虚拟偶像内容生产场域中的经济资本指的是不同行动者（即内容生产主体）在生产中投入的金融资本（financial capital）、劳动力成本和时间成本。文化资本指内容创作相关资源，包括创作者资源（如有一定粉丝基础的词曲创作者、美术创作者和视频内容创作者等）、内容资源（如持有的版权内容）。社会资本则为场域中的连接关系，既包括该网络中的连接关系，也包括该网络外部的连接关系，如该场域与外部场域的连接关系，例如微博社交网络的连接关系。政治资本主要指的是内容审核资格和享有的扶持政策等政策优势。

## 三、社会网络分析方法与虚拟偶像的认识建构

社会心理学家斯坦利·米尔格伦（Stanley Milgram）于 1967 年通过实验方法证明任何两个陌生人都能通过不超过 6 个紧密连接的中介产生关联，并将其称为小世界理论或六度分离理论（Travers & Milgram, 1977）。如今的中国，移动网络的普及让社交网络平台轻松连接拥有共同爱好的人，网络虚拟社群的研究也如雨后春笋般涌现，其中在该领域被使用最多的研究方法是社会网络分析法。"社会网络"最初由约翰·A. 巴恩斯（Barnes, 1954）提出，他将社会互动视为"点的集合，其中一些点由线连接"，从而形成关系的"全部网络"（Barnes，1954：43）。"社会网络是由一群行为人组成的结构，在这个结构中，行为人通过一系列关系相连。"

（诺克、杨松，2001/2015：16）。

## （一）研究对象

探讨虚拟偶像生成与接受的中国本土化问题需要扎根于本土中文市场，以具有中文人声合成音源库（VOCALOID）支撑的技术型虚拟偶像为目标，绘制其创作者合作社会网络。基于此，本书选取 2015 年、2017 年、2018 年和 2019 年哔哩哔哩发布的《周刊 VOCALOID 中文排行榜》年榜上的中文 VOCALOID 原创音乐内容，涉及的主要是中国大陆地区拥有 VOCALOID 中文音源库的虚拟偶像，以中国大陆地区市场的第一位技术型虚拟偶像洛天依的认识建构时期划分为 4 个时间段，分别为感知运动水平时期（开发期：2012 年 3 月 22 日以前）、前思维运演时期（成长期：2012 年 3 月 22 日—2016 年 12 月）、具体运演时期（变革期：2017—2018 年）和形式运演时期（稳定期：2019 年至今）。

## （二）虚拟偶像内容生产场域的边界

虚拟偶像内容生产场域的数据主要以上海宽娱数码科技有限公司旗下的哔哩哔哩发布的《周刊 VOCALOID 中文排行榜》年榜上的原创音乐内容为主。

选取哔哩哔哩作为本书数据采集的内容来源主要是因为它是中国虚拟偶像内容发布和传播的主要网络平台，它以弹幕（即时式评论）为卖点，早期的主要用户为二次元亚文化爱好者。哔哩哔哩的用户群体和虚拟偶像的目标群体都是中国喜爱二次元文化的青少年和青壮年。一般内容首发在哔哩哔哩的音乐专栏中，其后才会陆续在微博、贴吧等其他社交平台中传播。虚拟偶像的发展深受二次元文化的影响，而哔哩哔哩是国内以二次元文化为核心群体的内容平台，有动画、番剧、音乐、国创、舞蹈、游戏、科技、数位、生活、鬼畜、时尚、广告、娱乐、影视、放映厅等 20 个专栏，几乎覆盖二次元文化和青少年感兴趣的热门内容主题的方方面面，上百万名内容生产者聚集在这里创作各种视频和进行网络直播。另外，哔哩哔哩正式会员是有明确的准入门槛的，注册只能成为普通会员（功能有较大限制），而成为正式会员需要被邀请或答题。2019 年 10 月哔哩哔哩改版前，题目主要与二次元文化相关，也会涉及天文地理等科普类知识，用户如果不了解二次元文化历史或没有知名作品的知识储备，基本无法通过考核。较高的准入门槛将不了解或不认可二次元文化的用户隔离在核心文化圈外，这保障了本书的研究对象存在于较为稳定且典型的二次元文化虚拟社群中。

选取《周刊 VOCALOID 中文排行榜》年榜上的中文 VOCALOID 原创音乐内容，是因为该排行榜是由非官方、非营利的制作组为了鼓励原创作品而在哔哩哔哩更新的 VOCALOID 人气中文曲榜单类视频，从 2012 年 8 月至今，8 年来每周更新一期《周刊虚拟歌手中文曲排行榜》，赢得了以 VOCALOID 人声合成软件支撑的技术型虚拟偶像用户群体的广泛认可，其数据和技术支持由哔哩哔哩数据中心提供，可信度较高。《周刊 VOCALOID 中文排行榜》原名为《洛天依新曲排行榜》，后因其他中文虚拟偶像歌曲的陆续发布，于 2013 年 8 月更名为《中文 VOCALOID 新曲排行榜》，又在 2014 年 11 月正式改名为《周刊 VOCALOID 中文排行榜》。截至 2020 年 11 月 3 日，《周刊 VOCALOID 中文排行榜》已更新至 430 期，分别于 2015 年、2017 年、2018 年和 2019 年推出年度榜单。本书研究虚拟偶像认识建构过程，创作和传播技术型虚拟偶像的原创内容是产消者参与虚拟偶像认识建构的主要途径，而通过将内容在二次元平台的播放量、评论量、弹幕量等视频数值进行量化排序，以排行榜的形式展现，是一种直观且高效率展示当前虚拟偶像原创内容情况的方式，让其他行动者迅速得知特定内容的基本情况。本书将内容在虚拟偶像内容场域中的资本积累量化为内容得分。得到用户的喜爱和互动数据越多的内容排名越靠前，在内容生产场域中所拥有的综合实力更强，意味着其创作者拥有更多的资本，也意味着该内容对虚拟偶像的认识建构影响更大，而排名靠后的内容在群体中的影响力则较小。

## （三）数据来源

本书中虚拟偶像内容生产场域的社会网络分析中的关系变量数据主要来源于哔哩哔哩中由非官方以非营利为目的制作的《周刊 VOCALOID 中文排行榜》的年度榜单，包括 2015 年、2017 年、2018 年、2019 年这四个时间段的 VOCALOID 中文音乐类内容的历史得分和用户互动数据。年度数据只会计算当年的增长数据，过往年份的数据不影响当年榜单排行，该榜单的数据和技术支持以"洛天依藏曲阁"数据库中曲目增长数据为基础，具体数据可在虚拟歌手中文曲周刊排行榜官网（域名为 https://www.evocalrank.com/ ）查看；合作团队、内容简介和创作团队留言则以上榜音乐内容对应的原视频页面（哔哩哔哩中）作为主要的数据来源。该榜单主要以哔哩哔哩中内容原页面的数据为依据，入榜内容均来自哔哩哔哩音乐板块中的"VOCALOID·UTAU"子板块中的曲目，哔哩哔哩对"VOCALOID·UTAU"分区的解释是："以雅马哈 VOCALOID 和 UTAU 引擎为基础，包含其他调教引擎，运用各类音源进行的歌曲创作内容。"[1]入选榜单的曲目为使用 VOCALOID 歌手制作的单曲——有明显人声参与并成为主角的音乐内容不会入选；当同作者同曲目多次投稿时，只会入选其中一个；若出现一个视频中有多首曲子、曲目无伴奏、人声合成走调严重、内容时长少于一分钟、基本没有中文、搬运的曲目没有作者信息、同曲同歌手重新制作的版本、作品含有非歌曲相关的干扰因素等情况都不会被收录到排行榜中。

《周刊 VOCALOID 中文排行榜》年度榜单排名方法，按照以下方式计算得分，按得分排名由高到低进行排序：

2015 年与 2017—2018 年年榜的计算公式为：

---

① 哔哩哔哩音乐板块"VOCALOID·UTAU"子板块的域名为 https://www.bilibili.com/v/music/VOCALOID/。

得分 = 播放得分 +（评论量 ×50+ 弹幕量）× 修正 A+ 收藏量 ×20

若播放量超过 30 万，播放得分 = 播放量 ×0.5 +150000；播放量小于或等于 30 万时，播放得分 = 播放量。在此基础上，修正 A =（播放得分 + 收藏量）÷（播放得分 + 收藏量 + 弹幕量 + 评论量 ×50）。

2015 年、2017 年和 2018 年的年榜公式为上文公式，但在 2019 年榜的计算公式中加大了哔哩哔哩硬币量的权重，其计算公式为：得分 = 播放得分 +（评论量 ×50+ 弹幕量）× 修正 A+ 硬币量 ×10+ 收藏量 ×20。本书为了统一得分基准，将对 2019 年榜单内音乐内容得分减去硬币量对得分的影响，并重新排名。

另外，由于《周刊 VOCALOID 中文排行榜》在 2016 年没有发布年榜，但 2016 年是技术型虚拟偶像发展的关键一年，以洛天依等为代表的虚拟偶像的官方公司上海禾念正面临新一届管理层改变策略的重要时期，此时恰逢新的竞争对手——以虚拟偶像星尘为主打的北京福托公司和以台湾虚拟偶像心华为主打的上海望乘公司出现，因此本书将以个人排行榜的原始数据为基础，按照上文公式计算 2016 年歌曲内容得分，并对其进行排序。本书共收集 2015 年 12 月 31 日到 2016 年 12 月 26 日为止的年榜前 150 位的内容相关原始数据[①]，由于原始数据中弹幕量数据的缺失，因此所有内容的弹幕量设置为 0。弹幕量的缺失和播放量千位数后取整可能会小幅影响部分内容的得分与排名，但弹幕量在基本公式中的权重较低，且内容的播放量和弹幕量呈较强的正相关关系（R 值为 0.335，$p<0.01$），具体如表 3-1 所示，因此弹幕量的缺失对整体场域的合作网络基本情况的表现影响基本可忽略。

---

① 数据来源于哔哩哔哩视频网站中用户"Alen 在伦敦"发布的《【年榜】VOCALOID 中文曲 2016（自制）》，发布时间为 2017 年 1 月 2 日，网址为 https://www.bilibili.com/video/BV1js411 Y7Ya?from=search&seid=319286054049221724。

表 3-1　哔哩哔哩 VOCALOID 中文音乐视频的播放量与弹幕量相关分析数据

| 数据类型 | 数据情况 | | |
|---|---|---|---|
| 收集范围 | 哔哩哔哩视频网站音乐区的 VOCALOID·UTAU 分类中的标签"VOCALOID 中文曲" | | |
| 收集时间 | 2020 年 7 月 16 日 | | |
| 总样本量 | 22832 | | |
| 有效样本量 | 22800 | | |
| R 值 | 0.335051354** | | |
| P 值（双尾） | 0 | P<0.01 | 显著相关 |

本书解释性分析，除涉及关系变量外，还包括虚拟偶像 VOCALOID·UTAU 中文音乐内容数量、总体播放量、评论量、收藏量、相关内容简介及创作团队话语和访谈内容等。关系变量的数据来源于上述对虚拟偶像内容生产场域的社会网络分析结果；属性变量的数据来源于原视频网址和创作者主页的公开信息、以微博为主的社交媒体平台中虚拟偶像官方认证账号、内容创作者公开的微博账号（公布在哔哩哔哩作者主页信息中）中发布的相关宣传内容和在线数据档案。

## 小　结

虚拟偶像是诞生于群体的想象之中，群体认同与彼此编织同一个理想的"偶像"。虚拟偶像诞于虚无，发于想象，形态多样，却"形散神不散"，游牧于不同媒介间，迁徙于不同实体中。本章分别讲解了本书涉及的基本理论概念和研究方法。

哲学家让·皮亚杰提出的认识论为理解虚拟偶像的生成与接受提供了一个新角度。虚拟偶像的认识建构源于官方与受众共同的想象，虚拟偶像所属方是认识建构的主体，具有内容生产能力的产消者则是建构的重要参与者。根据皮亚杰对儿童思维发展阶段的划分，本书将虚拟偶像的认识发展过程分为四个时期，分别为感知运动水平时期、前思维运演时期、具体运演时期和形式运演时期。

在共同建构理想中的虚拟偶像的目标下，官方团队与产消者之间逐渐形成合作生产的互动关系网络。虚拟偶像的认识建构离不开其内容的生产活动，官方团队和产消者的思想和理念在内容牛产场域中不断碰撞，因此本文借鉴了场域理论和社会网络分析方法，将研究聚焦在虚拟偶像内容生产场域，对场域中的行动者、合作关系和资本类型逐一探讨，并详细阐述了本文如何运用社会网络分析方法开展研究，明确了研究对象、虚拟偶像内容生产场域的边界和数据来源。

# 第四章　整体与社群：虚拟偶像内容生产场域结构静态分析

本章将从"是什么"开始，探析"虚拟偶像人声合成中文音乐视频的内容生产场域的整体结构"。研究对象为虚拟偶像中文人声合成音乐类内容生产的合作者之间的关系结构，采用社会网络分析方法，静态分析虚拟偶像中文 VOCALOID 音乐类内容生产场域，回答"虚拟偶像中文 VOCALOID 音乐类内容生产场域的权力格局的整体态势"。

## 一、整体视角：创作者合作网络的变量与整体结构

本章将对虚拟偶像人声合成中文歌曲内容合作生产网络进行静态客观结构分析。每个时间段的分析均从整体视角、社群视角和个人视角三个维度依次展开：其一，整体网络视角部分。通过分析合作网络的规模、密度、平均距离和直径等基本社会网络分析变量，描述虚拟偶像内容生产合作网络的基本情况。其二，社群视角部分。根据个体的合作关系将整体网络分为不同的子聚簇，分析子聚簇的规模和结构。其三，个体视角部分。该部分将以中心度和跨越结构洞为指标，分析行动者的权力位置。研究将使用 Gephi 和 Python 语言的 igraph 软件包作为社会网络的绘图工具，使用 Python 语言的 igraph 和 networkx 软件包两者互相配合的方式作为社会网络的分析工具，最后数据统计部分使用 SPSS 26 版本进行相关性和线性回归检验。根据现阶段文献（Monge，Contractor，Contractor，Peter & Noshir，2003），各变量的具体测量方法如下。

**表 4-1　研究 1 虚拟偶像内容生产场域结构的描述性分析测量方法**

| 研究问题 | 测量维度 | 变量 | 测量指标 |
|---|---|---|---|
| 静态：<br>场域客观结构 | 整体视角 | 网络规模 | 节点数、连接数 |
| | | 密度 | 密度 |
| | | 平均距离 | 平均距离 |
| | | 直径 | 直径 |
| | 社群视角 | 成分 | 成分数量、规模 |
| | | 最大成分 | 最大成分规模、密度 |
| | | 聚类 | 子群数量、子群规模 |
| | 个体视角 | 中心度 | 度数中心度 |
| | | | 中介中心度 |
| | | | 接近中心度 |
| | | | 特征向量中心度 |
| | | 跨越结构洞 | 网络约束度 |

本章选取 2019 年《周刊 VOCALOID 中文排行榜》年榜中前 200 名的中文音乐歌曲内容的创作者和内容数据为代表，共为两部分：

其一，从整体网的角度对 2019 年年度前 200 名中文人声合成音乐内容创作者合作网络进行描述性分析，鸟瞰虚拟偶像中文人声合成音乐类内容生产场域的认识建构权力关系的整体态势，从规模、关系亲疏和构成整体的子社群对该场域的基本情况进行描述。

其二，将视角缩小到场域中不同类型的行动者，通过节点在该场域的位置分析现阶段该类行动者的权力关系，探讨虚拟偶像中文音乐歌曲内容生产场域中的权力和资源分布情况，分析具体哪一类行动者在现阶段场域中掌握主导权，更接近资源的渠道。

因此，本节以 2019 年虚拟偶像人工合成中文音乐类内容生产场域的静态结构为样本，以哔哩哔哩发布的《周刊 VOCALOID 中文排行榜》年榜中的前 200 音乐视频为样本，采集上榜视频的合作者信息，构建了合作生产网络。网络中的节点为虚拟偶像人工合成中文音乐类内容的生产者个

体或机构，节点间的连接关系代表共同合作生产同一个音乐视频。如图
4-1 所示，2019 年虚拟偶像中文 VOCALOID 前 200 名的内容合作生产网
络规模较大，共包含 755 个节点，7475 组连接关系，表明 2019 年排名前
200 的虚拟偶像中文 VOCALOID 的内容生产场域中存在 755 个内容创作个
体或机构，这些个体或机构创作的内容在 2019 年获得较高的认可度，它
们之间建立了 7475 组合作关系。网络密度为 0.026，说明现阶段网络中的
行动者连接相对较为紧密，网络直径为 8，平均距离为 3.215。

由于上榜的虚拟偶像中文 VOCALOID 中，有些内容是由创作者个体
单独完成的，它们作为网络中的节点没有和其他节点连接，网络中的连接
数为 0，因此是场域中的孤立点。从整体网视角出发，本书研究虚拟偶像
内容生产场域的基本情况时——如探讨该场域中有多少个行动者和他们的
关系紧密程度——孤立点的数据会纳入虚拟偶像内容生产场域的规模、密
度的计算。然而，在后续的社群分析和节点位置分析，例如节点的度数中

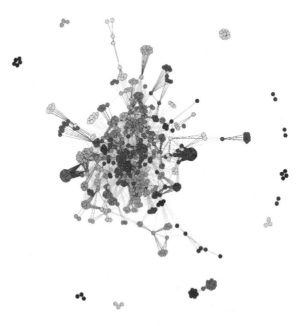

图 4-1　2019 年前 200 名内容合作生产场域结构图

心度、中介中心度等需要与其他行动者发生连接的系数时，为确保节点的社会网络指标（SNA metrics）不出现零或缺省值的情况，本书将按照社会网络分析方法中的一般处理规则，在社群分析和位置分析时将网络中的孤立值剔除。在 2019 年的网络中共有 4 个孤立点，去掉孤立点的剩余节点为 751 个。

从社群的角度来看，网络中存在着只有内部联系的小群体，他们与网络中的其他子群并没有发生连接，是网络中孤立存在的小群体，社会网络理论将其称为凝聚子群，而网络中互相连通的部分被称为组元（component）（诺伊，姆尔瓦，巴塔盖尔吉，2004/2018：68）。由于内容合作生产网络研究是生产者之间互相合作的关系，节点与节点之间是没有从属关系的，因此该网络是无向网络，无须考虑组元形成的连通网络的强弱问题。2019 年的虚拟偶像中文 VOCALOID 前 200 名内容生产网络内部包含 12 个凝聚子群，其中最小的凝聚子群包含 2 个生产个体或机构。本网络（见图 4-2）中最大的凝聚子群的规模为 696，占整个网络的

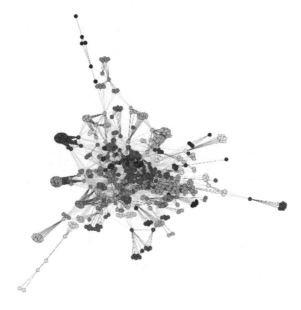

**图 4-2　2019 年前 200 名内容合作生产场域的最大凝聚子群**

92.676%。从图 4-2 可以看出，该内容生产合作网络中存在一个巨大组元，该组元连接将近 700 个节点，剩余独立的组元规模均不超过 20。由于该内容合作生产网络的规模过于巨大，不利于对其进行细致的网络分析，因此本书将使用经典社区发现算法 Info-map 对最大凝聚子群网络进行聚类，将其划分为 46 个子群（community），其中最大的子群规模为 63，即包含 63 个行动者。

## 二、群体视角：官方团队在虚拟偶像认识建构中的主场地位

本研究从行动者在内容生产场域中的位置分析网络中的权力关系。如本书在理论框架部分所述，在虚拟偶像内容生产场域中，行动者在争夺虚拟偶像的认识建构权时，符号资源和物质资源是主要的争夺对象（戴维·斯沃茨，1997/2012：157），同时，行动者也会通过提升自身优势资源在场域中的评价，通过合作生产发挥自身优势资源在场域中的影响力，维系或强化自己在场域中的位置，行动者在场域所获取的资源和权力地位与其嵌入的社会结构相关（Joseph，2011）。本书将以度数中心度、接近中心度、中介中心度、特征向量中心度这四种中心度的具体指标测量行动者在场域中的影响力，其中心度指标值越大，则意味着行动者在场域内的影响力越大；以网络约束度这一指标测量行动者的经纪性（brokerage），节点的网络约束度越小，意味着该行动者在场域中的影响力越大。本书将通过以上变量指标值的统计和排序，将指标值排名前十的行动者定义为场域中最核心的圈层成员，他们占据着虚拟偶像中文 VOCALOID 内容生产场域中最具影响力的位置。

本书首先对网络中的行动者的各项位置指标和行动者类别（是否是虚拟偶像官方团队成员或与虚拟偶像官方团队有合作关系的行动者）进行相关性分析，使用皮尔逊相关系数检验方法（Pearson correlation coefficient）对统计变量之间的相关性进行假设检验，网络的样本量（行动者个数）为

751，自由度（df）为749。根据科恩准则针对行为科学对皮尔逊相关系数的 R 值和 P 值的效应量度量标准（Cohen，2013），相较于未与官方团队合作的产消者，官方团队及与其合作的产消者在内容生产场域中占据更为优势的权力位置。各项位置指标的 P 值（P-value）均小于 0.001，表明行动者在场域中的位置与其类别显著相关。各中心度指标与行动者的类别均显著正相关，其中度数中心度和特征向量中心度的 R 值均大于 0.5（效应量大），说明官方团队及其合作者比场域中的其他行动者在虚拟偶像中文 VOCALOID 内容生产场域中活跃度高（高度数中心度），与其合作的伙伴具有的影响力更强（高特征向量中心度）。另外，中介中心度和接近中心度的 R 值均大于 0.1（效应量小），说明官方团队及其合作者在网络中的独立性尚可，在网络中起到了连接不同子群的桥梁作用。另外，行动者类别与结构洞理论的关键指标网络约束度呈显著负相关，网络约束度越小，行动者跨越结构洞所获得的经纪效应越高，因此，负相关说明在虚拟偶像影响力和传播度较高的内容中，官方团队及其合作者比其他产消者在场域中跨越的结构洞数量更多，有利于"虚拟偶像认识建构的掌权者"依靠信息利益和控制利益方面的优势让官方团队参与和控制更多回报机会，有利于虚拟偶像认识建构维持现阶段符号系统，让虚拟偶像"合法"且公认的设定进行再生产的内容获得更高的回报率。

表 4-2 2019 年官方团队及其合作者与其场域的权力位置相关性分析

| | | 度数中心度 | 中介中心度 | 接近中心度 | 特征向量中心度 | 网络约束度 |
|---|---|---|---|---|---|---|
| 官方团队及其合作者 | 相关系数（R 值） | 0.506** | 0.194** | 0.150** | 0.607** | −0.322** |
| | 显著性（单尾） | 0.000** | 0.000** | 0.000** | 0.000** | 0.000** |

**.单尾检验 P 值在 0.01 的水平上显著相关。

在当前虚拟偶像内容场域中影响力较高的内容创作者中，产消者的类别可细分为政治组织、包括专业内容团队和传媒机构的文化团队及以独立身份参与内容创作的个体创作者。本书在统计分析行动者类别的中心度和经纪性时，为了避免数据重复，将与多方合作的行动者个体作为重复值删去，仅保留作为整体的团队和机构数据，统计的官方团队及其合作者的节点数为89，文化团队及其成员的节点数为84，政治组织及其合作者的节点数为26，独立身份参与虚拟偶像中文 VOCALOID 内容创作的个体节点数为500，本书将以细分的行动者类别，通过对该类别行动者中心度和经纪性指标的平均值进行排序（如表4-3所示）。其中，官方团队及其合作者在网络中占据了最为核心的地位，控制着内容生产网络流动的各类资源，是目前场域的主导者，而具有专业技术和知识储备的专业团队及其成员紧随其后，在场域中与官方团队及其合作者实力相当，具备冲击官方团队主导者地位的实力。政治组织及其合作者的伙伴影响力较大，政治组织有意识地挑选具有人脉的产消者进行合作。个体创作者群体人数较多，但主要为分散的个体，个体实力和质量良莠不齐，因此在群体层面上的中心度和经纪性均处于弱势。

表 4-3　2019 年行动者类别与其场域的权力位置的相关性分析

| 变量 | 测量标准 | 排序 | | | |
|---|---|---|---|---|---|
| 中心度 | 度数中心度 | 官方团队 > 0.0330 | 文化团队 > 0.0310 | 政治组织 > 0.0240 | 个体创作者 0.0190 |
| | 中介中心度 | 官方团队 > 0.0070 | 文化团队 > 0.0030 | 政治组织 > 0.0020 | 个体创作者 0.0010 |
| | 接近中心度 | 官方团队 > 0.0173 | 文化团队 > 0.0172 | 个体创作者 > 0.0156 | 政治组织 0.0122 |
| | 特征向量中心度 | 政治组织 > 0.1530 | 官方团队 > 0.0830 | 文化团队 > 0.0260 | 个体创作者 0.0157 |
| 经纪性 | 网络约束度 | 官方团队 < 0.1890 | 文化团队 < 0.2150 | 个体创作者 < 0.3340 | 政治组织 0.3440 |

注：官方团队、文化团队和政治组织的类别划分中包含与其合作的内容生产个体。

本书在统计分析行动者类别的中心度和经纪性时，由于在2017年后，网络中影响力大的行动者积极与其他类型的行动者"强强联手"，因此从表4-4可以看出，部分行动者存在同时与官方团队、文化团队和政治组织进行多方合作的情况。因此，本书将各项指标排名前十的行动者作为网络中的核心圈层成员，他们占据了场域中最具影响力的位置。通过将不同类别行动者的度数中心度进行排序，并将排名前十的行动者的各项指标平均值和人数占比进行比较，笔者发现，官方团队及其合作者在进入核心圈层数量上占有优势，除了特征向量中心度以外，其他各项指标均高于其他类型行动者，他们在虚拟偶像中文 VOCALOID 的内容生产合作网络中占据最为核心的地位，是场域内最具权力和影响力的主导者。其次是文化团队，文化团队主要由专业内容生产的团队成员组成，在度数中心度和接近中心度的均值上高于官方团队，说明具有知识储备和技术支撑的专业人员在网络中的独立性和活跃度较高，但由于经济资源和政治资源的相对弱势，因此进入核心圈层的人数比不上官方团队。另外，官方政治组织凭借自身政治资本优势与有影响力的内容创作者合作，增强自身在网络中的位置，但由于是网络中的新参与者，其内容生产方面积累的文化资源较为薄弱。个体生产者虽然拥有影响力大且各项指标得分都较高的优秀创作个体，但由于其在网络中主要依靠自身资源，独立创作者的群体较为分散且自由，因此在现阶段的网络中的位置趋于边缘。

表 4-4　2019 年核心圈层不同类型行动者占比及均值

| 变量 | 测量标准 | 核心圈层占比及均值 | | | |
|---|---|---|---|---|---|
| 中心度 | 度数中心度 | 官方团队 ＞ 60%(0.1110) | 文化团队 ＞ 40%(0.1140) | 政治组织 ＞ 40%(0.0970) | 个体创作者 20%(0.1030) |
| | 中介中心度 | 官方团队 ＞ 60%(0.0738) | 文化团队 ＞ 50%(0.0729) | 政治组织 ＞ 10%(0.0528) | 个体创作者 10%(0.0988) |
| | 紧密中心度 | 官方团队 ＞ 40%(0.0174) | 文化团队 ＞ 30%(0.0175) | 个体创者 ＞ 10%(0.0174) | 政治组织 未进入 |
| | 特征向量中心度 | 政治组织 ＞ 90%(0.9954) | 官方团队 ＞ 70%(0.9961) | 文化团队 ＞ 40%(0.9953) | 个体创作者 未进入 |
| 经纪性 | 网络约束度 | 官方团队 ＜ 50%(0.0374) | 文化团队 ＜ 50%(0.0408) | 个体创作 ＜ 10%(0.0455) | 政治组织 20%(0.0413) |

注：官方团队、文化团队和政治组织的类别划分中包含与其合作的内容生产个体。

## 三、个体视角：合作造就权力资本的集中

通过社会网络方法对行动者在内容生产场域中的位置分析，可以得出网络中的权力关系。在虚拟偶像内容生产场域中，行动者在争夺虚拟偶像的认识建构权时，符号资源和物质资源是主要的争夺对象（戴维·斯沃茨，1997/2012：157），同时，行动者也会通过提升自身优势资源在场域中的评价，通过合作生产发挥自身优势资源在场域中的影响力，维系或强化自己在场域中的位置，行动者在场域所获取的资源和权力地位与其嵌入的社会结构相关（Joseph，2011）。本书将以度数中心度、接近中心度、中介中心度、特征向量中心度这四种中心度的具体指标测量行动者在场域中的影响力，其中心度指标值越大，则意味着行动者在场域内的影响力越大；以网络约束度这一指标测量行动者的经纪性，节点的网络约束度越小，意味着该行动者在场域中的影响力越大。本书将通过以上变量指标值的统计和排序，将指标值排名前十的行动者定义为场域中最核心的圈层的成员，他们占据着虚拟偶像中文 VOCALOID 内容生产场域中最具影响力的位置。

### （一）个体与团队合作乃大势所趋

在当前虚拟偶像内容场域中影响力较高的内容创作者中，核心圈层的成员包括官方团队、政治团队、包括专业内容团队和传媒机构的文化团队及未与团队或机构合作的产消者个体。其中部分产消者个体和机构分别与官方团队、政治团队和文化团队都存在合作关系。从表 4-5 中的数据可知，与官方团队和政治团队均有合作的行动者相对较多，与文化团队和政治团队均有合作的行动者较少；相对而言，参与虚拟偶像的文化团队则更倾向于内部合作，与外部的合作相对较少。与官方团队、政治团队和文化团队均有联系的行动者只有三个，分别是内容创作个体"洛劫"、专业内容生产团队"予你诗话工作室"和传媒机构"中青在线"（中国青年报官方线上网站）。

表 4-5 2019 年与多方合作的个体和机构数量及分布

| | | 个体 | 团队或机构 | 总数 |
|---|---|---|---|---|
| 合作类型 | 官方团队 & 文化团队 | 8 | 4 | 12 |
| | 文化团队 & 政治团队 | 1 | 2 | 3 |
| | 官方团队 & 政治团队 | 57 | 4 | 61 |
| | 三方均有合作 | 1 | 2 | 3 |

可以看出，与群体合作已然成为个体产消者的常见选择，优秀且具有高影响力的产消者具有更高的自主性和选择权，可以选择与哪些团队合作，积极与团队合作能够让场域中的权力资本更为集中。

## （二）中心度变量：权力资本汇聚在与官方共"舞"的产消者

根据已有文献描述（诺克、杨松，2005/2001：102-112；诺伊、姆尔瓦、巴塔盖尔吉，2012/2018：132），为了有针对性地测量节点对该内容生产网络的影响，本书将引入四类中心度对网络中的节点进行测量，分别是描述节点参与程度的度数中心度（degree centrality）、说明节点控制信息流动和资源流动程度的中介中心度（betweenness centrality）、阐明节点与其他节点连接速度的接近中心度（closeness centrality）和代表节点的邻居在网络中的影响力的特征向量中心度（eigenvector centrality）。本部分对2019 年虚拟偶像中文 VOCALOID 年榜前 200 名的内容生产合作网络中的各个节点的四种中心度进行统计排序，得出以下研究结果。

### 1. 权力分布符合帕累托定律：少数行动者控制着大部分权力资本

当前虚拟偶像中文 VOCALOID 生产场域的权力分布不平均，符合帕累托定律，即场域中的少数行动者掌握了场内大部分资源。除接近中心度外，其余三种中心度的指标均呈现向左偏斜，其中度数中心度为均匀分布，而中介中心度和特征向量中心度则呈现非对称分布。度数中心度（SK=1.4）、中介中心度（SK=7.2）和特征向量中心度（SK=3.0）的偏度系数（skewness）均大于 0，说明这三项指标在分布上均向左偏斜，其中中介中心度的偏斜程度最大。同时，三项中心度指标的峰度系数（kurtosis）均大于代表正态分布的0[①]，具体数值为1.1（度数中心度）、67.5（中介中心度）和7.05（特征向量中心度），分布曲线较为陡峭。偏度系数和峰度系数说明网络中的大部分节点的中心度普遍较低，仅有少部分行动者具有相对较高的中心度，他们比场域中大部分的行动者具有更高的参与度，内容创作的合作意愿更强，控制着场域中的资本流动，积极与场域中具有较强影响力的行动者合作。本书将这些具有高中心度的节点视为掌握虚拟偶像认识建构权力、决定虚拟偶像认识建构发展走向的重要节点，他们是虚拟偶像中文VOCALOID内容生产场域中最具权力的核心成员。

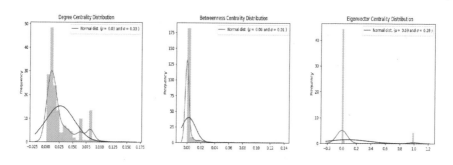

图 4-3  2019 年度数、中介和特征向量中心度分布

### 2. 与高影响力产消者合作的官方团队重回核心

根据上文和表 4-2 可知，除特殊向量中心度排名第二以外，官方团队及其合作者在网络中的中心度均排名第一，说明场域的最重要的焦点位置基本被官方团队及其合作者占据。特殊向量中心度排名第一的是政治组织，这可能源于政治组织本身并不具备内容生产能力，缺乏文化资本，必须通过有意识地挑选具有人脉和影响力的产消者进行合作，通过转换经济

---

① 本书中的峰度和偏度系数计算由 SPSS 软件完成，峰度具体的计算方法为超峰度（ek），因此，峰度值 ek=0 时，呈正态分布，而当峰度值 ek＜0 时，则为较为扁平的低峰，峰度值 ek＞0 时，则为较为陡峭的尖峰。

资本与政治资本，参与虚拟偶像的内容生产，争夺虚拟偶像认识建构的权力。下文将对各项指标具体分析。

其一，度数中心度方面。度数中心度排名前十的节点均为产消者，其中八位分别与官方团队、政治组织或文化团队存在合作关系，六位与官方团队存在合作关系，四位分别与共青团和专业内容生产团队存在合作关系，只有两位是以独立身份参与内容创作的用户。另外，行动者个体度数中心度排名前两位分别为 OQQ（0.1467）和 Creuzer（0.1347），两者都与官方团队有合作曲目，排名前十的行动者中有六名都有与官方合作的经历。这一方面说明 OQQ 和 Creuzer 是现阶段虚拟偶像中文 VOCALOID 内容生产场域中参与度和活跃度最高的行动者，是现阶段网络中各类资源和信息汇聚的枢纽；另一方面说明官方团队在此阶段积极与影响力较大的个体合作，其参与虚拟偶像认识建构的主要方式是通过与影响力、活跃度高的产消者合作，凭借自身经济资本的优势聘请影响力高的产消者或建立合作关系，直接参与这部分产消者的内容创作，间接引导虚拟偶像认识建构走向。

表 4-6 2019 年度数中心度最高的前十位行动者

| 排序 | 名称 | 合作情况 | 身份 | 度数中心度 |
|---|---|---|---|---|
| 1 | OQQ | 官方 | 官方合作 P 主 | 0.1467 |
| 2 | Creuzer | 官方 & 文化 | 官方合作 P 主、踏云社成员 | 0.1347 |
| 3 | 纳兰寻风[①] | 独立 P 主 | 独立 P 主、声库制作者 | 0.1107 |
| 4 | 偶尤大肥羊 | 官方 & 文化 | 官方合作 P 主、踏云社成员 | 0.1080 |
| 5 | 洛劫 | 三方均有合作 | 官方和共青团合作 P 主 | 0.1080 |
| 6 | 流绪 | 文化 | 回廊工作室成员 | 0.1040 |
| 7 | Lune | 独立 | P 主 | 0.0960 |

---

① "纳兰寻风"是虚拟偶像悦成和楚楚的声库制作人，但是这两位虚拟偶像在中文 VOCALOID 内容场域中的影响很小，在"纳兰寻风"影响力较高的作品中，"纳兰寻风"基本以独立生产者的身份参与，因此将其归入独立 P 主。

续表

| 排序 | 名称 | 合作情况 | 身份 | 度数中心度 |
|------|------|----------|------|------------|
| 8 | 郑射虎 | 官方 & 政治 | 官方和共青团合作 P 主 | 0.0947 |
| 9 | 为止 | 官方 & 政治 | 官方和共青团合作 P 主 | 0.0933 |
| 10 | 二胡妹 | 官方 & 政治 | 官方和共青团合作 P 主 | 0.0920 |

注：P 主是 Poducer 的简称，在本书中特指 VOCALOID 内容的负责人或生产者。

　　其二，中介中心度方面。中介中心度排名前十位中的九位为产消者，另外一位是官方团队，其中只有一名产消者是独立创作者，与官方团队、政治组织或文化团队均无合作关系，其余八位产消者中，五位产消者与官方团队存在合作关系，三位是专业内容生产团队成员，一位与共青团中央存在合作关系。Creuzer（0.1317）的中介中心度最高，另外哔哩哔哩音乐区官方账号"大家的音乐姬"（0.0456）[①] 的中介中心度也进入了核心圈层，说明官方团队及其合作者在场域中常常担任桥梁的作用，连接拥有不同类型资源的行动者，高中介中心度将为官方团队及其合作者提供控制信息流通和资源流向的机会。

表 4-7　2019 年中介中心度最高的前十位行动者

| 排序 | 名称 | 合作情况 | 身份 | 中介中心度 |
|------|------|----------|------|------------|
| 1 | Creuzer | 官方 & 文化 | 官方合作 P 主、踏云社成员 | 0.1317 |
| 2 | 纳兰寻风 | 独立 | 独立 P 主、声库制作者 | 0.0988 |
| 3 | OQQ | 官方 | 官方合作 P 主 | 0.0950 |
| 4 | 流绪 | 文化 | 回廊工作室成员 | 0.0657 |
| 5 | 偶尤大肥羊 | 官方 & 文化 | 官方合作 P 主、踏云社成员 | 0.0643 |
| 6 | 棉花 P | 文化 | 半木生工作室成员 | 0.0568 |

——————

① 虚拟偶像洛天依主体公司（上海禾念信息科技有限公司）和哔哩哔哩网站主体公司（上海哔哩哔哩科技有限公司）的法定代表人相同。2017 年开始，哔哩哔哩视频网站母公司开始布局虚拟偶像，先后投资并收购虚拟偶像洛天依所属公司。因此，本书将哔哩哔哩音乐区官方账号"大家的音乐姬"纳入虚拟偶像官方团队。

| 排序 | 名称 | 合作情况 | 身份 | 中介中心度 |
|---|---|---|---|---|
| 7 | 花儿不哭 | 官方 | 官方合作 P 主 | 0.0539 |
| 8 | 郑射虎 | 官方 & 政治 | 官方和共青团合作 P 主 | 0.0528 |
| 9 | 坐标 P | 文化 | 踏云社成员 | 0.0461 |
| 10 | 大家的音乐姬（官方团队） | — | 哔哩哔哩音乐区官方账号 | 0.0456 |

其三，接近中心度方面。接近中心度排名前十的节点中，有两位是虚拟偶像官方团队相关机构本身或开发成员，其余八位为产消者，而这八位产消者中有六位与官方存在合作关系。前十位中只有两位未与官方建立合作关系，这说明官方团队及其合作者在场域中的独立性较强，能够迅速与场域中的行动者建立联系，连接成本较低，与大部分行动者能够直接交流或经过极少中间环节建立联系。高接近中心度将为官方团队及其合作者带来更多选择资源和合作者的自由。

表 4-8　2019 年接近中心度最高的前十位行动者

| 排序 | 名称 | 合作情况 | 身份 | 接近中心度 |
|---|---|---|---|---|
| 1 | Creuzer | 官方 & 文化 | 官方合作 P 主、踏云社成员 | 0.0176 |
| 2 | 偶尤大肥羊 | 官方 & 文化 | 官方合作 P 主、踏云社成员 | 0.0175 |
| 3 | OQQ | 官方 | 官方合作 P 主 | 0.0175 |
| 4 | 纳兰寻风 | 独立 | 独立 P 主、声库制作者 | 0.0175 |
| 5 | 人形兔（洛天依开发者） | — | 洛天依音源库开发者 | 0.0175 |
| 6 | 大家的音乐姬（官方账号） | — | 哔哩哔哩音乐区官方账号 | 0.0175 |
| 7 | 诺诺小熊猫 | 官方 | 官方合作 P 主 | 0.0175 |
| 8 | 花儿不哭 | 官方 | 官方合作 P 主 | 0.0175 |
| 9 | 坐标 P | 文化 | 踏云社成员 | 0.0174 |
| 10 | 动点 p | 官方 | 官方合作 P 主 | 0.0174 |

其四，特征向量中心度方面。特征向量中心度排名前十的节点中五个为组织或团队，五个为产消者。共青团中央宣传部、中青在线、上海禾念信息科技有限公司、青微工作室和予你诗话工作室的特征向量中心度均为 0.9938，源于 5 个机构在庆祝中华人民共和国成立 70 周年时联合参与生产的《地势坤》中文 VOCALOID，这首曲子的参与人员较多且被广泛认可。特征向量中心度排名前三的分别为洛劫（1.0000）、郑射虎（0.9974）和为止（0.9966），他们均为与官方和共青团有合作关系的 P 主，说明官方团队积极与政治组织共青团中央宣传部合作与配合，联合出品弘扬中华民族共同价值的内容，让旗下虚拟偶像的认识建构吸纳主流价值观，通过与政治组织的合作，为虚拟偶像搭建良好的正面形象。与国家政治组织的合作不仅能够增强自身的公信力和可信赖度，同时，政治组织的认可能够增加虚拟偶像目标受众（青少年群体）亲属对虚拟偶像的接受程度，为虚拟偶像从亚文化群体走向一般大众奠定基础，积累更多的政治资本。此外，政治组织通过与虚拟偶像的官方团队合作，以青少年喜闻乐见的方式传播社会主义核心价值观。官方团队和政治组织强强联手，提升彼此在场域中的位置，共同掌握虚拟偶像认识建构的主导权，将其引向有利于虚拟偶像长期稳健发展的方向。

表 4-9　2019 年特征向量中心度最高的前十位行动者

| 排序 | 名称 | 合作情况 | 身份 | 特征向量中心度 |
|---|---|---|---|---|
| 1 | 洛劫 | 三方均合作 | 官方和共青团合作 P 主 | 1.0000 |
| 2 | 郑射虎 | 官方 & 政治 | 官方和共青团合作 P 主 | 0.9974 |
| 3 | 为止 | 官方 & 政治 | 官方和共青团合作 P 主 | 0.9966 |
| 4 | 二胡妹 | 官方 & 政治 | 官方和共青团合作 P 主 | 0.9959 |
| 5 | 祚挂东南枝 | 官方 | 官方合作 P 主 | 0.9956 |
| 6 | 上海禾念信息科技有限公司 | 官方 & 政治 | 洛天依所属公司 | 0.9938 |
| 6 | 青微工作室 | 文化 & 政治 | 专业内容团队 | 0.9938 |
| 6 | 予你诗话工作室 | 文化 & 政治 | 专业内容团队 | 0.9938 |

| 排序 | 名称 | 合作情况 | 身份 | 特征向量中心度 |
|---|---|---|---|---|
| 6 | 共青团中央宣传部 | 政治 & 官方 | 共青团中央 | 0.9938 |
| 6 | 中青在线 | 政治 & 文化 | 中青报网站 | 0.9938 |

## （三）经纪性变量：合作牵线人掌控权力流向

跨越结构洞是测量特定节点是否某个子群连接外部的唯一节点，从而衡量该节点获取信息和控制信息流动的能力。一方面，可以掌握更多的信息和资源渠道，利用信息差获得更多的机会和选择。另一方面，通过控制信息和资源流动，在谈判和博弈中占据优势。本小节将使用约束度（constraint）这一结构洞理论的关键概念来衡量跨越结构洞能够为该内容生产场域中的行动者带来多少经济利益。

现阶段，虚拟偶像中文 VOCALOID 内容生产场域中的各个行动者的偏度系数为 1.6470，大于 0，说明约束度在分布上向右偏斜，即长尾在右，大部分行动者的社会约束度集中在较低的位置。峰度系数（Kurtosis）为 2.9350，大于经典正态分布的峰度 0，说明分布呈正态分布，曲线陡峭，网络中的行动者的约束度差异较大。

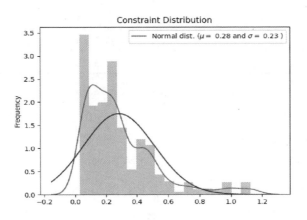

图 4-4  2019 年前 200 名内容合作生产场域中行动者社会约束度的分布情况

根据结构洞理论，网络约束度越小，网络中的行动者跨越的结构洞越多，经济利益也越大。因此，本书将虚拟偶像中文 VOCALOID 内容生产网络中行动者的网络约束度进行排序，筛选出经纪性最高（网络约束度最低）的前十名行动者，如表 4-10 所示。跨越结构洞最多的前十节点包括一个虚拟偶像官方背景机构和九名产消者，其中六名是官方合作 P 主，五名为专业内容生产文化团队成员和两名独立 P 主。其中前三名 Creuzer（0.028961）、OQQ（0.029717）和偶尤大肥羊（0.036945）均与官方团队存在合作关系，"大家的音乐姬"是唯一进入前十的团队，也是具有官方团队背景的。

表 4-10　2019 年网络约束度最低的前十位行动者

| 排序 | 名称 | 合作情况 | 身份 | 网络约束度 |
|---|---|---|---|---|
| 1 | Creuzer | 官方 & 文化 | 官方合作 P 主、踏云社成员 | 0.028961 |
| 2 | OQQ | 官方 | 官方合作 P 主 | 0.029717 |
| 3 | 偶尤大肥羊 | 官方 & 文化 | 官方合作 P 主、踏云社成员 | 0.036945 |
| 4 | 纳兰寻风 | 独立 | 独立 P 主、声库制作者 | 0.037505 |
| 5 | 流绪 | 文化 | 回廊工作室成员 | 0.043616 |
| 6 | 大家的音乐姬 | 官方 | 哔哩哔哩音乐区官方账号 | 0.044078 |
| 6 | Lune | 独立 | P 主 | 0.044975 |
| 6 | 洛劫 | 三方均有合作 | 官方和共青团合作 P 主 | 0.045504 |
| 6 | 诺诺小熊猫 | 官方 | 官方合作 P 主 | 0.047657 |
| 6 | 坐标 P | 文化 | 踏云社成员 | 0.048853 |

## 小　结

本章回答了"现阶段以官方团队及其合作者为代表的虚拟偶像掌权者在场域中占据什么位置、扮演怎样的角色？"（RQ1.1）。本书以 2019 年作为研究时段，探讨此刻虚拟偶像中文 VOCALOID 年榜前 200 名的内容生产合作网络，从整体上看，当前生产网络规模较大，参与生产的行动者数量庞杂，行动者之间的关系较为紧密，场域中游离在边缘位置的小群体数量较少，存在一个庞大的凝聚子群。

研究可知，2019年的内容生产者合作网络百花齐放，合作形式多元且自由，生产者积极与不同类型资本合作，但很明显官方团队及其合作者已占据内容生产场域的优势位置。具体表现为：其一，各个位置指标均与行动者类别（是否为官方团队及其合作者）存在显著的相关关系，除了政治团队在特征向量中心度相对具有优势外，官方团队及其合作者在度数中心度、中介中心度、接近中心度和网络约束度的均值都优于其他类型的行动者或机构，在场域中处于更为中心的位置。这说明，就整体而言，官方团队及其合作者比其他行动者在网络中的影响力更大。其二，本研究将行动者位置指标（度数中心度、接近中心度、中介中心度、特征向量中心度和网络约束度）排名前十的行动者划分为核心圈层成员。通过对比核心圈中各种类型行动者发现，除在特征向量中心度落后于政治组织以外，官方团队及其合作者在其他各项指标的占比均高于其他核心圈层，是核心圈层中最具主导力的行动者类别。这说明尽管技术型虚拟偶像认识建构的权力被各类行动者共享，但官方团队及其合作者中进入核心圈层的数量最多，其整体影响力超过了文化团队、政治组织和个体创作者等其他参与虚拟偶像认识建构的行动者。

# 第五章　生成与接收：虚拟偶像认识建构的动态演化

通过上文 2019 年整体场域的描述性分析可知，2019 年虚拟偶像人声合成中文的权力分布符合"帕累托定律"，场域中最具影响力的中心位置被虚拟偶像的官方团队及其合作者占领，场域内的重要资源——虚拟偶像的认识建构权力重新回到官方团队及其合作者的手中。笔者在此基础上提出以下问题：虚拟偶像认识建构发展经历了哪些认识建构时期，现阶段发展到哪个时期？此前的时期中，场域的权力分布是否同样存在不平均的现象，虚拟偶像认识建构权力的掌权者经历了怎样的变动？产消者作为虚拟偶像内容生产场域的外来者，进入场域后是如何逐步参与虚拟偶像认识建构，成为场域中虚拟偶像认知的创造者（creator），争夺虚拟偶像认识建构权力的？

为了解答以上问题，本书需要引入动态演化分析，分别研究 2015 年、2017 年、2018 年和 2019 年四个时间段虚拟偶像人声合成中文内容合作生产网络的客观结构，然后纵向回顾虚拟偶像的不同发展时期，在官方团队与个体产消者两个群体合作形成的社会网络中，考察两者的权力关系是如何演变的。在动态演进变化分析部分，本书按照虚拟偶像认识建构的四个时期，依次呈现官方团队与产消者之间的权力格局：虚拟偶像开发期的"感知运动水平时期"（由于该时期尚未进入市场，将运用其他研究方法研究）、虚拟偶像刚进入市场由官方团队主导的"前思维运演时期"（2012—2016 年）、虚拟偶像逐步成长并由产消者占据上风的"具体运演时期"（2017—2018 年）和虚拟偶像的中文市场份额基本稳定、由官方团队重新掌权的"形式运演时期"（2019 年）。

表 5-1　虚拟偶像内容生产场域结构动态对比测量方法

| 研究问题 | 测量维度 | 变量 | 测量指标 |
|---|---|---|---|
| 动态：网络动态演化 | 前思维运演时期（2015 年） | 该时期网络特点 | 注：各个时期的测量维度和变量测量方法将与静态的场域结构分析相同 |
| | 具体运演时期（2017—2018 年） | 该时期的网络特点与上一时期的差异比较 | |
| | 形式运演时期（2019 年） | 该时期的网络特点与上一时期的差异比较 | |

# 一、感知运动水平时期：虚拟偶像的开发时期

场域被定义为各个位置之间存在的客观关系的一个网络（network）或构型（configuration），而占据场域中的特定位置就能获得该场域赋予的特定类型的资本，占据这些资本就能在场域中获得天然的优势，获得该场域中利害攸关的专门利润（special profit）的得益权（布迪厄、华康德，1992/1998：133-134）。针对虚拟偶像内容生产场域的资本可具体分为政治资本、社会资本和文化资本。政治资本特指文化产业公司在中国本土能获得的政策扶持，通过与政治组织合作得到中国政府相关部门的认可；社会资本则指长期在虚拟偶像认识建构中处于主动地位，天然地占据虚拟偶像内容生产场域的中心地位，在与场域内其他行动者合作时拥有更多的权威性和声望值，能够获得更多的合作机会；而文化资本则指拥有一系列签约合作的内容创作者。

## （一）感知运动水平时期虚拟偶像建构的基本特征

在虚拟偶像内容生产场域中，官方团队掌握虚拟偶像的版权等各种法律上的权益，在政治、经济、文化和社会等不同类型资本上都具有天然的

优势，即场域中占据天然的优势地位。同时，不同类型的资本存在互换的可能性。例如，由于官方团队掌握版权，不同领域的行动者更愿意与之合作，而资金充裕则能让官方团队推出更多的内容产品，充裕的资金可以吸引更多优秀的创作者参与官方内容的合作。同时，社会资本和政治资本可以转化为文化资本。虚拟偶像官方团队拥有虚拟偶像的版权，所有的商演和周边都需要所属公司的授权与合作，凭借自身社会资本与上下游邻近场域（interdependent fields）的其他行动者保持长期合作关系，间接拥有了接近更多优秀内容创作者的机会。众多主流媒体有向青少年和年轻受众弘扬主旋律的政治需求，运营公司可以依靠旗下虚拟偶像建立的正面形象获得与全国性、地方性大众媒体合作的机会。

本阶段的产消者则以个体的用户为主，此时的用户尚处于独立、零星且分散的状态，零星的用户拥有的文化资本和经济资本都相对较弱，产消者由于缺少各种类型的资本，在场域中处于被动且边缘的状态，能否参与到虚拟偶像的早期建构完全由掌权者决定。考虑到未来进入市场的用户接受程度和早期运营的需求，部分官方团队会以征集虚拟偶像的形象设计和人物设定为目的举办活动，用户可以通过投稿的方式展现自己理想的虚拟偶像设计，最终官方团队会以最受欢迎的作品为原型创作虚拟偶像。因此，感知运动水平时期的用户在场域中的位置是被动且边缘的。

## （二）感知运动水平时期虚拟偶像内容生产场域具体分析

由于本时期的虚拟偶像处于设计和开发阶段，尚未对外发售，因此本小节收集虚拟偶像中文 VOCALOID 的相关资料和开发人员访谈内容，对该时期技术型虚拟偶像认识建构过程进行剖析。

官方团队包括虚拟偶像的技术开发公司和经纪运营公司。虚拟偶像技术载体的开发公司中具有代表性的两家公司分别是：在人声合成技术领域起步较早的日本雅马哈公司，技术型虚拟偶像的 VOCALOID 系列声库就是由它研发和升级的；还有开发了 WEATHEROID Type Airi 的虚拟气象播报服务的日本公司ウェザーニューズ。此外，具有代表性的虚拟偶像运营公司有负责初音未来及其系列家族的 Crypton Future Media 公司（后文简称"Crypton"）和在中国本土市场运营虚拟偶像洛天依及 Vsinger 中文家族的上海禾念科技信息有限公司。

开发背景方面，技术型虚拟偶像在中国的市场开发和后来的商业运营策略基本借鉴了 VOCALOID 打开日本市场的成功经验。VOCALOID 人声合成技术源于日本雅马哈公司的开发，但这个原本为专业音乐人士开发的人声合成软件并没有得到重视，市场需求非常小，而真正让 VOCALOID 人声合成技术与用户需求结合，成功挖掘市场需求和偶像化运营则归功于 Crypton，它率先将动漫形象和人物设定的概念与人声合成技术结合，重新定位产品的用户群体，以非专业的二次元音乐爱好者为受众，解决了人声合成技术的市场定位问题，以 VOCALOID 2 代为基础开发的初音未来成为现象级产品。由于当时并没有 VOCALOID 的中文声库，不少内容产消者使用日文声库创作中文曲目，这一中文市场需求引起了雅马哈在内的商业资本的注意，因此雅马哈和 Bplats 公司合作成立上海禾念科技信息有限公司，聘用任力为总经理，负责 VOCALOID 中国的运营工作。

在感知运动水平时期，大众对虚拟偶像产生认识是从了解并对虚拟偶像产生兴趣开始，官方团队的首要任务就是增加虚拟偶像的曝光度，让更多的人认识中文 VOCALOID，从而对其旗下的虚拟偶像产生兴趣。因此，借鉴了日本 VOCALOID 的运营理念，中文 VOCALOID 在开发时期已经明确软件偶像化的发展理念，开发时就已经着手积累粉丝，上海禾念信息科技有限公司（后文简称"上海禾念"）在 2011 年 11 月 20 日启动 VOCALOID CHINA PROJECT（后文简称"VCP"），并于同年 12 月 1 日开启形象征集活动。在此时期，上海禾念选择通过募集的方式，将一定的虚拟偶像最初形象和人物设定的建构权让渡到用户手中，一方面是通过活动增加用户对中文 VOCALOID 虚拟偶像的关注度，另一方面可以通过募集和投票的方式为后期将其推向市场做铺垫，确保推出市场后，大众对该虚拟偶像的基本符号系统有一个良好的接受度，这部分参与建构虚拟偶像的用户将在日后大概率转化为官方人物设定的支持者和维系者。

虚拟偶像认识建构的中介物发生于主体和客体之间的接触点，这种接触点可以是内容生产此类实践活动，可以是官方举办的线上线下活动，也可以是社交媒体中官方与用户之间的互动。为了确保虚拟偶像在正式发布前能够获得足够的关注度和支持度，官方团队选择通过募集和投票活动让用户选出最喜欢的虚拟偶像，最终通过比赛确定了四个入围作品，分别是MOKO（徵羽摩柯原型）、绫彩音（乐正绫原型）、牙音（乐正龙牙原型）、雅音宫羽（洛天依原型），官方以这些初稿为原型设计了 VCP 中文虚拟偶像的最终形象，但由于最终官方的形象和人物设定对原稿进行了大幅度的修改，引起部分喜爱原稿设定的用户的不满。

从以上的虚拟偶像基本设定形成过程可以看出，在感知运动水平时期，虚拟偶像的认识建构权力的实际掌控者是官方团队，虽然在该阶段官方团队有意识地让用户参与虚拟偶像的设计和开发，使得部分用户有机会参与到虚拟偶像的建构中，但这种权力的让渡是非常有限的，虚拟偶像的基本设定最终决定权牢牢地掌控在官方团队手中。在这一阶段，官方团队选择广泛征集设计方案，主要源于对打开市场的渴望和为后期偶像化运营奠定粉丝基础，是一种选择策略，而不是强制无奈的举措。在感知运动水平时期，官方团队处于虚拟偶像内容生产场域的中心位置，而用户则在场域中处于被动且相对边缘的位置。

## 二、前思维运演时期：虚拟偶像的引入期

感知运动水平时期，虚拟偶像尚处于开发阶段，其具体发展策略和用户接受度都尚未接受外界考验，从感知运动水平时期到下一阶段前思维运演时期之间有相当长的进展时期。最终，将技术用虚拟人物包装并进行偶像化运营的策略是官方团队长期摸索的结果，较为漫长的过渡期主要源于

以下两个原因。

其一，在感知运动水平时期，虚拟偶像的概念尚未形成，作为一种面向二次元市场的新产品，具体如何运用还处于探索阶段，它们只是作为实践的一部分，在官方运营团队"摸着石头过河"般的探索中被采用，官方团队并没有明确地意识到要采取"偶像化"运营的概念，因为官方团队还没意识到该如何称呼这种实践，如何将这种实践概念化，这种新的尝试尚未得到完善。以 VOCALOID 人声合成技术为载体的技术型虚拟偶像的早期诞生与发展为例，在最初的时候，VOCALOID 只是雅马哈公司为专业音乐创作人士开发的语音合成软件，"让机器人以人的歌声演唱歌曲"是其主要功能，但对于专业音乐创作人而言，VOCALOID 的效果远远比不上真人演唱，而且用软件调试声音所耗费的时间成本和精力远远超过自己演唱或请真人演唱。定位不清晰且市场前景不明朗让 VOCALOID 在很长的一段时间没有得到很好的发展，在虚拟偶像 MEIKO 和初音未来诞生以前，日本市场已经有两款基于雅马哈人声合成的引擎产品，但市场反应冷淡。

其二，根据皮亚杰的发生认识论，进入前运演时期的先决条件分别为"语言的获得""社会性的交往"与"相互作用"（皮亚杰，1983/1972：32）。虚拟偶像的开发主体在亚文化（特别是二次元文化）中寻找到以青少年为主的喜爱二次元文化的群体，并将其设定为目标用户，在二次元文化框架下试图与用户建立有效的沟通渠道（语言的获得），尝试开发测试市场反应的早期产品（社会性的交往），并通过销售量和用户反馈等指标了解市场反应（相互作用），在整个实践的过程中逐渐以表象或思维的形式把活动内化。例如，在雅马哈的研究人员和市场部门拿不准 VOCALOID 的前景时，选择以低廉的价格授权其他公司使用该引擎，而 Crypton 则将其目标受众从专业音乐创作者转为业余音乐爱好者，并看准了日本如日中天的二次元市场，产生了利用符合二次元群体喜好的虚拟形象吸引音乐软件爱好者之外的人群的发展策略，推出了 Crypton 第一代虚拟偶像MEIKO，MEIKO 迅速吸引了不少业余创作者，3000 套的销售业绩比当时许多专业音乐软件的销售量还要高出许多。

## （一）前思维运演时期的虚拟偶像建构基本特征

用户群体的行动者位置趋于中心是虚拟偶像在该阶段的主要特征之一。虚拟偶像过渡到前运演时期的标志是新行动者（用户群体）在内容生产场域中出现，用户参与虚拟偶像的认识建构。外部力量的加入引发场域结构的变化。一方面，由于虚拟偶像发展需要，虚拟偶像作为产品引入市场，官方团队通过让渡部分权利，以期打开虚拟偶像市场，增强虚拟偶像的影响力和产品价值。另一方面，虚拟偶像出现在公共空间中，其存在就意味着产消者可以凭借自我意志参与虚拟偶像的内容生产，用户群体开始由于兴趣和喜好等原因自愿从其他场域迁徙到该场域中。此外，虚拟偶像面向市场后，除了内容生产场域外，周边还存在与内容生产场域相互影响的邻近场域，数个邻近场域与本书研究的内容生产场域共同构成了一个更为高级的文化场。这种不同场域间的连接有可能会引发"动荡时刻"（moments of turbulence），这为产消者大面积进入内容生产场域提供了恰到好处的时机（曹璞，2018；Fligstein & McAdam，2012：20）。虚拟偶像的内容生产场域受到宏观场域的影响，用户群体可以凭借在邻近场域完成的资本原始积累（如用户在社交网络平台的影响力）为其进入新兴的内容生产场域提供优势。

在前思维运演时期的资本方面，新行动者——虚拟偶像的产消者在邻近场域积累了一定的资本。产消者作为推动虚拟偶像认识建构的全新动力，在音乐和视频等内容制作的技术领域完成了资本的原始积累。例如，参与虚拟偶像的用户个体很多都具备音乐、美术、视频制作的创作基础，一部分是乐队成员、通过自学或院校学习的学生，部分人也将此资本在其他场域中转化为以粉丝量和关注度为代表的社会资本。产消者的社会资本的优势在于其作为目标用户身份带来的优势，产消者天然地拥有彼此之间密切的联系，包括：在宣传环节，创作者可以利用早前在社交媒体等网站建立的粉丝网络，通过社交网站宣传内容并得到受众直接有效的反馈；在发布环节，通过个人的社交网络进行二次传播和二次创作，延续内容的生命力。这类与用户相关的社会资本是虚拟偶像官方团队缺乏的，因此是一种利基资源。另外，产消者的文化资本的优势在于拥有内容生产的技术与能力，在内容生产上拥有创意等无形的文化资本。但与此同时，产消者的资源劣势在于需要得到官方授权和缺少创作的资金支持，在政治资本和经济资本上处于劣势，版权所属决定了内容的合法性，资金是否充裕决定了内容的质量和数量。

因此，新行动者（产消者）希望通过合作接近或获得内容创作的合法性和资金支持，而既有掌权者（官方团队）则希望通过合作获得接近创作资源和用户相关的文化资本和社会资本。具体到这一时期的内容生产场域，为虚拟偶像打开市场、探索技术变现方法，是最迫切需要解决的问题。因此，虽然经济资本依旧非常重要，但与受众相关的社会资本和掌握创作资源的文化资本在这一时期的重要性开始显现。笔者通过分析这一时期挑战者和既有掌权者所占有的资本发现，官方团队在场域中选择让渡部分权力（版权和内容收益）给产消者，产消者在场域中的位置仍处于边缘状态，但趋于向中心靠拢。

## （二）前思维运演时期虚拟偶像内容生产场域具体分析

在技术型虚拟偶像作为产品引入市场的时期，官方团队最主要的任务是打开市场，让更多人接触和认识虚拟偶像这种新型传媒产品，因此，官方团队的主要任务是线上和线下宣传活动。虚拟偶像作为产品引入中文市场，VOCALOID 在中文和二次元动漫市场中尚属于新鲜事物，洛天依作为第一位能够用中文声库演唱歌曲的虚拟偶像，市场对其知晓度不高，但在该时期最大的优势在于洛天依基本没有竞争对手，成功占领市场空缺的机会要远远高于后来者。

前思维运演时期，虚拟偶像的认识主体（官方团队）已经对虚拟偶像有了基本的认识，也对客体（目标受众）有了一定的了解，让主客体之间更多地接触，制造两者相互作用的机会，以何种方式搭建主客体之间的桥梁是主体在此时期建构虚拟偶像认识的主要任务。在该时期，主体主要是鼓励更多的客体接触虚拟偶像，更关心客体以何种方式接触虚拟偶像，客体能否与虚拟偶像在情感上建立关系、保持连接状态，而对于客体是如何认识虚拟偶像的则关心较少。在此时期，客体对虚拟偶像会有一定的要求，虚拟偶像需要在基本设定上保持基本一致，自由创作必须建立在拥有稳定的符号要素的前提下，这就要求官方团队有意保持虚拟偶像的基本特征和基本设定，在不同的场景下，无论是线上还是线下，虚拟偶像是立体的还是平面的，它都必须保持明显的特征。如果在这一方面做得不够好，客体就会对主体产生怀疑，例如，虚拟偶像洛天依的官方最终稿较原型有较大的改动，这让部分喜欢原型设定的用户对虚拟偶像的认识产生怀疑，这部分用户难以将赋予原型的情感转移到官方设定的最终版上，这源自虚拟偶像官方团队对原型的修改，让虚拟偶像的部分特征性要素无法得以传承。

在前思维运演时期，主体参与虚拟偶像认识建构的主要策略是增加主客体间的接触机会，让两者之间产生更多的中介物（活动、知觉），通过技术和运营策略巩固虚拟偶像认识建构中的特征性要素的稳定。相对而言，客体则处于主动或被动地对虚拟偶像产生反应的时期，其中部分客体会通过内容生产的方式主动与虚拟偶像建立联系，将其对虚拟偶像产生的知觉和情感以内容作品的形式表达出来，这是其中一种客体与虚拟偶像产生互动的行为。用户内容生产是客体参与虚拟偶像认识建构最直接的方法，能够将自己的爱好和想法融入虚拟偶像这一载体中，因此虚拟偶像的"二次设定"在此时期将会像雨后春笋般涌现，而主体（官方团队）为了吸引更多的用户投入情感，会对客体占有虚拟偶像认识建构权的行为采取支持、默认或放任的态度。

虚拟偶像认识建构的"前思维运演时期"将以 2015 年中文 VOCALOID 年榜前 200 名的数据作为代表。该时期的产消者（客体）开始参与虚拟偶像相关的内容生产活动，场域内部的行动者类别为官方团队及其合作者和产消者，其中产消者可以分为文化团队、政治组织和独立创作者三种身份。分析前思维运演时期虚拟偶像内容生产场域内的行动者关系结构能够为后期的具体运演时期和形式运演时期的内容生产场域的结构特征提供参考。

### （三）前思维运演时期整体网特征

本部分将以同样的方法对 2015 年的中文 VOCALOID 年榜前 200 名的内容生产关系网络进行描述性分析。如图 5-1 所示，2015 年中文 VOCALOID 年榜前 200 名的内容生产关系网络规模相对较小，共包含 384 位创作者、1169 条合作关系。节点规模约为 2019 年的 1/2，连接数量约为 2019 年合作关系的 3/20（15%）。网络密度为 0.016，网络直径为 13，平均距离为 4.79。网络整体较 2019 年更为疏远，合作关系没有 2019 年密切。去掉网络中的 21 个孤立点后，网络中剩余 363 个节点，占节点总数

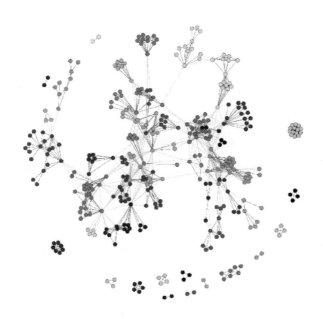

图 5-1　2015 年前 200 名内容生产场域结构图

的 5.4%。相对而言，2019 年的孤立点占比仅为 0.53%。与形式运演时期相比，说明前思维运演时期独立生产的情况相对较多。在形式运演时期，制作有影响力的内容需要更多的创作者参与、合作，生产成本和生产门槛将更高，合作生产的情况在形式运演时期的虚拟偶像中文 VOCALOID 内容生产场域中更为普遍。

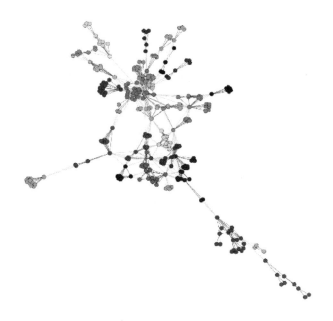

**图 5-2　2015 年最大凝聚子群场域结构图**

就社群而言，整体网由 16 个凝聚子群构成，比 2019 年多 4 个凝聚子群，其中最小的成分只包含两名内容生产者，而最大的凝聚子群包含 300 名内容生产者或机构，由 1003 条合作关系组成，密度为 0.022，直径为 13，平均距离为 4.80。本书将凝聚子群按照 insomap 社区发现算法进行聚类分析，可以划分为 30 个小社群，最大的社群规模为 21。

从整体网角度分析，2015 年场域中的节点数量和合作关系数量均少于 2019 年，行动者的紧密程度也比 2019 年稀疏，表现为网络密度较小，网络的直径和平均距离都较 2019 年更大，说明在前思维运演时期，影响力较大的创作者或团队组织之间的连接并没有那么紧密，平均每个作品合作的创作者相对更少。此外，2015 年内容场域的凝聚子群数量更多，独立的合作群体相对更多。

### （四）行动者类别与权力：官方团队掌权，产消者参与并积攒实力

官方团队及其合作者在虚拟偶像中文 VOCALOID 内容生产场域中依旧占据优势地位，各项指标均在 0.01 的水平上与行动者类别显著相关。值得注意的是，与 2019 年的形式运演时期不同，2015 年的前思维运演时期的接近中心度是负相关的，接近中心度的负相关说明，官方团队及其合作者的独立性相对较差，产消者网络中的独立性更强，在内容创作上更不容易受到其他行动者的限制。官方团队仍旧在其他三种中心度和网络约束度上占据优势。

表 5-2　2015 年场域中行动者类别与权力位置的相关性分析

| 系数 | 度数中心度 | 中介中心度 | 接近中心度 | 特征向量中心度 | 网络约束度 |
|---|---|---|---|---|---|
| 相关系数 | 0.339** | 0.146** | −0.189** | 0.501** | −0.258** |
| 显著性（单尾） | 0.000 | 0.005 | 0.000 | 0.000 | 0.000 |

**. 在 0.01（显著性单尾测试）的水平上显著相关。

### （五）官方团队及其合作者影响力强，有影响力的产消者数量多

前思维运演时期，虚拟偶像中文 VOCALOID 前 200 的内容生产场域中最具权力的优势地位仍掌握在官方团队手中，但有影响力的产消者在数量上占有优势。官方团队及其合作者的度数中心度、中介中心度、特征向量中心度和网络约束度均处于核心圈层的第一名，说明官方团队是场域中虚拟偶像认识建构权的掌权者，与其他行动者建立了广泛且直接的联系，其合作伙伴在场域中占据重要位置，但是可以看出虽然其影响力最强，但在度数中心度、接近中心度和网络约束度的占比上明显处于劣势，说明有

影响力的官方团队及其合作者在数量上处于劣势，这可能与参与内容生产的创作者基数相关，产消者在总体数量上远高于官方团队及其合作者。与 2019 年相比，2015 年官方团队及其合作者在核心圈层的占比上略逊色，该时期的官方团队更注重团队及其合作者的影响力，不追求数量上的优势。

将产消者分类进行具体分析可以看出，在前思维运演时期，有影响的独立 P 主数量众多，在接近中心度和度数中心度的占比上处于优势地位，说明此时期有影响力且参与度高的独立 P 主数量更多，其中"墨兰花语"是产消者中最具影响力的独立 P 主，除特征向量中心度外，各项指标均位列前排。他们更接近网络中的各种资源，而在 2019 年场域中能够进入前十的独立 P 主数量大幅度锐减；以专业内容生产团队为代表的文化团队则在数量和影响力上都相对较弱，远低于 2019 年文化团队的影响力，而政治组织在此时期尚未加入虚拟偶像内容生产的行列。

表 5-3　2015 年中心度指标排名前十的行动者类别划分

| 类型 | 度数均值 | 度数前十占比 | 中介均值 | 中介前十占比 | 紧密均值 | 紧密前十 | 特征向量均值 | 特征向量前十占比 |
|---|---|---|---|---|---|---|---|---|
| 官方团队及合作者 | 0.08 | 30% | 0.07 | 50% | 0.02 | 20% | 1.000 | 100% |
| 文化团队 | 0.07 | 20% | 0.04 | 10% | 0.02 | 10% | 未进入 | 未进入 |
| 独立 P 主 | 0.06 | 50% | 0.06 | 40% | 0.02 | 70% | 未进入 | 未进入 |

表 5-4　2015 年跨越结构洞指标排名前十的行动者类别划分

| | 网络约束度占比 | 网络约束度均值 |
|---|---|---|
| 官方团队及合作 P 主 | 0.104641 | 30% |
| 文化团队 | 0.107658 | 20% |
| 独立 P 主 | 0.118284 | 50% |

### （六）权力的不对称分布

2015 年虚拟偶像中文 VOCALOID 年榜前 200 内容生产场域的权力分布较不均匀，少数行动者掌握了网络中的大部分资源，这种不平均状态与 2019 年相比较弱。

就中心度的各项指标而言，度数中心度（SK=2.18）、中介中心度（SK=5.12）和特征向量中心度（SK=4.81）的偏度系数均大于 0，说明这三类中心度呈现正偏态。中心度的各项指标的峰度系数均高于正态分布的标准值 0，说明曲线陡峭，节点的中心度离散程度较高，权力分布较为集中。偏态分布表明虚拟偶像认识建构的前思维运演时期，虚拟偶像中文 VOCALOID 的内容生产场域内部的权力呈现一种不平衡的分布情况，虚拟偶像的认识建构权作为网络中的重要资源被少数行动者控制，他们占据着内容生产网络的中心位置，积极与其他行动者建立合作关系，扮演着网络中的桥梁角色，同时在选择合作伙伴时会倾向于强强联手。

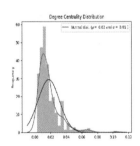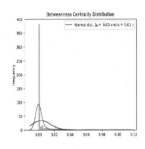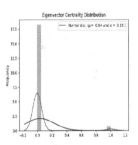

图 5-3　2015 年度数、中介和特征向量中心度分布

表 5-5　2015 年描述位置的各项指标的偏态情况

| 系数 | 度数中心度 | 中介中心度 | 特征向量中心度 | 网络约束度 |
|---|---|---|---|---|
| 偏度 | 2.180574 | 5.1187166 | 4.812475 | 0.64541 |
| 峰度 | 7.039362 | 31.709298 | 21.27711 | −0.23541 |

　　就经纪性而言，结构洞的关键指标网络约束度在分布上接近于正态分布，偏度系数为 0.65，略高于 0，说明约束度在分布上较正态分布稍微向右偏；峰度系数为 –0.23，略小于 0，说明曲线较为平缓，由于网络约束度与结构洞的经纪性成反比，因此网络约束度的值越小，证明行动者的经纪性越大。网络约束度的分布向左偏斜，说明经纪性偏大的行动者略多，但这种偏斜值相对都较小。

　　对比 2015 年与 2019 年数据可知：其一，虚拟偶像认识建构的两个不同时期中的中心度和约束度分布具有相似性，虚拟偶像认识建构的权力掌控在少数行动者手中，但相比之下，2015 年度数中心度和特征向量中心度的偏度和峰度在分布上更为不均衡，2019 年只在中介中心度的偏度和峰度上比 2015 年更大，说明虚拟偶像认识建构的早晚期都存在着权力分布不均衡的情况，在一定程度上反映出场域中行动者的活跃程度分化减弱，强强联手的现象逐渐减少，而努力拓展自身合作网络的行动者越来越多，更多的行动者积极与不同类型的行动者合作。其二，虚拟偶像认识建构不同时期的经纪性（与网络约束度成反比）的峰度为 –0.23541，基本呈正态分布，略微向右偏斜，与 2019 年相比，2015 年在跨越结构洞方面，前思维运演时期的权力分布相对更均匀，整体对结构洞控制力略小。

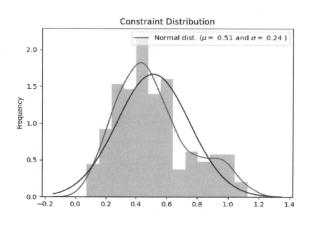

图 5-4　2015 年网络约束度的分布

对前思维运演时期的社会网络分析在一定程度上验证了理论推导的结果，虚拟偶像内容生产场域在前思维运演时期就存在权力不平衡的状况，伴随产消者加入虚拟偶像内容生产场域，参与到虚拟偶像的认识建构中，官方团队虽然依旧是场域中最具影响力的行动者，仍控制着虚拟偶像的认识建构权力，但是出于拓宽市场发展需要，且虚拟偶像认识建构尚处于早期时期，大众对虚拟偶像尚未达成普遍认可，官方团队基本只在内容生产场域中保持其掌权者的优势，鼓励更多的行动者参与到虚拟偶像内容生产的队伍中，因此，在场域的核心圈层中官方团队及其合作者的数量上并没有占据优势。对于其他参与虚拟偶像认识建构的行动者提出的"二次设定"处于任其发展的状态，甚至对官方团队提出且受到用户广泛认可的"二次设定"给予支持，将其纳入虚拟偶像的官方设定中。例如，官方团队在虚拟偶像洛天依首张专辑《Sing Sing Sing》中的《千年食谱颂》中，将洛天依设定为一个"吃货"，这个设定被用户广泛认可，洛天依因此获得"世界第一吃货殿下"的昵称。官方团队认可了此设定，并将此后洛天依形象的代表物设定为"包子"。

目标受众定位 ➡ 载体的选择 ➡ 形象设计和人物设定 ➡ 呈现方式和平台选择

**图5-5　虚拟偶像官方建构基本步骤**

通过实证结果可以看出，在此时期产消者开始加入虚拟偶像内容生产场域中，积极参与虚拟偶像的认识建构。作为场域的新参与者，产消者利用所在群体在基数上的优势，在影响力内容的生产数量和创作者人数上均占据绝对的优势，进入前十名核心圈层的产消者也以独立P主为主，说明该时期虚拟偶像的内容生产门槛相对较低，大众对内容质量和专业水平的要求相对较低，创作者的独立性更强，无须通过加入相对专业的内容生产团队接近和获取更多的资源也可以创作出影响力较高的内容。

实证结果与理论推导的差异在于：第一，政治组织在此时期尚未加入虚拟偶像内容生产场域中，它们还未对虚拟偶像认识建构产生影响，因此在此时期政治资本更多地体现在官方团队对虚拟偶像相关内容版权所属的问题上。第二，该时期的核心圈层内部产消者的权力也并非对称的，独立P主是其中的主导者，可能由于虚拟偶像中文VOCALOID对于中国二次元市场而言是新兴产物，没有引起专业内容生产团队过多的关注，文化团队在核心圈层的位置相比2019年更为边缘。

## 三、具体运演时期：虚拟偶像认识的传递与守恒

虚拟偶像认识建构进入前思维运演时期的标志是用户群体的加入，产消者作为重要影响因子进入虚拟偶像内容生产场域，而从前思维运演时期过渡到具体运演时期同样是一个渐变的过程，虚拟偶像在中国大陆产消者中建立认知的过程也是如此。虚拟偶像的认识建构发展到具体运演时期需要满足以下三个条件：

其一，从高级结构到低级结构产生出来的反身抽象，产生归类关系和顺序关系。虚拟偶像的主体（官方团队）发展到此时期不再是摸着石头过河，2011年7月至2015年12月四年多的时间里，以洛天依为首的中文VOCALOID虚拟偶像已经在目标市场和目标对象（二次元市场和音乐爱好者）中有了一定的知名度，上海禾念信息技术公司在此期间经历了日本雅马哈公司的撤资、总经理任力对禾念管理层的收购、未经作者允许随意使用用户生产的内容、与虚拟偶像内容生产主要创作群体（产消者）关系不佳，由于管理层决策导致最初承诺的虚拟偶像五色队计划可能夭折，同时面临粉丝信任危机和极度短缺资金等，最终洛天依等虚拟偶像IP被雅马哈卖给了职业经理人龟岛则充，总负责人任力离职，由以曹璞为首的新一代管理层接手。这个坎坷且曲折的"前思维运演时期"，也让以中文VOCALOID为基础的技术型虚拟偶像的官方经营团队积累了宝贵的发展经验，借鉴技术型虚拟偶像在日本的发展经验和中国本土市场的实战情况，

以曹璞为主要负责人的新一届管理层和跃跃欲试的潜在竞争对手已经对虚拟偶像的成型要素和建构步骤有了基本认识，选择怎样的载体、形象、市场定位和呈现方式，如何处理与产消者和一般消费者的关系等此类问题都有了成熟的范本。

其二，有新的协调，倾向于把分散的或局部的连接起来形成系统的闭合。以上海禾念信息技术有限公司的发展经历为例，官方团队通过比赛的方式让用户选出最喜欢的人物形象和基础设定，官方团队在此基础上修改并产生虚拟偶像最初的基本设定，这个基本设定从用户投票开始就已成为未来虚拟偶像成品的一部分，无论最终官方团队决定推出市场的是什么形态，用户都会将其与设计原型进行对比，识别其是否继承了原设定的基本要素，如没有继承，则会大幅增加虚拟偶像在市场推广的难度，上海禾念发布虚拟偶像洛天依的基本设定时就曾因对原型的大幅度修改引起用户不满，面临第一次经营危机。用户对虚拟偶像基本设定的接受度直接决定虚拟偶像在公共舆论空间中"存活"的可能性，而该虚拟偶像是否具有可供客体把握和传承的基本特征，这些基本特征能否长期在群体中保持稳定，决定该虚拟偶像在公共舆论空间能够"存活"多久。主体的决策也会影响用户对其推出的虚拟偶像的接受度，例如虚拟偶像言和是上海禾念推出的第二位中文虚拟偶像，而由于公司员工内部信息泄露，言和的音源库实际上是为五色战队中的"徵羽摩柯"准备的消息被广泛传播，期待和喜爱徵羽摩柯的用户表示强烈不满，开始出现诋毁言和的言论，言和在此后的发展中都一直背负负面的认知，言和的"身世"成为其认识建构发展的障碍，无法像洛天依一样在产消者中得到广泛认可，身份问题成为产消者关注的焦点，而这无疑拖延了群体对言和的设定达成基本共识的进程。

其三，有自我协调或平衡。虚拟偶像的认识建构的自我调整或平衡体现在允许虚拟偶像的形象在系统内转换，虚拟偶像的认识不会因为某一特征的"加和减"让大众无法辨认或还原虚拟偶像的原型，使其失去整体性，这种"加和减"的改变是可逆的，保证虚拟偶像的整体或子整体的守恒。经过四年多的发展，虚拟偶像洛天依的基本特征已经在场域中达成共识，其标志性颜色被公认为十六进制颜色代码"#66ccff"，是"世界第一吃货殿下"，穿着具有中国元素的服饰，灰发、绿瞳和环形辫等样貌特征都是被群体认可的官方基本设定。无论是谁生产虚拟偶像洛天依相关的内容，不同的画风和二次设定都能让其他用户通过这些基本特征瞬间识别。

形式运演时期的产消者（挑战者）在虚拟偶像内容生产场域迎来了高光时刻。2015 年出现两首对中文 VOCALOID 发展有着阶段性意义的曲子：其一是由有着"教主"称号的个体创作者"ilem"发布的中文 VOCALOID 曲子《普通 Disco》（中文 VOCALOID 的第一首神话曲，播放量已超过 1000 万），成功在华语圈"破圈"，歌手李宇春在湖南卫视 2016 年跨年演唱会上对它的演绎，让中文 VOCALOID 曲目第一次登上大众媒体，让更多产消者以外的人借此机会认识了中文 VOCALOID，此曲的成功无疑鼓励和激发了产消者的热情，同时也掀起了中国国内翻唱中文 VOCALOID 曲目的热潮。其二是 2015 年哔哩哔哩拜年祭曲目《权御天下》（传说曲，已超过 700 万播放量）得到了广泛传播，从此哔哩哔哩拜年祭晚会对中文 VOCALOID 用户群体具有了特殊意义。同时，虚拟偶像在内容生产领域影响力较大的官方团体上海禾念有限公司则正处于转型期，内外局势不明朗：对内，在这一年中公司法人处于变动状态，管理层和股东不稳定，并于 2016 年 12 月被上海望乘有限公司控告侵权，陷入法律纠纷；对外，新的虚拟偶像逐渐出现，其中竞争力较大的是北京福托推出的虚拟偶像星尘和上海望乘推出的台湾虚拟偶像心华，但新的虚拟偶像官方运营团队尚处于起步时期，其创作的内容在场域中影响力尚弱。

### （一）具体运演时期虚拟偶像内容生产场域具体分析

具体运演时期，大众对虚拟偶像的认识建构仍"离不开客体和实际物理变化"（皮亚杰，1970/1981：56），具体到技术型虚拟偶像在中国市场的认识建构方面，官方团队在具体运演时期（2016）积极地在不同平台和领域增大虚拟偶像的曝光程度，与大众媒体合作，参与湖南卫视晚会和天猫双十一晚会，并首次参与 BML2016（哔哩哔哩弹幕视频网和超电文化创造的大型同好线下活动，其间会举办万人规模的大型现场表演活动，是中国国内宅文化知名度最高的线下活动之一），并登上美国纽约时代广场的巨型屏幕，为二次元用户创造更多与虚拟偶像互动的线下活动，在不同媒介平台间，以不同的呈现方式展现虚拟偶像，让虚拟偶像的形象在不同载体中更加丰满与真实。在官方团队的主导下，大众通过各种线下活动和线上表演与虚拟偶像发生相互作用，以线上线下观看现场表演，在不同的物理空间和虚拟空间与虚拟偶像相遇，及其对虚拟偶像内容的生产与消费行为为代表的中介物让虚拟偶像认识建构的主客体产生中介作用，完成建构活动。

　　与此同时，虚拟偶像中文 VOCALOID 竞争进入白热化时期。2016 年北京福托有限公司推出的虚拟偶像"星尘"正式发售后，紧接着放弃雅马哈公司开发的 VOCALOID 人声合成软件，转而开始采用由 Dreamtonics 公司开发的语音合成引擎 Synthesizer V，并推出"五维介质"计划，相继推出"海伊"和"诗岸"等五位虚拟偶像；上海望乘积极争取台湾虚拟偶像"心华"在港澳台的代理权，此外开始试图摆脱以用户生产内容为主导的虚拟偶像内容生产模式，推出"悦成"和"楚楚"两位"闭源"虚拟歌姬，即这两位虚拟歌姬的版权只对合作者免费开放，不面向市场。同时，日本虚拟偶像初音未来的经纪公司 Crypton Future Media 对中国市场产生兴趣，并于 2017 年推出初音未来 V4 的中文版，由上海新创华文化发展有限公司负责中国的运营。新参与者相继出现，上海禾念的负责人曹璞选择直接在 2017 年 Vsinger 大型全息投影演唱会上与 2016 年度榜单中表现优异的作品进行合作，通过资本优势转化为文化资源上的优势，是争夺虚拟偶像内容生产场域的认识建构权力的重要举措。在虚拟偶像内容生产场域中占据中心位置意味着旗下虚拟偶像拥有更多的曝光度和影响力，官方团队为了旗下虚拟偶像的市场份额必须争取重要资源。对于官方团队而言，保证旗下虚拟偶像的市场份额成为此时期最重要的任务。

### （二）具体运演时期整体网特征

在数据分析和采用方面，其一，本小节将不分析用户类型和场域的相关性，因为虚拟偶像中文 VOCALOID 前 150 位内容生产场域中，2016 年内容总得分排名进入前 150 位中，由官方合作生产的内容只有 3 个，都是虚拟偶像星尘首张专辑中的 PV（promotion video，为提升乐曲制作的音乐视频），但在 2017 年官方团队通过与 2016 年年榜中影响力大的内容及其创作者进行合作，并举办"Vsinger 创作大赛"鼓励更多的人参与 Vsinger 旗下的虚拟偶像相关内容的创作，官方团队及其合作者的内容大大增加，但其创作者拥有的资源和影响力也相对良莠不齐。因此，官方团队在 2016 年入围的内容太少且影响力不足，2017 年有很多官方合作者是由 2016 年年榜中的表现优秀的内容创作者的作品。其二，由于 2016 年只有内容总得分排名前 150 位的内容数据，为了便于数据对比，本小节的 2016 年和 2017 年场域均采用内容总得分前 150 位内容的数据，具体运演时期以外的 2017 年内容生产场域分析仍采用内容总得分前 200 名的数据。

在数据信度方面，由于 2016 年虚拟偶像中文 VOCALOID 年榜并没有发布，因此笔者收集由个人发布的 2016 年中文 VOCALOID 年榜（只包括 2015 年到 2016 年期间的数据）前 150 名内容的原始数据[1]，通过研究方法中的基本公式进行重新计算，由于弹幕量的数据缺失，因此所有内容的弹幕量设置为 0。弹幕量的缺失和播放数量千位数后取整可能会小幅影响部分内容的得分与排名，但弹幕量在基本公式中的权重较低，且在本书研究方法部分已经对哔哩哔哩的中文 VOCALOID 视频的播放量和弹幕量的相关性进行分析，两者存在正相关关系，R 值为 0.335，P 值 <0.001，说明

---

[1] 数据来源于哔哩哔哩弹幕视频网站中用户"Alen 在伦敦"发布的《【年榜】VOCALOID 中文曲 2016（自制）》，发布时间为 2017 年 1 月 2 日，网址为 https://www.bilibili.com/video/BV1js411Y7Ya?from=search&seid=319286054049221724。

哔哩哔哩的中文 VOCALOID 视频的播放量和弹幕量呈较强的正相关关系。因此，弹幕量的缺失不影响整体场域合作网络基本情况的表现。

　　从整体网的角度分析具体运演时期（2016—2017 年）虚拟偶像中文 VOCALOID 年榜前 150 位内容生产合作场域的结构，通过内部对比发现，具体运演时期的内容生产场域发生了萎缩，年榜中影响力高的内容创作者关系更为密切，影响力高的内容生产者或机构的数量有所减少，2017 年年榜前 150 名内容的生产创作者较 2016 年减少 22.5%，生产合作关系较 2016 年减少将近 50%，但节点数和合作关系仍高于前思维运演时期末期的 2015 年（内容得分排名前 150 位）内容生产场域的规模。具体运演时期早期的 2016 年的节点数是 2015 年前 150 内容的节点数的 1.62 倍，合作网络规模有一定幅度的提升。网络直径和平均距离逐年减少，而网络密度则比上一时期更高，说明具体运演时期年度高影响力的内容创作者网络更为集中，行动者之间建立联系的距离缩短，网络更为紧密。2016 年和 2017 年的孤立点均为 4 个，分别占节点总数的 0.8% 和 1%，说明具体运演时期独立生产的情况较上一时期明显减少。

表 5-6　2015—2017 年前 150 名内容合作生产场域变迁情况

| 时期 | 年份 | 节点 | 关系 | 网络密度 | 直径 | 平均距离 | 网络图（前 150 名） |
|---|---|---|---|---|---|---|---|
| 前思维运演时期 | 2015 | 295 (384) | 1169 | 0.018 | 13 | 4.78 | |

续表

| 时期 | 年份 | 节点 | 关系 | 网络密度 | 直径 | 平均距离 | 网络图（前 150 名） |
|------|------|------|------|----------|------|----------|---------------------|
| 具体运演时期 | 2016 | 476 (480) | 3906 | 0.034 | 10 | 3.46 | |
| | 2017 | 368 (372) | 1977 | 0.029 | 7 | 3.21 | |

从社群角度看（如表 5-7 所示），2016 年和 2017 年的整体网分别由 10 个和 18 个成分构成，其中最小的凝聚子群均只包含 2 个内容生产者或机构。将 2016 年和 2017 年的最大成分进行聚类分析，通过 infomap 的社区发现算法，可以分别细分为 31 个和 20 个小社群，最大的社群规模分别为 47 和 27。从网络中的凝聚子群数量和最大凝聚子群的规模可以看出，凝聚子群数量减少，最大凝聚子群的网络规模扩大迅速，里面包含的小社群却有所减少，说明具体运演时期行动者积极与不同类型的群体行动者合作，建立合作关系，网络的行动者彼此之间的关系更为密切，网络中的信息和资源流通效率更高，行动者之间的关系更为紧密。与前思维运演时期的 2015 年相比，2015 年凝聚子群数量约为 2016 年的 2 倍，与 2017 年数量相近，但其最大凝聚子群的节点数、合作关系数量、网络密度、直径和

平均距离均远小于 2016 年和 2017 年，说明具体运演时期与整体网络相独立的小群体有所减少，网络中的行动者逐渐汇聚到生产合作的大网络中，意味着行动者更倾向于打破隔阂，为得到更多的资源和信息，积极与网络中的其他社群的行动者建立合作关系。

就整体网的角度而言，具体运演时期的 2016 年和 2017 年在节点数量和合作关系数量上均高于 2015 年，虽然具体运演时期的网络规模逐渐缩小，密度更为松散，但总体网络规模比前思维运演时期末期的 2015 年更大，合作网络更为紧凑。

表 5-7　2015—2017 年前 150 名内容合作生产场域的最大凝聚子群

| 时期 | 年份 | 节点 | 关系 | 网络密度 | 直径 | 平均距离 | 网络图（前 150 名） |
|------|------|------|------|----------|------|----------|---------------------|
| 前思维运演时期 | 2015 | 206 | 694 | 0.033 | 11 | 4.96 | |
| 具体运演时期 | 2016 | 448 | 3870 | 0.039 | 10 | 3.46 | |

续表

| 时期 | 年份 | 节点 | 关系 | 网络密度 | 直径 | 平均距离 | 网络图（前150名） |
|------|------|------|------|----------|------|----------|-------------------|
| 具体运演时期 | 2017 | 827 | 1806 | 0.046 | 7 | 3.22 | |

## （三）权力向掌权者倾斜，分布不均衡

具体运演时期的虚拟偶像中文 VOCALOID 年榜前 150 名内容生产场域的权力分布同样是不平衡的，但这种不平衡的情况总体比前思维运演时期末期明显减弱，网络中资源集中在少数行动者所占据的权力位置的情况有所减弱，说明有更多行动者参与并掌握虚拟偶像的认识建构权力。2016年和 2017 年的偏态数据相近，2017 年的偏态数据略低于 2016 年，说明具体运演时期的影响力高的内容生产合作网络朝着平衡的方向发展。

就中心度指标而言，2016 年和 2017 年的度数中心度、中介中心度和特征向量中心度的偏度系数均大于 0，说明这三类中心度呈现正偏态。中心度的各项指标的峰度系数均高于正态分布的标准值 0，曲线较为陡峭，节点的中心度离散程度较高，权力分布较为集中。偏态分布表明虚拟偶像认识建构的具体运演时期，虚拟偶像的内容生产场域中的资源和影响力掌控在少数人手中，内部权力呈现一种不平衡的分布情况，这部分拥有资源和影响力的行动者控制着虚拟偶像的认识建构权。与 2015 年（前 150 名，度数中心度为 2.05、中介中心度为 5.79、特征向量中心度为 4.14）相比，2016 年和 2017 年的度数中心度和特征向量中心度指标相对更弱，说明在

具体运演时期，内容进入前150名年榜的产消者数量增多，增加了部分新鲜血液，更多的行动者挤进中心位置，权力和资源被少数者掌握的情况有所减轻。2016年的中介中心度则有所增强，但2017年数据有所回落，与2015年相近，中介中心度在2016年明显增强则说明沟通不同群体扮演桥梁角色的行动者在场域中的地位更为重要，它们控制了各个群体的资源和信息的流通，而少数起到桥梁作用的行动者在2016年获得的优势伴随着新行动者的策略调整在2017年逐渐消失。

接近中心度在前思维运演时期和具体运演时期均呈现负偏态，即曲线均向右偏斜，除2016年之外峰度均小于0，说明曲线较为平缓。具体运演时期行动者的接近中心度不存在权力分布不平衡的问题。

表 5-8　2015—2017 年描述各项指标的偏态情况（前 150 名）

| 年份 | 系数 | 度数中心度 | 中介中心度 | 特征向量中心度 | 接近中心度 | 网络约束度 |
|------|------|-----------|-----------|--------------|-----------|-----------|
| 2015 | 偏度 | 2.058239 | 5.787787 | 4.143158 | −1.08857 | 0.4551 |
|      | 峰度 | 8.019945 | 39.26595 | 15.27521 | −0.81762 | −0.66205 |
| 2016 | 偏度 | 1.310566 | 7.062125 | 2.735008 | −3.71047 | 1.124381 |
|      | 峰度 | 1.235912 | 67.29423 | 5.927861 | 11.95598 | 0.623168 |
| 2017 | 偏度 | 1.690028 | 4.929749 | 2.200053 | −1.24529 | 0.961272 |
|      | 峰度 | 3.967681 | 29.24728 | 5.130202 | −0.45065 | −0.07699 |

表 5-9　具体运演时期不同年份的中心度指标（前 150 名）

| 年份 | 度数中心度 | 中介中心度 | 特征向量中心度 |
|------|-----------|-----------|--------------|
| 2016 | 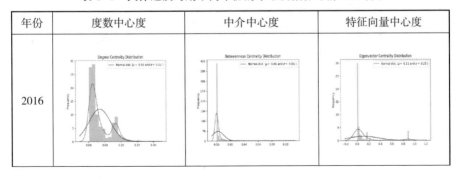 | | |

续表

| 年份 | 度数中心度 | 中介中心度 | 特征向量中心度 |
|---|---|---|---|
| 2017 | 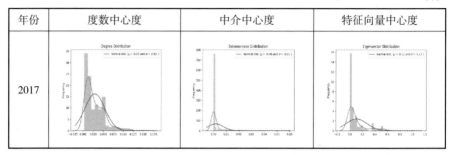 | | |

就经纪性指标而言，结构洞的关键指标——网络约束度在分布上接近于正态分布，具体运演时期的 2016 年和 2017 年的偏度系数均小于前思维运演时期的 2015 年，但三者的偏态系数均大于正态分布标准值 0，说明曲线不呈正态分布。由于网络约束度与结构洞的经纪性成反比，因此网络约束度的值越小，行动者的经纪性越大。2016 年和 2017 年的网络约束度的分布向右偏斜，说明经纪性偏大的行动者略少，偏度系数大于 2015 年（偏度 0.46，峰度 –0.66）。2015—2017 年网络约束度的峰度均近似于 0，基本符合正态分布，说明具体运演时期经纪性偏大的行动者较为有限，在 2016 年较 2015 年有所回落，而后在 2017 年恢复增长，处变动状态，表明在场域中越来越多行动者意识到掌握信息和资源的重要性，各方积极与场域中其他群体的行动者建立关系，跨越结构洞，在竞争中谋求经纪性强的位置逐渐成为共识。

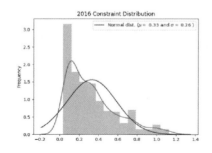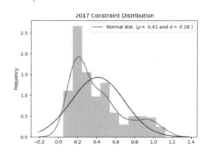

图 5-6　2016 年和 2017 年网络约束度的分布（内容得分前 150 名）

与前思维运演时期的 2015 年对比可知，虚拟偶像在具体运演时期的权力不平衡状态趋于平衡，但仍处于权力分布不平衡的状态，少数行动者仍牢牢地占据着网络的中心位置。这种场域权力不平衡的状态并没有因为2016 年官方团队主力部队的缺席而锐减或消失，只是场域中的权力在一定程度上有所分散，而伴随 2017 年官方团队发力，这种权力趋于平衡的趋势逐渐放缓。总体而言，首先，由于当前时期占据核心位置的行动者比前思维运演时期控制力减弱，资源和信息有所分散。其次，两个时期的经纪性均向左偏斜，且 2016—2017 年的偏斜系数相比 2015 年更高，说明跨越结构洞方面，具体运演时期的相关权力处于变动状态，对结构洞的控制力更弱，此时期的合作正在逐步成为共识，与拥有不同资本的其他社群合作带来的优势逐步突显。

## （四）核心层：文化团队核心圈被官方团队"收编"

形式运演时期，场域中存在明显的权力转移现象，既有掌权者（官方团队及其合作者）所处的优势地位受到挑战者（产消者）的争夺，产消者在场域中的重要地位逐渐超过官方团队，成为最具影响力的行动者。

前思维运演时期，最具权力优势的位置被官方团队及其合作者把控，而到了 2016 年，由于官方团队的主力缺席，产消者在虚拟偶像内容生产场域中一跃成为场域的核心，成功占领场域中最具权力的优势地位。第一，除了接近中心度以外，产消者在度数中心度、中介中心度、特征向量中心度和网络约束度的平均值均处于核心圈层的第一名，说明产消者在此时期场域成为虚拟偶像内容生产场域中的掌权者，控制着虚拟偶像的认识建构权，与其他行动者建立了广泛且直接的联系，其合作伙伴在场域中占据重要位置；第二，产消者的网络约束度核心圈层的平均值是最低的，说明他们跨域的结构洞最多，经纪性最强；第三，产消者在中心度各个指标进入前十核心圈层的数量都处于决定性的优势，其中以专业内容生产团队为代表的文化团队在度数中心度和接近中心度占优势，而独立创作者则在中介中心度和特征向量中心度占优势；第四，产消者"Litterzy"在中心度和网络约束度的各项指标中均排名第一，产消者"唯 Tu"则紧随其后，说明这两位是产消者中影响力最大的行动者，同时也是当年虚拟偶像中文 VOCALOID 内容生产合作网络中最具影响力的节点。

将产消者细分发现，2016 年以专业团队为代表的文化团队在核心圈层中影响力最高，而独立创作者（独立 P 主）紧随其后，影响力最弱的是官方团队及其合作者。文化团队在度数中心度、接近中心度和网络约束度上占据优势，说明拥有知识储备和文化资源的专业内容生产团队的参与度最高，在网络中获取资源能力最强，独立性更强，跨越结构洞得到的信息和经纪优势最多，而独立创作者则在中介中心度和特征向量中心度上占据优势，说明影响力较大的独立创作者在不同群体中起着桥梁作用，更倾向于强强联手的合作模式。官方团队及其合作者共同创作的虚拟偶像中文 VOCALOID 内容只有三部进入年榜前 150 名，原因可能是官方团队的主力——上海禾念的缺席，新成立的北京福托和上海望乘的内容生产能力相对薄弱，没有利用经济资本和文化资源上的优势积极拓宽合作对象的类型，与网络中拥有不同资源优势的行动者合作。其中，官方团队合作 P 主"冰镇甜豆浆"是进入核心圈层的与官方团队存在隶属或雇佣关系的成员中影响力最大的，接近中心度排名第二，她主要负责曲目的视频展现（PV），也与文化团队保持着合作关系。

2017 年，官方团队通过经济资源的绝对优势，积极与 2016 年影响力高的文化团队成员进行合作，借助与影响力高的文化团队成员和独立创作者合作，官方团队及其合作者与文化团队均处于场域的中心位置。其一，在度数中心度、特征向量中心度和网络约束度的均值比文化团队和独立创作者高，但优势非常微小，而中介中心度和接近中心度则分别是文化团队和独立创作者的均值更高，同样差距较小。其二，中心度和网络约束度指标排名前十的行动者均为创作者，不含机构和组织，而上榜的行动者均与官方团队或文化团队存在合作关系。2017 年官方团队通过举办

"Vsinger 创作大赛"征集作品和在上海梅德赛斯·奔驰文化中心举办近两万人规模的"Vsinger Live 洛天依 2017 全息演唱会"，演唱歌曲为 2015 年和 2016 年年榜中排名靠前的作品，因此，2017 年官方团队合作的行动者很多是 2016 年虚拟偶像中文 VOCALOID 内容生产合作网络中核心层的行动者，从 2017 年开始，官方团队积极与具有影响力的创作者合作，这点在 2018—2019 年数据中均有体现。其三，创作者"Litterzy"仍旧在度数中心度、中介中心度、接近中心度和网络约束度指标中排名第一，而特征向量中心度则仅次于各个指标综合排名第二的创作者"酥妃"，说明这两位产消者是网络中影响力最大的行动者，行动者"Litterzy"和"酥妃"都同时与官方团队或文化团队存在合作关系。

表 5-10　2015—2017 年中心度指标排名前十的行动者类别划分

| 时期 | 类型 | 度数均值 | 度数前十占比 | 中介均值 | 中介前十占比 | 紧密均值 | 紧密前十 | 特征向量均值 | 特征向量前十占比 |
|---|---|---|---|---|---|---|---|---|---|
| 2015（前思维运演时期） | 官方团队及合作者 | 0.077 | 30% | 0.067 | 50% | 0.015 | 20% | 1.000 | 100% |
| | 文化团队 | 0.072 | 20% | 0.044 | 10% | 0.015 | 10% | 未进入 | 未进入 |
| | 独立 P 主 | 0.064 | 50% | 0.058 | 40% | 0.015 | 70% | 未进入 | 未进入 |
| 2016（具体运演时期） | 官方团队及合作者 | 未进入 | 未进入 | 0.055 | 10% | 0.033 | 20% | 0.886 | 10% |
| | 文化团队 | 0.139 | 70% | 0.054 | 10% | 0.033 | 70% | 1.000 | 10% |
| | 独立 P 主 | 0.131 | 30% | 0.036 | 40% | 0.033 | 10% | 0.905 | 90% |
| 2017（具体运演时期） | 官方团队及合作者 | 0.123 | 70% | 0.032 | 80% | 0.011 | 70% | 0.737 | 70% |
| | 文化团队 | 0.120 | 50% | 0.033 | 60% | 0.011 | 70% | 0.690 | 50% |
| | 独立 P 主 | 0.112 | 30% | 0.021 | 40% | 0.011 | 20% | 0.616 | 30% |

表 5-11　2015—2017 年跨越结构洞指标排名前十的行动者类别划分

| 时期 | 类型 | 网络约束度均值 | 网络约束度占比 |
|---|---|---|---|
| 2015（前思维运演时期） | 官方团队及合作者 | 0.1046 | 30% |
| | 文化团队 | 0.1077 | 20% |
| | 独立 P 主 | 0.1183 | 50% |
| 2016（具体运演时期） | 官方团队及合作者 | 0.0543 | 20% |
| | 文化团队 | 0.0493 | 50% |
| | 独立 P 主 | 0.0514 | 30% |
| 2017（具体运演时期） | 官方团队及合作者 | 0.0691 | 80% |
| | 文化团队 | 0.0713 | 70% |
| | 独立 P 主 | 0.0768 | 10% |

对具体运演时期的社会网络分析在一定程度上验证了理论推导的结果，即虚拟偶像的认识建构发展到具体运演时期，虚拟偶像中文 VOCALOID 内容生产场域的挑战者（产消者）逐渐成为内容生产的掌权者，占据网络中的中心位置，控制虚拟偶像认识建构权力，成为场域中最具影响力的行动者。实证结果与理论推导的差异在于：第一，虚拟偶像认识建构发展到具体运演时期，技术型虚拟偶像在中国二次元市场处于成长期，面对新的竞争者入场，政治组织在此时期仍未对虚拟偶像产生兴趣，政治团体在形式运演时期参与虚拟偶像认识建构，看重的并不是虚拟偶像在经济上的盈利能力，而是其在二次元用户和青少年群体中的影响力。第二，这个时期经济资本和政治资本都占绝对优势的官方团队对虚拟偶像内容生产场域的干预程度是相对较少的，但虚拟偶像内容生产场域仍存在权力分布不对称的情况，由用户生产内容（UGC）为主的产消者内部的权力分布并不对称，拥有知识储备和文化资源的文化团队是其中的主导者，独立 P 主在核心层的位置则处于相对边缘的地位。

## 四、形式运演时期：官方团队重新夺回场域中的中心位置

具体运演时期中，大众对虚拟偶像的认识可以通过将预见和回顾协调起来，实现把"时间倒拨回来"并回到时间的起点，从而实现可逆性，但在这个时期中，时间与活动和摆弄的实物动作是紧密联系在一起的，即该时期的运演离不开客体和实际物理变化（皮亚杰，1983/1972：56）。具体到虚拟偶像的认识建构，该时期虚拟偶像的认识建构主要依靠内容生产和各类活动，虚拟偶像的认识主要依靠客体及其带来的内容产品或活动等实践活动，对于作为掌权者的官方团队而言，建构活动主要以活动的举办和虚拟偶像各类实体或内容产品的生产等形式完成，而对于作为行动者的用户群体而言，建构活动则必须以其内容生产行为、内容消费或实际的产品消费等行为联系在一起。

在形式运演时期，认识超越现实本身，现实被纳入可能性和必然性的范围之内，在此时期，认识可以在无须中介物的情况下完成运演。形式的主要特征是有能力处理假设而不是单纯地处理客体（皮亚杰，1983/1972：56）。

从具体运演时期过渡到形式运演时期，场域中的虚拟偶像认识建构参与者（包括官方团队和用户群体）都会对虚拟偶像的各种假设和可能性产生判断，即便没有具体的内容支撑或活动，依旧能够判断某种行为或某种形象是否是该虚拟偶像可能会发生的行为，即可以合理想象在具体某个场景中，虚拟偶像会如何反应或产生怎样的情绪。大众对虚拟偶像的各种假设和可能性（二次设定）会自动形成判断，即使没有具体的内容和活动支持，也能判断某种行为或形象是否符合虚拟偶像的设定，并主动自觉抵制不符合已有虚拟偶像认识的内容，例如大部分喜爱洛天依的用户群体会主动抵制"洛天依假唱"或"洛天依吸毒"等负面的二次设定，对于言和的身份问题的争论也随着 Vsinger 五色战队的声库全部完成制作和发布而终结，喜爱言和的大部分用户也选择释然，对于故意挑起事端的"引战"言

论进行制止。官方团队同样对现有的虚拟偶像认识积极维护，开始积极与志同道合且优秀的产消者合作，保证符合其设定的内容持续稳定生产，维护虚拟偶像的现有认识，并着手对那些危害虚拟偶像已有认识的负面"二次设定"进行处理，以维持其健康发展需要，如与色情相关的二次设定内容被删除。

## （一）形式运演时期虚拟偶像认识建构的基本特征

在形式运演时期，虚拟偶像的认识建构已基本成型，场域中的行动者达到某种默契与认同，基于此，作为虚拟偶像形象的管理者和维护者，官方团队将积极夺回虚拟偶像的认识建构权，重回场域的主导地位。

在这一时期，由于合理想象的出现，各种以潮流和梗（memes）为代表的流行文化或亚文化资本流入内容生产场域，内部场域和外部场域的连接关系为虚拟偶像的认识建构带来持续不断的不确定性，在这种动荡时期，得到场域中心位置带来的可转换为经济资本的影响力资本，零散且数量巨大的用户个体或团队会为了在场域中争取到更优质的位置，而尝试挑战内部游戏规则，投机者为了迅速吸引注意力，不惜添加一些有损虚拟偶像整体形象的设定，例如色情、绯闻和假唱等负面设定。这种负面设定虽然短期内会增加大众对虚拟偶像的关注度和市场份额，在虚拟偶像拓展市场的时期，某些官方团队可能会置之不理，但所有打算长期在中国发展的虚拟偶像官方运营团队都清楚这种负面设定不利于虚拟偶像良性长远的发展，尤其是当虚拟偶像的受众群体是未成年群体时，不良设定的内容可能涉及违法和被家长抵制的问题，增加其被下架的风险，这种风险对于某个零散的个体用户的影响较小，但对于作为掌权者的官方团队而言，是致命打击。

在此时期的虚拟偶像内容生产场域中，面对虚拟偶像相关的梗和二次设定的泛滥，作为掌权者的官方团队将通过审查（censorship）对虚拟偶像的内容生产进行规范。官方团队一方面会以经济资本和政治资本等优势资本与场域中具有影响的用户进行合作，增加行动者对掌权者掌控的资源的依赖，另一方面在场域中通过政治资本对破坏原有游戏规则的新秩序进行限制和规整，恢复和稳定已有的虚拟偶像认识话语框架，稳固现有的场域行动逻辑。在此过程中，挑战者对掌权者造成的实质影响取决于其社会建构能力，而掌权者对挑战者的实质影响则取决于其能否充分发挥其在场域中的中心位置所带来的权力和资本优势，两者间的博弈取决于其各自掌控的社会资源、建构或维护自身主张的规则的能力等。在这个过程中，掌权者逐渐依靠经济资本和政治资本，通过合作的方式获得越来越多的行动者的支持，而通过审查方式限制部分行动者的建构活动，逐渐夺回在场域中的主导位置。

### （二）虚拟偶像形式运演时期的内容生产场域分析

具体运演时期的特征是大众对虚拟偶像的认识建构仍"离不开客体和实际物理变化"，而到了形式运演时期则需要受众群体对虚拟偶像的认识建构超越现实本身，认知可以在无须中介物的情况下完成运演，即有能力处理假设，而不是单纯地处理客体（皮亚杰，1970/1981：56）。

形式运演时期，虚拟偶像认识建构主体（官方团队）的主要任务从积极扩大市场，逐渐转为产品偶像化运营和对盈利模式的积极探索，同时需要思考虚拟偶像日后发展的问题。以中国市场第一位拥有中文 VOCALOID声库的虚拟偶像洛天依为例，洛天依最初的技术载体是雅马哈推出的VOCALOID 人声合成技术，但技术发展和市场需求瞬息万变，不仅人声合成技术受到人工智能合成人声技术（微软小冰）的挑战，同时伴随着"绊爱"等新一代直播产业驱动的虚拟偶像的出现，技术驱动的虚拟偶像初音未来和洛天依的偶像化运营也有了新的可能性，洛天依的经纪公司也积极让洛天依为各大品牌代言和通过虚拟主播技术参与直播带货等营利性商业活动。在追逐盈利和顺应时代发展探索新的可能性的同时，保持现有市场份额和用户群体成为官方团队在本时期虚拟偶像的主要任务。与此同时，虚拟偶像认识建构的客体（用户群体和一般大众）则将更多的关注点放在洛天依的人声合成声库的升级和维护上，希望优秀的内容和内容创作者得到更多的市场关注。

## （三）整体网特征：网络规模持续扩大，网络密度相对趋于紧密

具体运演时期的网络规模持续扩大。形式运演时期的 2019 年，虚拟偶像中文 VOCALOID 前 200 名内容生产场域机构数量将近是前思维运演时期（2015 年）的 2 倍，是具体运演时期后期（2017 年）的 1.57 倍。值得注意的是，内容生产者合作网络规模扩大的同时，网络密度却呈现增长的趋势，合作网络总体趋于紧密，除了 2018 年数值有所下降，合作密度相对稀疏外，2019 年的网络密度明显提升并超过具体运演时期后期（2017年）。网络直径和平均距离在前思维运演时期到具体运演时期有所缩短，而具体运演时期到形式运演时期在数值上基本相近，保持稳定。

表 5-12　2017—2019 年前 200 名内容生产场域整体结构

| 年份 | 节点 | 关系 | 网络密度 | 直径 | 平均距离 | 网络图 |
|---|---|---|---|---|---|---|
| 2017（具体运演时期） | 481（489） | 2683 | 0.022 | 8 | 3.358 | |

续表

| 年份 | 节点 | 关系 | 网络密度 | 直径 | 平均距离 | 网络图 |
|------|------|------|----------|------|----------|--------|
| 2018<br>（形式运演<br>时期） | 619<br>（619） | 3689 | 0.019 | 8 | 3.537 | |
| 2019<br>（形式运演<br>时期） | 751<br>（755） | 7475 | 0.026 | 8 | 3.215 | |

## （四）成分数量和最大成分的规模随网络规模增大

就社群角度而言，形式运演时期的整体网络包含的凝聚子群数量有所减少，且低于前思维运演时期和具体运演时期。2019 年的凝聚子群数量较具体运演时期后期（2017 年）减少近一半，比前思维运演时期后期（2015 年）减少 25%。尽管形式运演时期的凝聚子群数量有所减少，但最大成分规模却在持续增长，2019 年的最大凝聚子群为 696，是 2017 年最大凝聚子群规模的 1.84 倍，是 2015 年的 2.32 倍。这说明形式运演时期最大凝聚子群外部环绕的小社群数量逐渐减少，游离的社群逐渐被吸纳到最大社群中，共享网络中流动的社会资本。

**表 5-13　2017—2019 年前 200 名内容生产场域最大凝聚子群**

| 年份 | 子群数量 | 最大凝聚子群 | | | | | |
|---|---|---|---|---|---|---|---|
| | | 规模 | 密度 | 网络直径 | 社群数量 | 最大社群规模 | 网络结构图 |
| 2017（具体运演时期） | 21 | 379 | 0.034 | 8 | 31 | 36 | |
| 2018（形式运演时期） | 21 | 582 | 0.021 | 8 | 41 | 44 | |
| 2019（形式运演时期） | 12 | 696 | 0.03 | 8 | 46 | 63 | |

## （五）权力仍集中在少数人手中

2017—2019 年，场域中的权力分布不均衡现象先升后跌，所有中心度指标的偏度系数均大于 0，说明虚拟偶像认识建构发展的过程中，虚拟偶像中文 VOCALOID 年榜前 200 名内容生产场域始终处于权力不平衡的状态。

表 5-14　2017—2019 年偏度和峰度系数（前 200 名）

| 年份 | 系数 | 度数中心度 | 中介中心度 | 特征向量中心度 | 网络约束度 | 紧密中心度 |
|---|---|---|---|---|---|---|
| 2017（具体运演时期） | 偏度 | 2.091 | 5.089 | 2.604 | 0.824 | −1.412 |
| | 峰度 | 5.553 | 31.862 | 7.421 | −0.266 | −0.004 |
| 2018（形式运演时期） | 偏度 | 2.588 | 7.128 | 3.140 | 1.230 | −3.702 |
| | 峰度 | 9.741 | 66.230 | 10.495 | 1.386 | 11.798 |
| 2019（形式运演时期） | 偏度 | 1.415 | 7.210 | 3.004 | 0.824 | −3.278 |
| | 峰度 | 1.096 | 67.457 | 7.045 | −0.266 | 8.780 |

图 5-7　虚拟偶像认识建构不同发展时期的偏态系数变化（前 200 名）

具体而言，其一，形式运演时期的度数中心度、中介中心度和特殊向量中心度的偏度系数和峰度系数均大于 0，呈向右偏的正偏态，说明形式运演时期的权力分布不平衡。其中，形式运演时期的中介中心度是最突出的，度数中心度在 2018 年达到高峰并在 2019 年有所回落，而 2015 年的特征向量中心度最高，其后回落，形式运演时期的特征向量中心度相较于具体运演时期保持稳定。其二，形式运演时期的网络约束度的偏度系数在 2018 年有所增长，而后回落至 2017 年水平，其偏态系数均大于 0，但值均在 1 附近，说明网络约束度的偏态系数分布呈右倾，不存在少数节点拥有较高的经纪性的情况；同时，形式运演时期的接近中心度偏度系数和峰度系数均小于 0，说明接近中心度较高的行动者在网络中占多数，网络中行动者的独立性普遍较高。因此，本书认为形式运演时期网络约束度和紧密接近性不存在权力明显集中在少数行动者的情况。

### （六）官方团队及其合作者重回最具影响力的权力位置

形式运演时期，有两个值得注意的情况出现：其一，场域中出现新的参与者，政治组织于 2019 年加入虚拟偶像内容生产合作场域中，并成功进入核心圈层，虽然网络中的位置比不上原有参与者，但其特征向量中心度排名前十的数量位居第一，前十名中有九名与政治组织共青团有合作关系，说明政治组织的合作者拥有丰富的资源，它们的邻近节点主要是影响力较高的内容创作者，政治组织有意寻找网络中拥有人脉资源且影响力高的创作者合作，以求迅速提高自身在虚拟偶像内容生产合作网络中的位置；其二，场域再次出现权力转移现象，官方团队及其合作者（既有掌权者）在 2018 年重新夺回网络中的优势地位，官方团队利用自身在经济资源和政治资源上的优势，通过自身参与内容生产和与场域中的产消者合作两种途径重新回到网络中的中心位置，成为最具影响力的行动者，但由于自身的创作能力有限，其在场域中的位置在很大程度上受合作者所处位置的影响，以专业内容生产团队为代表的文化团队仍旧是场域中强有力的竞争者，而进入形式运演时期后，独立 P 主进入核心圈层的数量和各项指标均值都有所减弱，在核心圈层趋于边缘。

表 5-15 2017—2019 年中心度指标排名前十的行动者类别划分

| 年份 | 类型 | 度数均值 | 度数前十占比 | 中介均值 | 中介前十占比 | 紧密均值 | 紧密前十占比 | 特征向量均值 | 特征向量前十占比 |
|---|---|---|---|---|---|---|---|---|---|
| 2017（具体运演时期） | 官方团队及合作者 | 0.118 | 80% | 0.031 | 80% | 0.010 | 80% | 0.844 | 50% |
| | 文化团队 | 0.119 | 60% | 0.035 | 40% | 0.010 | 70% | 0.794 | 70% |
| | 独立 P 主 | 0.098 | 20% | 0.022 | 10% | 0.010 | 30% | 0.789 | 20% |
| 2018（形式运演时期） | 官方团队及合作者 | 0.113 | 40% | 0.050 | 60% | 0.025 | 70% | 0.662 | 20% |
| | 文化团队 | 0.084 | 40% | 0.040 | 30% | 0.025 | 50% | 0.780 | 40% |
| | 独立 P 主 | 0.095 | 30% | 0.027 | 30% | 0.025 | 30% | 0.687 | 70% |
| 2019（形式运演时期） | 官方团队及合作者 | 0.111 | 70% | 0.074 | 60% | 0.017 | 60% | 0.996 | 70% |
| | 文化团队 | 0.114 | 40% | 0.073 | 50% | 0.018 | 30% | 0.995 | 40% |
| | 政治组织及合作者 | 0.097 | 40% | 0.053 | 10% | 未进 | 未进 | 0.995 | 90% |
| | 独立 P 主 | 0.103 | 10% | 0.099 | 10% | 0.017 | 10% | 未进 | 未进 |

形式运演时期，官方团队于 2018 年重新回到虚拟偶像中文 VOCALOID 的内容生产场域中的中心地位，度数中心度、中介中心度、接近中心度和网络约束度的均值均领先于其他行动者，在前十核心圈的数量占比也位列第一，特征向量中心度均值和数量上则是独立 P 主占据优势，说明官方团队及其合作者的参与度、独立性和担任桥梁角色方面都处于优势地位，跨越结构洞获得的信息和经纪优势也高于其他行动者。2018 年以专业内容生产团队为代表的文化团队在网络中相对疲弱，多项指标均值低于官方团队，失去了具体运演时期的优势位置，而独立 P 主进入核心圈层的数量开始减少，但部分实力强劲的独立 P 主在核心圈层排名较前，在核心圈层仍有一定影响力。

表 5-16　2017—2019 年结构洞指标排名前十的行动者类别划分

| 年份 | 类型 | 网络约束度均值 | 网络约束度占比 |
|---|---|---|---|
| 2017<br>（具体运演<br>时期） | 官方团队及合作者 | 0.056 | 50% |
| | 文化团队 | 0.054 | 60% |
| | 独立 P 主 | 0.058 | 10% |
| 2018<br>（形式运演<br>时期） | 官方团队及合作者 | 0.049 | 50% |
| | 文化团队 | 0.054 | 40% |
| | 独立 P 主 | 0.058 | 40% |
| 2019<br>（形式运演<br>时期） | 官方团队及合作者 | 0.037 | 50% |
| | 文化团队 | 0.041 | 50% |
| | 政治组织及其合作者 | 0.046 | 10% |
| | 独立 P 主 | 0.041 | 20% |

　　2019 年，政治组织进入虚拟偶像内容生产场域，以"庆祝中华人民共和国成立 70 周年"为主题，与影响力高的内容生产者合作，成功借助合作者的影响力进入合作网络的核心圈层。虽然官方团队仍处于网络的中心位置，但文化团队经过一年的调整，积极与官方团队和政治组织合作，弥补自身经济和政治方面的弱势，在度数中心度、接近中心度的均值上超过了官方团队及其合作者，但在特征向量中心度和网络约束度总体进入核心圈层的数量都比不上官方团队及其合作者。独立 P 主各项指标进入核心圈层的数量和均值排名持续走低，位置进一步边缘化，说明在形式运演时期，与影响力高或资源充裕的内容创作者或机构强强联手越来越重要，影响力高的优质内容所需的生产成本和各类资源有所提高，虚拟偶像中文 VOCALOID 内容生产场域中，创作者除了需要提高内容生产质量和降低生产成本外，对创作者接近各类经济资源、文化资源和政治资源的能力要求越来越高。2018 年各项指标总体排名前两位的行动者分别是官方合作 P 主"动点 P"和官方团队控股机构"大家的音乐姬"（原名为"bilibili 音乐"），而 2019 年则分别是官方合作 P 主"OQQ"和与官方合作的文化团

队成员"Creauzer"，从核心圈中最具影响力的个体或机构数据可以看出，官方团队及其合作者是核心圈层中最具影响力的主导者。

总体上，形式运演时期，掌权者（官方团队及其合作者）重新夺回场域中的中心位置，占据核心层中最具主导权和控制力的位置。而挑战者（产消者）则积极与拥有各类优势资源的行动者合作，通过合作增加其在社会网络中的影响力。不与文化团队或其他团体合作的独立创作者的处境在核心圈层趋于边缘化。政治团体作为虚拟偶像中文 VOCALOID 前 200 名内容生产场域的新参与者，凭借其政治资源和经济资源优势迅速挤进核心圈层。

## 小　结

本章回答"虚拟偶像认识建构的不同时期，场域中的权力格局是否有所不同？官方团队及其合作者和产消者在场域中的位置经历了怎样的变化？"（RQ1.2），探讨此问题需要对虚拟偶像认识建构不同时期的内容生产场域的结构变化进行动态分析。本书分析 2015—2019 年五年间技术型虚拟偶像中文 VOCALOID 的内容播放数据[①]，并按照《周刊中文 VOCALOID 排行榜》2017 年的得分计算方法对内容的影响力进行重新计算和排名。本研究按照虚拟偶像认识建构的不同时期对虚拟偶像中文 VOCALOID 内容生产场域进行分析，共分为四个时期：感知运动水平时期（2012 年 3 月 22 日前，尚未推出市场无数据，内容分析为主）、前思维运演时期（2012 年 3 月 22 日—2016 年 12 月，以 2015 年年榜前 200 名的数据为代表）、具体运演时期（2017 年—2018 年，以 2017 年和 2018 年年榜前 150 名内容数据为代表）和形式运演时期（2019 年后，以 2019 年年

---

① 2015 年、2017—2019 年的播放数据均直接采用《周刊中文 VOCALOID 排行榜》的年榜数据，由于 2016 年并未发布年榜，因此 2016 年的数据源自其他个人自制排行榜中的播放数据，内容播放数据的处理和排序统一以 2017 年年榜中公布的得分计算公式进行计算，重新计算得分和排名。

榜前 200 名数据为代表）。从场域的整体结构上看，前思维运演时期到形式运演时期，除 2016 年网络爆发式增长后 2017 年稍有回落外，虚拟偶像中文 VOCALOID 年榜内容的生产合作网络规模总体处于稳定增长的状态，行动者之间联系的紧密程度也逐渐加深，场域内部小群体的数量逐渐减少，场域中最大的内容生产合作群体规模不断扩大。

从前思维运演时期到形式运演时期，虚拟偶像中文 VOCALOID 年榜上榜内容的生产场域权力分布始终处于不均衡的状态，这种现象并未因为虚拟偶像认识建构的实际掌权者——官方团队的弱势（2016 年）而消失，只是有所减弱。虚拟偶像认识建构的不同时期，度数中心度、中介中心度和特征向量中心度方面都显示出了明显的集中趋势，说明场域中的少数掌权者保持着较高的活跃度，始终对网络中的枢纽和桥梁位置有所把控，并通过强强联手的策略强化自身在网络中的位置，进一步掌控虚拟偶像认识建构权力。另外，接近中心度和网络约束度的分布上没有明显集中的情况，说明网络中的行动者普遍独立性都较高且积极跨越结构洞获取经济利益。

场域结构的动态演进分析能够让我们观察到官方团队和产消者在场域中的角色变化。感知运动水平时期，技术型虚拟偶像尚未正式发布，官方团队完全掌控虚拟偶像的认识建构权力；在前思维运演时期，产消者开始通过内容生产参与到虚拟偶像的认识建构之中，虽然凭借产消者的数量优势和制作成本较低的优势成功在核心圈层占有一席之地，但网络中最具优势的行动者仍是官方团队及其合作者；具体运演时期早期，技术型虚拟偶像在中国市场最具实力的官方团队上海禾念信息技术有限公司遇到法人频繁变更、管理层新旧更替和长期资金短缺等问题，并且技术型虚拟偶像的中文市场开始出现新的竞争者，但内容生产实力较弱。在官方团队内外交困之际，产消者在虚拟偶像内容生产场域迎来"高光时刻"，场域出现权力转移的情况，产消者（挑战者）对官方团队的优势地位发起挑战，并在 2016 年占据了场域中最具控制力的位置；形式运演时期，场域中出现新型参与者，同时权力再次转移。官方团队重整旗鼓，上海禾念信息科技有限公司的法人变更为郑彬炜，此人同时是哔哩哔哩弹幕视频网站母公司的法定代表人。官方团队在解决了管理层和资金问题后，重整旗鼓，成功夺回虚拟偶像的内容生产场域中的优势地位，而挑战者（产消者）则积极与拥有各类优势资源的行动者合作，通过合作增加其在社会网络中的影响力，其中，活跃于文化团队、具有一定专业技术的创作者仍是核心圈层中具有实力的权力竞争者，除几位影响力较高的个体创作者外，未与官方团队合作的个体创作者在核心圈层逐渐趋于边缘化。政治团体及其合作者在庆祝中华人民共和国成立 70 周年之际加入虚拟偶像认识建构的队伍里，并成功挤入核心圈层。

# 第六章 "职业"之争：官方团队与
产消者的话语博弈

　　虚拟偶像认识建构的过程同样是群体塑造认同的过程，不同群体对虚拟偶像的建构是此消彼长的。从前文可以看出，伴随虚拟偶像的"成长"，不同群体对其建构的影响也会随之变化，呈现一个动态演进的过程。顺着思路，引出下一个问题：行动者是通过怎样的话语逻辑改变自身在内容生产场域中的位置的？即官方团队或个体产消者是如何通过话语权的争夺有效影响虚拟偶像认识建构权的博弈的？

　　通过参与式观察，笔者发现，场域中不同群体对虚拟偶像个体的认识与话语策略会对虚拟偶像的发展产生影响，例如在2012—2018年（前思维运演时期和具体运演时期），官方团队对虚拟偶像的定位暧昧不清，在"偶像"和"歌手"两种身份间左右摇摆，反映了官方团队认为当前虚拟偶像在中国的发展前景尚不明朗，具有很多不确定性，投资方更喜欢"偶像"的变现能力，而产消者则更喜欢"歌手"的合作者身份。

　　因此，本章聚焦既有掌权者和挑战者在主观结构方面的话语策略。一方面，分析既有掌权者（官方团队）为了维持自身占据优势的经济资本和政治资本在场域中关键性资源的评价，巩固其偶像化运营的合法性，倡导旗下技术型虚拟形象应该从技术和用户内容推动的"歌手"路线转变为以形象和人物设定推动的"偶像"路线；另一方面，关注挑战者（产消者）为了争取提升自身占据优势的文化资本在场域中的关键性资源评价，改变场域中的行动者对内容的关键性资源评价，强调失去技术和用户生产内容的"偶像"路线将使技术型虚拟偶像失去核心竞争力，强调"歌手"话语下的用户生产内容（UGC）才是建构技术型虚拟偶像的关键性资源。本章将采用文本分析方法，分六部分展开：首先，阐述虚拟偶像内容生产场域内外的歌手话语与偶像话语分别出现在哪些群体和场景中，技术型虚拟偶像在这两种话语中分别担任什么角色；其次，分析官方团队和产消者分别采取了哪些主观结构策略与话语建构策略；然后，针对上述策略，分别探讨有利于官方团队的偶像话语的语言基调和有利于产消者的歌手话语的语言基调；最后，分别探讨官方团队和产消者对两种话语策略的解读与回应，以说明在虚拟偶像内容生产场域内部歌手话语如何逐渐占据优势，成为内容生产场域中更被行动者认可的"游戏规则"，而偶像话语则退居二线，场域内悄悄隐藏在歌手话语中，只直接出现在内容生产场域外。

## 一、批判话语分析框架：行动者的主观结构基本策略

虚拟数字人的粉丝用户内容生产往往以个体或小团队形式完成，形式灵活且内容多样，行动者的概念构思主要为内在心理活动，因此，个体的自我披露与创作团队内部的交流信息与合作理念都是研究虚拟偶像内容生产场域的主观认识的重要资料，而话语批判分析方法则能有效利用这部分宝贵资料，为研究内容生产场域中的内在心理活动提供了有效途径。John Caldwell 在研究文化生产时提出内容生产的深层话语（deep text）概念，并将生产活动中的深层话语分为完全嵌入式（fully embedded）话语、半嵌入式（semi-embedded）话语和公开性（publicly disclosed）话语三大类（Caldwell，2009）。完全嵌入式话语指的是内容所有方的内部沟通信息，起着促进内容生产相关的专业信息交换和维系团队内部关系的作用；半嵌入式话语指的是媒体人士之间的象征意义的沟通（symbolic communication），是公众视野中的专业信息交换，同样能够促进团队内部的关系；公开性话语则为对外沟通，是对外开放的信息，促进团队与外部环境的关系。根据 Ortner（2013：29）提出的"界面民族志"的概念，认

为内容生产相关的公开活动可以被视为"界面"，对发生在"界面"中的"公开性话语"进行分析，可以通过"界面"得到的公开性话语，包括花絮、网站、问答型访谈、视频网站中的病毒视频等（Caldwell，2009）。

具体到虚拟偶像内容生产场域中的公开性话语，这种生产话语既来自虚拟偶像的版权所属方（官方技术开发公司和经纪公司的团队），也来自场域中具有影响力的产消者（挑战者），他们都在虚拟偶像认识建构的过程中起到关键性作用，而内容生产活动和内容传播过程本身就是公众对虚拟偶像认识形成的中介物，虚拟偶像认识的主客体通过与中介物的互动逐渐建构起来。虚拟偶像内容生产场域中，内容主要集中在线上虚拟空间中，内容页面展示的公开性信息本身就属于生产性话语，行动者在场域中争夺虚拟偶像建构权则可能需要倡导某种逻辑（虚拟偶像的二次设定），需要发挥其社会技能，并在生产活动相关的各类活动（外部场域）中倡导符合其利益的意识，争取其倡导的逻辑（二次设定）在虚拟偶像的用户群体得到认可，形成某种共识。

因此，本章的数据主要采集于虚拟偶像内容生产场域中参与虚拟偶像认识建构的行动者在各种公开场合或线上平台中的话语，具体包括：内容原网址中的内容简介和作者评论；虚拟偶像用户群体中影响力较高的内容创作者和官方团队在社交媒体账号中发布的内容相关信息；虚拟偶像官方团队的高管公开发言和部分产消者的访谈内容；行业杂志和部分学术刊物中刊登的专栏文章；等等。

本书的话语分析框架主要分为三部分：第一，虚拟偶像认识建构活动的主体是官方技术开发和运营团队合力塑造并推出的虚拟偶像，而虚拟偶像的实际操纵者是官方团队，同时也包括那些与官方团队合作以求得到不同资源的合作者。既有掌权者从一开始就由于虚拟偶像本身的生存需求和盈利途径而提出了双重话语——歌手话语和偶像话语，本书将呈现当虚拟偶像的建构活动发展到形式运演时期，虚拟偶像认识逐渐形成可闭合系统，展露出传递性和守恒性，对虚拟偶像的认识也趋于稳定，官方团队对虚拟偶像的定位逐渐清晰，两种话语在博弈中相互融合与渗透。第二，既是虚拟偶像认识建构活动的客体，又享有建构虚拟偶像特权的产消者，他们天然被歌手话语吸引，选择拥抱歌手话语而驳斥对己方不利的偶像话语，呈现产消者如何在两种话语并存的基础上，强调歌手话语的"合法性"，提升自身优势资源的重要度评价，强调用户生产内容和技术，载体本身是场域的关键性资源（创意等文化资本和技术使用者联合形成的社会资本），具有"不可替代性"。第三，分析更有利于既有掌权者的偶像话语与更有利于产消者的歌手话语之间的博弈，探讨产消者的颠覆策略和虚拟偶像官方团队的保守策略之间的博弈，分析场域中行动者针对"何为虚拟偶像"问题的争辩，并在权衡利弊后逐渐达成现阶段对虚拟偶像的基本共识，具体的分析框架如表 6-1 所示。

表 6-1　批判话语分析框架

| 研究框架 | 主体 | | 话语分析框架 |
|---|---|---|---|
| 场域中活跃的话语 | 偶像话语 | | 虚拟偶像是与受众建立情感联系的主体，作为媒介产品直接为受众提供服务 |
| | 歌手话语 | | 虚拟偶像是连接产消者与受众之间的媒介 |
| 话语基调 | 偶像话语 | 总体叙事 | 偶像市场巨大，对偶像发展路线的前景乐观 |
| | | 偶像话语策略 | 对产消者示弱 |
| | | | 建构官方团队有情怀有抱负的形象 |
| | | | 述说既有合作经历，期盼与商业合作 |
| | 歌手话语 | 总体叙事 | 技术性虚拟偶像依赖技术和用户内容生产 |
| | | 歌手话语策略 | 驳斥和反击不尊重产消者作品的行为 |
| | | | 建构产消者纯爱好、非营利的形象 |
| | | | 表达对自身处境的担忧和积极寻求出路 |
| 解读与回应 | 产消者 | 抗拒偶像话语 | 缺乏核心竞争力，丧失原有优势 |
| | | 拥抱歌手话语 | 强调用户生产内容的关键性作用 |
| | 官方团队 | | 明确认同歌手话语，对产消者提出的经济困难和技术载体开发速度慢的两项诉求做出积极回应 |
| | | | 对偶像话语有意无意地运用，歌手话语中渗透了很多偶像话语的概念，既有概念被替换 |

## 二、主观结构策略：既有掌权者与挑战者

当虚拟偶像在市场中仍处于开拓和成长阶段（感知运动水平时期和前思维运演时期）时，为拓宽旗下虚拟偶像的市场体态，增加其市场份额的同时，提高其在用户群体中的影响力，虚拟偶像的所属方官方团队（场域中的既有掌权者）会对用户参与虚拟偶像认识建构的行为秉持默认或支持态度，对所有二次设定参与虚拟偶像的符号系统建构都处于放任状态，即使这种二次设定为虚拟偶像的认识建构带来不确定性和负面评价，如洛天依的"假唱"传闻和色情相关的内容创作。但在早期，只要该二次设定能够让该虚拟偶像的设定更为丰满，得到更多的曝光机会和市场份额，部分官方团队甚至会支持这种负面的二次设定，例如，韩国的虚拟偶像女团 KDA 的官方团队甚至会参与创作 KDA 女团成员的绯闻和负面信息，只为了受众对虚拟偶像的认识更为贴近现实中的明星，让更多的人接受其存在。在此时期，用户和官方团队在虚拟偶像的认识建构方面是达成共识的，因此，其虚拟偶像的内容生产场域仍处于稳定期，其运行逻辑代表掌权者的意志（Fligstein & McAdam，2012：55），在此时期的用户是内容场域的新参与者，主要采取观望和遵守游戏规则的策略，认可自身在场域中处于边缘位置，但逐渐采取一系列措施伺机在下一个时期改变其边缘的地位。

然而，当受众对虚拟偶像有了基本认识和良好接受度（具体运演时期）后，受众群体对虚拟偶像的认识开始可以将预见和回顾协调起来，实现把"时间倒拨回来"并恢复到时间的起点，从而实现可逆性。但在这个时期，时间与活动和在现实中采取的实际行动是紧密联系在一起的，即建构活动无法单纯依靠纸上谈兵般的假设和猜想完成，必须与其内容生产行为、内容消费或实际的产品消费等现实的实践行为联系在一起。具体到本书的研究问题，早期用户已经在内容生产场域中初步完成了原始积累，虚拟偶像在认识建构上不再满足于官方给予的基本设定和提供的发展方向，

在虚拟偶像认识建构的内容生产场域中伺机反抗，引起场域内部的"动荡时刻"，为虚拟偶像的认识建构带来一种"不确定感"。这为挑战者带来了改变既有权力关系的机会，也威胁到既有掌权者在场域中的中心位置。因此，本书将针对该时期挑战者和既有掌权者的主观结构策略，分别探讨用户重构场域的运行逻辑和既有掌权者的维护场域的运行逻辑。

## （一）挑战者的主观结构策略

挑战者（产消者）为了争夺虚拟偶像内容生产场域中的支配性位置，需要改变既有权力关系，那么他们会采取何种虚拟偶像认识建构策略？（RQ2.1.1）产消者想在虚拟偶像认识建构中获得更多的权力，就需要增加或减少原有设定，例如提出其主张的二次设定，并给予该设定持续且稳定的内容输出。产消者需要通过内容生产维系二次设定的鲜活度，不断通过优秀的内容在场域中获得其他行动者的认同，增强其在虚拟偶像建构中的影响力和支配力，将对该二次设定的认可内化到虚拟偶像的认识建构之中，形成惯习。

在本书的研究语境中，挑战者为了争夺虚拟偶像认识建构的支配性位置，在虚拟偶像内容生产场域中采取的象征性策略包括两个方面：其一是通过内容生产的方式重构虚拟偶像的认识，具体体现在改变内容生产场域中其他行动者对"何为该虚拟偶像的应然"的界定。一方面，在具体运演时期，受众对虚拟偶像的认识已经有了自我调节或平衡功能，允许系统内增加和减少转换，从而保证整体或子整体的守恒（皮亚杰，1970/1982：46）。另一方面，挑战者建构"二次设定"的过程在某种程度上近似于培养其他行动者认识特定虚拟偶像的惯习，需要反复灌输的过程，必须在足够长的时期内为其他行动者提供一种持续的思维训练。具体到行动者在该时期的主观结构策略上，则意味着挑战者需要针对特定的虚拟偶像提出一个符合其应然或实然的"二次设定"，这个二次设定必须是在原有基本设定上的增加或改变，完全脱离该虚拟偶像的原有符号系统会给其争取其他行动者认可带来相当大的难度，需要尽可能避免让其他行动者产生"出戏"感。同时，挑战者需要在场域中持续且稳定地提供关于该二次设定的内容。

挑战者采取的第二部分的象征性策略是运用社会技能（social skills），通过合作的方式生产和宣传其倡导的二次设定的内容，在产消者在文化创意上的优势吸引更多人的认可，并参与到虚拟偶像的二次设定建构中。吸引合作的同时，消解虚拟偶像原有的符号体系。挑战者在话语建构中超越自身而采用其他行动者的视角，这样可以帮助他们获得与其他行动者合作的机会，或有效抵消对方的竞争优势（曹璞，2018；Fligstein & McAdam，2012：55）。由于提出"二次设定"的用户是虚拟偶像认识建构的外来者，通过争取其他行动者的认可，争取场域内既有行动者的认同，尽可能在新的设定上达成合作的关系，共同创作或宣传新的设定，通过社会资本增加自身的相对权力，也能将二次设定以视频、话语和图片等实践产物的形式呈现在社会空间中，旗帜鲜明地宣传和倡导符合用户自身利益的设定，让该设定逐渐内化到虚拟偶像的认识建构之中。

### （二）既有掌权者的主观结构策略

为了维持其在虚拟偶像内容生产场域中的支配性地位，巩固既有权力关系，既有掌权者（官方团队及其合作者）需要采取哪些认识建构策略？（RQ2.1.2）既有掌权者想要维持其在虚拟偶像认识建构中的权力，首先是对原有基础设定的维护，其次是对不符合虚拟偶像原有设定且有损官方团队利益的二次设定进行限制，限制或制止此类二次设定的内容发布和传播。场域中的掌权者是占据资本优势的，他们可以利用既有的权力关系巩固和吸引其他行动者认同虚拟偶像的原有设定，使场域中的其他行动者维护原有设定之余，主动反对有损官方团队利益的二次设定，否认类似二次设定的合法性。对于符合官方团队利益的二次设定采取吸收策略，通过收编的方式与其创作者或团队建立合作，认可和推广相关内容，将其纳入官方团队的主流建构队伍中。

在本书的研究语境中，既有掌权者（官方团队）为了争夺虚拟偶像认识建构中的支配性位置，在虚拟偶像内容生产场域中采取的象征性策略包括两个方面：其一是通过合作或限制两种方式影响用户参与虚拟偶像建构的过程，即官方团队在"何为该虚拟偶像的应然"的界定权的把握。根据前文对挑战者的主观策略分析，官方团队在该时期的主观结构策略主要采取维护自身对虚拟偶像认识建构的权威性，并与挑战者的主观建构策略博弈，这就意味着官方团队需要利用其在场域中的权力和优势资本对场域内有影响力的二次设定进行处理。虚拟偶像的主要用户群体是青少年，出于国家对青少年思想政治教育和遏制不利于他们健康成长的不良信息的需求，官方团队对旗下的虚拟偶像的认识建构负有主要责任，有维护其形象、保证其在市场经济和政治领域的健康发展的需要。在中国市场中，不符合主流价值观的"二次设定"会危及虚拟偶像的发展，此类风险是官方团队需要尽全力规避的，以避免旗下虚拟偶像的符号资本贬值。因此，官方团队会对不符合其利益的"二次设定"进行遏制，限制发布和传播。

另一方面，官方团队同样会运用社交技能，在内部场域通过合作、收编和引导等方式参与和影响用户对虚拟偶像的二次设定。在外部场域，通过与其他拥有资源的行动者建立连接，通过吸纳社会资金和启用高成本的科技手段增强其对虚拟偶像认识建构的优势地位。由于官方团队是虚拟偶像认识建构的既有掌权者，用户作为场域的新参与者，进入场域必须取得官方团队对其内容创作的授权，官方团队利用经济资本优势加强与认同其二次设定的主要创作者合作，增强这部分创作者对该虚拟偶像的依赖，利用既有的社会资本公开反对不符合其利益的二次设定，消解对方的社会资本优势和削弱其符号资本。

## 三、话语建构策略：歌手话语与偶像话语

官方团队在 2012—2018 年（前思维运演时期和具体运演时期）对虚拟偶像的定位处于暧昧不清的阶段，运营微博账号时，官方团队分别以"偶像"和"歌手"两种身份运营，如洛天依的官方微博账号中会通过第一人称以"歌手"或"偶像"的身份发表言论。"歌手"与"偶像"身份之间的左右摇摆情况，反映了官方团队认为当前虚拟偶像在中国的发展前景尚不明朗，具有很多不确定性，一方面"偶像"能够带来更强的变现能力，另一方面"歌手"能够带来更多的合作者。

虚拟偶像在中国娱乐市场的引入和发展时期（2012—2018 年），虚拟偶像的产品定位和内容生产模式都处于探索时期。虽然以 VOCALOID 人声合成软件为载体的技术型虚拟偶像初音未来在日本大获成功，但其成功的发展模式是否能够在中国复制尚未明确，虚拟偶像这种亚文化产物在中国娱乐产业中最需要解决的是生存问题。为了兼顾资方和用户两方的需求，官方团队在"歌手"与"偶像"两套话语间徘徊。本书通过对该场域中行动者话语文本的梳理，发现生产场域中，掌权者对虚拟偶像的话语是具有不确定性的，这源自虚拟偶像作为一种新型媒介，在传播过程中既是传播渠道，也是传播内容本身，而官方团队则根据不同的市场需求和商业应用场景采用不同的话语体系。

"路漫漫其修远兮"，虚拟数字人的"职业规划"之路同样是不断探索的，在与市场碰撞的过程中不断调整。早期以 VOCALOID 人声合成技术为基础的虚拟数字人的发展模式主要借鉴日本虚拟偶像歌手初音未来在日本市场的成功经验。虚拟偶像歌手是 2014 年官方团队为洛天依制定的职业规划，具有歌手和偶像两种身份。以此为基础，在发布初期糅合在一起的两种身份让虚拟数字人洛天依的认识建构策略逐渐分裂为歌手话语和偶像话语，下文将根据官方团队对虚拟偶像不同的发展定位衍生的话语，进行细致的话语分析。

## （一）歌手话语：强调虚拟偶像在产消者与受众之间的媒介身份

歌手话语强调虚拟偶像的媒介属性，认为虚拟偶像是将传播者与受众建立强关系的渠道，是无条件辅助和满足产消者表达需求的合作者或工具，即与受众建立联系和沟通渠道的是内容生产者，而不是虚拟偶像本身，因此受众是因为产消者（P主）而聚集，而虚拟偶像只是辅助两者建立联系的桥梁，更像是新型的内容传播渠道，通过它将产消者和受众连接在一起。

歌手话语主要的应用场景是官方团队与产消者、产消者与其粉丝群体的互动与沟通。采取歌手话语不仅参考了日本虚拟偶像初音未来的成功经验，更是源于虚拟偶像与真人偶像之间本质的差异，虚拟偶像不具备自主内容生产能力，出于降低成本、提高效率和维系用户等多种市场运营需要，官方团队需要维系在经济和文化上支持产消者的内容生产行为，而歌手话语更加强调内容生产者的贡献，更多地强调技术型虚拟偶像的桥梁角色，帮助产消者将其文化资本转化为社会资本，在群体中获得更高的认可度和影响力。

为了降低成本和迎合虚拟偶像的用户群体（包括产消者和纯粹的消费者），官方团队提出的歌手话语认为，宅圈和用户生产内容永远是虚拟偶像的"根"[1]（a1, a2），虚拟偶像为产消者提供了一个展示作品的平台，虚拟偶像的平台越大，越能将产消者及其作品"推向更大的市场"（a1）。歌手话语不是以推广和运营虚拟偶像本身为目的，而只是借虚拟偶像发展"原创音乐"（a3），单纯是为了发展一个展示产消者（包括喜爱虚拟偶像的专业和非专业音乐内容生产者）作品的媒介，通过虚拟偶像这个载体让"他们的作品更受欢迎"（a3）。在歌手话语的语境中，产消者占据优势的文化资本得到重视，强调技术型虚拟偶像是为产消者的内容生产服务的，这种服务具体体现在两个方面：一是满足产消者的内容生产的技术需求（a1），例如，

---

[1] 本章批判话语分析援引话语材料的索引将以文末"附录1"的形式呈现。正文以"（数字）"的形式加以标注，括号中的数字代表"附录1"中话语材料索引对应的编号。

人声合成技术本身的维护与升级，让虚拟偶像声音经过调校更接近人声，提供更多的声源类型供产消者使用，让使用界面更易操作等；二是为产消者与受众提供了一个能够展示作品和互动的平台，在更大的平台中"用歌声唱出大家的心声"[b1]，与"二次元声音的爱好者共同建设乐园"[b2]。

## （二）偶像话语：强调虚拟偶像作为媒介产品为受众提供的服务

"偶像"与虚拟偶像的产品属性相关，认为虚拟偶像是具有商业前景和资本价值的媒介产品，官方团队拥有该产品的所属权，而产消者通过购买和生产的行为获得该产品的使用权，产消者更像是参与该产品设计和生产的工作人员，受众通过内容生产者的作品认识虚拟偶像，与之建立联系，受众是因为虚拟偶像背后一系列的工作人员的努力而凝聚在一起的，真正与受众连接的是虚拟偶像，而不是作品幕后的工作人员，因此在偶

图 6-1　官方团队以歌手话语在社交平台中与用户互动

像话语体系下，虚拟偶像更像是互联网和虚拟现实技术催生的新型媒介产品。虚拟偶像虽然与电视等传统媒介一样，每隔一个周期就需要通过推出具有更高性能的新产品代替旧产品的方式进行产品迭代，但与传统媒介产品不同的是，虚拟偶像同时又处于实时更新中，让用户自己满足自己的需求，在不断的内容创作的过程中塑造心目中的完美偶像，虚拟偶像在无数产消者的生产中实现递归式的产品更新。

偶像话语的应用场景主要是官方团队与投资方和虚拟偶像本身的粉丝进行互动和沟通时采用的话术。这是因为作为一个拥有海量级粉丝群体的媒介产品，虚拟偶像的受众群体集中在青少年群体，黏度高且付费意愿强，这对于资本和投资者而言是具有巨大的商业价值的。为了维持昂贵的日常运营成本、技术升级和开展演唱会等高门槛商业活动，官方团队在与投资方谈话时会强调虚拟偶像的"偶像"身份，同时，在线上积极努力地维护虚拟偶像健康向上的人物设定，在线下通过全息投影和增强现实等新兴视觉技术增强虚拟偶像的真实度，维系虚拟偶像作为生活在虚拟空间中具有生命力和喜怒哀乐的"人"的身份。

为了吸引投资方的注意和得到商业合作机会，以虚拟偶像产品本身发展为目的的偶像话语应运而生，场域里的既有掌权者认为虚拟偶像的内容生产应该积极"拥抱主流"(a2)，摆脱早期"作坊式"(a2)的内容生产模式，"打造一个围绕多位虚拟歌手，聚合音乐、动画等产业资源和粉丝参与的泛娱乐生态圈"(a4)。在偶像话语的语境中，官方团队占据优势，虚拟偶像作为官方团队推向市场的主打产品，内容生产只是该产品完整产业链上的重要一环，优质内容是为虚拟偶像的产品和品牌服务，借助内容扩大旗下虚拟偶像在二次元文化的市场份额和影响力，同时产业下游注重品牌变现，与商业品牌合作(a5)，增加周边产品生产才是虚拟偶像盈利变现的主要方向，强调技术型虚拟偶像品牌影响力和变现能力，话语具体体现在内容生产中，则以下述三个层面展开：第一，强调虚拟偶像作为偶像的优势，如虚拟偶像是以"科学技术"和"数据资源库"(a7)为基础的新技术产品，与真人偶像有本质区别（a6）。由用户"掌控"（a6）的新型偶像，鼓励产消者"发挥自身专业能力与想象力"，展示虚拟偶像的魅力。第二，强调内容生产对虚拟偶像的品牌形象的塑造，"响应文化部严打违规网络音乐产品工作"（b4），呼吁产消者进行"健康向上的音乐创作"（b4），维护虚拟偶像品牌的正面形象，对内容生产进行规范，规避不必要的政治风险。第三，强调虚拟偶像相关内容产品的用户群体数量和变现能力。一方面，通过线下活动和周边的销售情况证明虚拟偶像的"二次元年轻人的消费力量"（a6），以烘托虚拟偶像粉丝的热情，线上节目演出时的字幕数量和在线人数"激增"，"服务器爆了"（a8），另一方面，重视"与粉丝的互动"（a5），在社交平台中采用轻松俏皮的富含情感的言语（b5、b6、b56），尊重年轻用户群体的表达习惯，使用大量颜文字和表情（b5），拉近与受众的距离。

图 6-2　官方团队以偶像话语在社交平台中与用户互动

## 四、歌手话语基调：工具属性与技术依赖

歌手话语的情感基调天然与专业技能靠近，具有更强的工具属性，更强调内容为王与专业技术水平。在歌手话语中，挑战者一方面表达虚拟偶像对技术的依赖、对未来前景的悲观情绪，另一方面呼吁话语接受者团结，提出建立合作关系的必要性。

### （一）技术依赖

首先，产消者在歌手话语中强调技术型虚拟偶像发展对原有技术的依赖。第一，强调虚拟歌手在商业道路上的可行性。技术型虚拟偶像的成功由 VOCALOID 作为载体的日本初音未来开创，虚拟歌手已经过市场检验，形成成熟的产业链[a24]，而她的内容主要依赖用户生产内容，通过内容增加虚拟偶像的影响力，"IP 活了挣钱"[b24]。产消者和产消者的粉丝是卖家和买家的关系[b24]，虚拟偶像是连接两者的媒介，而不是主客体。第二，虚拟歌手转型为虚拟偶像将失去"唯一的特质"[a9]，与其他"ACGN萌娘"相比，VOCALOID 是技术型虚拟偶像洛天依的核心竞争力，失去技术的支撑，技术型虚拟偶像经营的虚拟形象将是"路人妹子"[a9]，因为没有内容支撑。第三，强调虚拟歌手转型的成本过高，不如推出新的虚拟偶像。例如，由于技术型虚拟歌手一开始是依赖用户生产内容起家，其优点就在于"一千个观众心中就有一千个哈姆雷特"，人物设定多元且自由是其最大的卖点，而走偶像路线需要鲜明且稳定的人物设定，之前的发展将是其走向偶像之路的阻碍，而重新克服这些早期发展带来的问题成本过高，不如以专业的内容生产为基础推出全新的虚拟偶像[a9]。

其次，作为虚拟偶像的消费者，产消者以用户身份表达对虚拟偶像技术载体的要求，强调自身消费者的需求。例如，强调官方团队对技术开发与完善的不重视，让虚拟偶像的声库问题久久不能解决，声库本身的质量严重影响受众的观影感受，"一秒钟"[a9]就能听出声库的问题，在大众平

台宣传时也不对内容进行加工以解决声库"不自然的声线"问题；强调官方团队在新产品研发上不守信用，长期存在"延期和跳票"问题，官方团队的速度比不上"一些地下组织或个人"<sub>(a14)</sub>，他们在人声合成的软件开发和设计上都有一定成果，证明不是开发软件技术不到位，而是技术开发和完善不在"未来规划的核心范围内"<sub>(a14)</sub>。

另外，除了直接表达消费者的需求和意愿外，产消者的歌手话语中还着重强调了产消者使用该技术生产的内容对虚拟偶像的重要性，例如，通过与湖南卫视、江苏卫视和浙江卫视等媒体合作，产消者"ilem"发布的原创 VOCALOID 中文曲《达拉崩吧》《花儿纳吉》《普通 Disco》及产消者"没有龟壳的乌龟"发布的原创 VOCALOID 中文曲《权御天下》逐渐走进大众的视野，产消者的歌曲在更大的传播平台得到宣传<sub>(b14-b19)</sub>，部分歌曲的演绎已经脱离洛天依，而是直接由周深、张韶涵和李宇春等专业歌手进行演绎。歌曲登上大众媒体并被知名歌手翻唱，让大众认识 VOCALOID 和虚拟偶像洛天依，源于"这首歌本身写得比较有趣吧"<sub>(a21)</sub>。

## （二）寻求出路

除了"技术依赖"，另一种话语基调是向既有行动者表达悲观情绪，表达对未来前景的忧虑。这类话语基调具体体现在三个方面：1. 抵制官方团队不尊重产消者作品的行为。2. 对产消者自身正面形象的建构。3. 通过讲述虚拟偶像技术载体与形象的不可分割，表达对偶像化运营和产消者处境的悲观情绪，强调虚拟偶像原有的歌手路线方针不可动摇。

1. 抗拒：驳斥偶像言语和反击合作者不尊重产消者作品的行为

对官方团队的偶像话语表示"抗议"是指，产消者在话语中表明对官方团队的偶像话语或做法的反对，认为此类话语或行为对虚拟偶像的发展造成不良影响。

以"抗拒"为基调的话语，首先强调官方团队不重视产消者及其内容作品，忽视了用户生产内容对于技术型虚拟偶像的建构与发展所起到的关键性作用，通过驳斥和抗拒官方团队的偶像话语，强调技术及内容生产的关键性作用，讲述脱离技术载体的虚拟形象无法保持核心竞争力，无法与其他类型的虚拟偶像相比。这部分话语采用对比的表达方法。例如，在谈到上海禾念为使旗下洛天依从虚拟歌手转型为虚拟偶像而展开的一系列操作时，产消者的言语中都采用了对比的策略。虚拟偶像洛天依 VOCALOID 第四代官方形象推出后，产消者将洛天依与内容型虚拟偶像女团 μ's 的制服对比，部分产消者表示洛天依 VOCALOID 第四代服装与《Lovelive!》[①]剧场版最后一幕里"泛滥的路人偶像打歌服"[b20] 差不多，没有感受到诚意与用心，服装设计非常普通，"连个 R 卡[②] 都没有"[b20]。

图 6-3　技术型虚拟偶像与内容型虚拟偶像的服装设计对比

① 《LoveLive! School idol project》是由日本动画公司 SUNRISE、唱片公司 Lantis 及月刊杂志《电击 G's magazine》在 2010 年共同合作推出的读者参与型混合媒体校园偶像企划，是依赖日本成熟的二次元市场 ACG 内容产业链发展的内容型虚拟偶像，其企划包括音乐作品、广播剧、动画和游戏等。其中第一季中推出虚拟偶像女团 μ's。信息来源：百度百科，https://baike.baidu.com/item/LoveLive%21/6278898?fromtitle=lovelive&fromid=7288832&fr=aladdin。
② "R 卡"特指以卡牌收集为目的的游戏中的普通卡，这种游戏往往为玩家提供偶像换装的功能，卡牌等级越高越珍稀，卡牌里的服装也越精致越好看，而普通卡则是抽卡游戏中出现概率最高、最普通的卡牌，因此配套的服装也是最基本、最普通的，雨狸这里的比喻是强调该服装的普通。

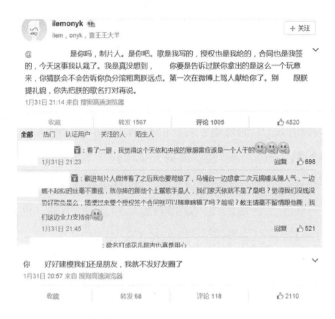

**图 6-4　产消者维护权时采用具有自我意识和强烈情绪的语言**

其次，产消者在"抗拒"的语调中大量使用第一人称"我"或"朕"（产消者）和表示激动情绪的语言，表现出强烈的自我意识和情绪，调动场域内其他行动者的情感，强调抗拒的程度 (b21, b22, b23)。例如，《花儿纳吉》是使用"洛天依"和"言和"两位虚拟数字人进行演唱的个人原创曲，作者将其授权给湖南卫视小年夜晚会，为了表达对舞台效果和打错歌名的不满，该作者使用了"朕"作为第一人称彰显地位的悬殊，强调自身与湖南卫视是授权与被授权的关系，通过语言凸显作者身份，同时还采用了部分表示愤怒情绪的言论，例如"滚粗""负分""这么一个玩意" (b21, b22)，这些富含愤怒情绪的语言引起了作者粉丝群体的共鸣，对湖南卫视在公告中的"用心准备这次合作"表示驳斥。①

---

① 该段文字取自《花儿纳吉》作者个人微博，发表于 2013 年 1 月 31 日 21 时 44 分，原文为"是你吗，制片人。是你吧。歌是我写的，授权也是我给的，合同也是我签的，今天这事我认栽了。我是真没想到，** 你要是告诉过朕你拿出的是这么一个玩意来，你猜朕会不会告诉你负分滚粗离朕远点。第一次在微博上骂人献给你了。别 ** 跟朕提礼貌，你先把朕的歌名打对再说。"其中 ** 为表达愤怒的敏感词。

2.形象建构：产消者"为爱发电"的情怀，纯爱好与非营利

为了在场域内外行动者中获得支持与信任，除了抗拒以外，产消者还使用形象建构的策略。产消者会在话语中强调内容生产的非营利性及对虚拟偶像的喜爱，早期几乎都是以"为爱发电"①(a25)的心态参与内容生产。话语中主要表达四类内容生产动机：其一，强调兴趣使然。产消者的目的是"做自己想做的事情就可以了"(a11)，不要把"兴趣"弄得"累"和"有负担"，创作让自己"开心的东西"(a11, a29)。其二，强调能力展示的机会。通过以人声合成技术为基础的虚拟数字人完成作品，能够让该形象被更多的受众感知，它是"一个能力展示平台"(a31)，能够展示作品和实力，并"没有什么特别多的商业性的东西"(a28)。其三，强调共勉作用。产消者的初衷在于"分享"，与受众互动，"通过投稿影响别人"(a30)，希望自己的作品能够给予他人"从颓废改变，从抑郁脱身"(a13)的力量，陪伴受众"熬过漫长的时光"(a13)。其四，强调自我实现。"为爱发电"是为了成就自己，实现自我，"之前从来不听歌，甚至对音乐存有排斥心理，现在准备开始自学乐理，未来如果有机会也想尝试一下唱片公司的工作"(b57)。

此外，产消者的歌手话语中虽然强调自身的非营利性，但同时也强调经济支持的重要性，存在"预防接种"（罗兰·巴特，2016）式的话语特质。具体到本书的研究语境中，即产消者在维护歌手言论时承认产消者需要盈利和流量，承认需要"恰饭"（吃饭）(a24)，内容生产的时长和工作繁多(a26, a28)，并非完全不计较"投入产出比"(a24)的时候，其实是在维护，因为预防接种得出的结论是：产消者虽然需要考虑生计问题，但这也是为了保证其长期生产虚拟偶像相关的内容，建立"良性盈利体系"是为了"留存更多的创作者"(a24)，有利于虚拟偶像的发展。

---

① "为爱发电"是网络用语，意思为原创者在没有经济收益的情况下进行内容生产劳动，凸显其为了自己热爱的事情，可以不计时间、精力、财力等成本付出努力，这代表着他们的艺术创作十分艰难。

3. 担忧：表达对自身处境的担忧和积极寻求

向场域内的行动者表示"担忧"是指，如果官方团队执意要将技术和虚拟形象剥离，技术载体作为踏板将被任意更换，甚至抛弃，产消者将在虚拟偶像的发展蓝图中"消失"（a14, a23）。

以"担忧"为基调的话语，首先强调虚拟偶像的发展方向可能会导致舍弃原有技术载体 VOCALOID 或使其边缘化，产消者将不再是其目标受众。例如，强调以中文人声合成技术为基础共同构建虚拟数字人是理想化产物，为之努力而形成的团队是非常宝贵且脆弱的，"圈子本身的维护非常困难"（a28）。在中国发展的七年来之不易，它是"一小片纯真、脆弱，乃至有些幼稚的幻想乡"（a27），未来可能会"消弭"（a26）；强调虚拟偶像 VOCALOID 相关内容的生产和影响力"逐渐下滑"，很多产消者"来了又走，走了又来"（a28）；强调虚拟偶像会因为产消者的离开而失去一部分产消者的粉丝，这样下去"受众群的脑海里早晚会没有'P 主'这个概念"，"早已不是我当年喜爱的那个'洛天依'了"。

其次，强调产消者与虚拟歌手发展密切相关，"创作者和虚拟歌手是相辅相成的"（a25）。一方面，呼吁官方团队能够重视 VOCALOID 技术的开发与升级，强调"技术上的突破性提升"对虚拟歌手和内容生产的积极作用。例如，歌声系统突破性提升可能掀起新一轮"虚拟歌姬的热潮"（a15），开启"创作大爆炸时代"（a15）。另一方面，呼吁场域内的其他行动者更多地关注"幕后的创作者"（a10），为产消者提供更多"自我宣传"和"自我提升"（a10）的途径，更多地关注产消者，"且行且珍惜"（a23）。

## 五、偶像话语基调：情感属性与用户黏度

偶像话语的情感基调（general tone）天然与资本靠近，具有更强的情感属性，更强调用户黏度。在偶像话语中，既有掌权者一方面表达对偶像市场的信心和乐观的态度，另一方面试图向话语接收者示好，树立虚拟偶

像的产品形象，在场域外与品牌建立合作关系，建立信任感。

## （一）前景乐观：偶像市场巨大

既有掌权者注重研究虚拟偶像话语的用户群体画像，会在偶像话语中表达该类型用户群体的消费意愿，透露出对虚拟偶像市场的信心。首先，使用量化的表述方法强调旗下技术型虚拟歌手转型为虚拟偶像的粉丝基础。例如，虚拟偶像洛天依的所属公司负责人曹璞在描述洛天依从歌手到偶像的转型时，强调洛天依在五年的时间内积攒"千万级粉丝"，其原创曲目在哔哩哔哩的点击量"超过500万"，在表达虚拟偶像商业代言数量增长趋势时，则将2015年和2016年的代言数量作比较，表示"翻了很多倍"。其次，通过描述旗下虚拟偶像的用户画像，表明虚拟偶像的用户群体与偶像市场的目标群体具有高度重合性，让场域内外的行动者相信其偶像化运营的方针。例如，禾念品牌商务总监程若涵强调粉丝"以15～25岁为主"，是"Z世代的年轻群体"，有展现才华的诉求，善于"表达自我"[a22]。

值得注意的是，除了直接表达对偶像化运营的信心外，偶像话语还强调虚拟偶像在市场中异于真人偶像的独有优势和粉丝的消费能力，强调差异化发展，降低业界对其在偶像市场残酷竞争中生存可能性的担忧。典型言论如下：强调虚拟偶像的优势，虚拟偶像和"三次元爱豆没有可比性，因为人会犯错而虚拟偶像不会"[a6]，与"三次元爱豆"相比，虚拟偶像"更加完美"[a20]，粉丝"自定义"虚拟偶像形象，与其说虚拟偶像的特质"与粉丝们契合"，不如说虚拟偶像身上体现了粉丝的"审美"[a22]；强调虚拟偶像粉丝群体的忠诚度与消费能力，表示虚拟偶像线下演唱会"定制票预售一空"。

## （二）维系与产消者之间的关系，期盼与场域外品牌商进行合作

除了"前景乐观"外，官方团队还对场域内外的行动者示好，表达对

加深商业合作程度的期盼，继续保持与产消者之间的良好关系。这类话语基调具体体现在三个方面：1. 向产消者示弱，加深对产消者及其作品的保护。2. 建构官方团队自身的正面形象。3. 通过讲述与既有品牌方建立的合作关系，增强场域内行动者对偶像化运营的信心。

1. 示弱：不会降低对产消者及其作品的重视度

向虚拟偶像内容生产场域内的既有行动者"示弱"，指官方团队在话语中表明旗下虚拟偶像的偶像化运营不会降低对产消者的"重视"，不会对产消者在虚拟偶像内容生产场域中的地位造成威胁。

以"示弱"为基调的话语，首先，强调偶像化运营的目的是虚拟偶像生存的大势所趋，通过偶像化运营帮助技术型虚拟偶像"出圈"，将产消者的作品推广到更大的平台，更好地支持国内 VOCALOID 虚拟偶像相关的 UGC 市场，而不是埋没产消者的作品。不同虚拟偶像的官方团队在多种场合中谈及为什么要偶像化运营，积极与更大的平台合作，增强虚拟偶像的影响时，均曾采用正面肯定的表达方式。例如，现任天矢禾念集团董事兼总经理强调"宅圈和 UGC 内容永远会是洛天依的根"[a2]。原虚拟偶像洛天依所属公司创始人和现任虚拟偶像心华所属公司负责人任力同样表示"我们没有放弃，也不会放弃 UGC 音乐"，虽然国内 VOCALOID 虚拟偶像的 UGC 内容市场尚未成熟，但"会尽可能地去支持年轻一代创意者"[a18]。虚拟偶像星尘所属公司负责人李迪克则强调，为了在经济上保证产消者的内容生产活动，"以前我们通常是买歌，现在都开始进行深度合作，签约或是聘请全职作者"[a19]。

其次，"示弱"语调还体现在"面对 UGC 内容和 PGC 内容，孰为虚拟偶像内容主要来源"这一关乎虚拟偶像内容生产模式的经典问题，官方团队反复表示对用户生产内容的认可。尽管官方团队的优势资源在于经济资本，通过聘请专业音乐人士生产内容更能凸显其优势，但为了维护与核心用户（包括产消者及其粉丝群体）的关系，官方团队在偶像话语中公开多次承认和肯定了有利于产消者的"UGC 内容生产模式"和"VOCALOID

同人圈"的发展逻辑，并试图将两种既有逻辑相融合，具体表现为官方团队指出歌手话语下的 UGC 内容生产模式在创作方面的弱点，在尚未克服该弱点前，先以"偶像化运营"和"PGC 内容生产模式"辅助。例如，在虚拟偶像洛天依所属公司负责人曹璞的言说中，偶像化运营是因为行业仍处于"萌芽时期"，技术型虚拟偶像的主要变现途径是"形象授权、游戏广告以及线下售票"，公司未来不会放弃"在内容和技术上持续投入"(a2)。再如，强调中国市场缺少"良好的文化消费习惯"和"成熟的文化消费产业链"，不能照搬日本虚拟偶像初音未来采用 UGC 内容生产模式的成功经验，在中国尚未形成"高生产内容到高质量消费内容"的成熟市场前，PGC 是必要的发展过程(a18)。这里通过强调采用 PGC 只是过渡性的策略，UGC 内容生产模式才是核心，其实隐喻了选择专业人士内容生产模式是无奈且暂时的，拥有经济资本的官方团队不会取代以创作资源为优势的产消者。

2. 形象建构：打造中国虚拟偶像，有情怀有抱负

官方团队为了赢得场域外商业品牌和投资方的信任，减少产消者等核心用户的抵触情绪，还使用了形象建构的策略。"形象建构"话语一方面采用否定的表达，强调偶像化运营不是为了短期盈利，而是为了长远发展，强调自身早期投入巨大金额——"为了打造虚拟歌手，禾念近两年投入了数千万"(a4)，宣布目前为止"一直在投资""成本比赚回来的钱仍然多几十倍"(a8)。

另一方面，官方团队在表述中常常加入"中国"(a1, a8)等强调民族意识和国家情怀的话语，加入情感因素，以拉近与话语接受者的关系。当谈及发展虚拟偶像、进行偶像化运营时，此类话术弱化了资本的追利目的，强调民族情怀。典型话语如对中国经济有信心的话语——"对于虚拟偶像在中国的发展，我们的期待很大"(a8)。

3. 期盼合作：述说既有合作经历，建立信任感

建立信任关系的话语策略表现为通过讲述与商业品牌合作的成功经历，建立与投资方和商业品牌的信任感。首先，列举与生产者和商业品牌

之间的合作经验，官方团队的偶像话语的目标受众是商业品牌方，侧重讲述与产消者作品和商业品牌的合作经历及其为品牌带来的利益。例如，虚拟偶像洛天依与淘宝直播间和天猫商城合作，商业宣传广告语是"生活当燃要打破次元壁"，担任"天猫 618 虚拟偶像助燃大使"[b12, b13]，将更多二次元用户引流到商业品牌指定的平台，被"二次元粉丝们的弹幕刷屏"，"洛天依上线后，在线观看人数高达 270 万，近 200 万人打赏互动"[a31]。

建立信任感的第二种表现是，在述说既有合作经验时使用第一人称，尽可能将虚拟偶像的人物设定与品牌特点相结合，拉近用户群体与品牌方的距离，同时，表现出官方团队的认真与用心，为后续合作打好基础。典型话语包括：强调自身能为品牌带来的价值，例如与游戏品牌合作，官方团队模仿洛天依的口气以第一人称强调游戏中可以为其"换装"和"各种约会情节"，让更多的用户为了与洛天依互动而选择这款游戏；强调对与商业品牌合作的重视，官方团队从商业接洽到最后呈现"耗时约一个月"[a20]。

## 六、话语接受：受众的解读与回应

面对虚拟数字人的偶像话语和歌手话语，受众对这两种话语也有自己的解读（reaction）。一方面，参与建构的产消者对偶像话语的异质性解读，表现为质疑偶像发展路线的可行性，强调已有成功案例的歌手路线的优势；另一方面，面对偶像话语被质疑，部分官方团队开始在与产消者和消费者的用户群体互动的社交媒体平台明确表示认可和使用歌手话语，选择表面上遵循产消者的意愿逐渐采用歌手话语，而在日常表达中潜移默化地使用偶像话语相关的概念，在向商业品牌和投资方宣传时仍采用偶像话语。

## （一）产消者择木而栖：拥抱歌手话语和抗拒偶像话语

1. 对偶像话语的质疑：缺乏核心竞争力，丧失原有优势

随着虚拟偶像的概念在中国二次元产业中日益兴起，官方团队为了迎合市场与资本，试图将偶像运营作为虚拟数字人主要的发展路线，官方团队的"左右逢源"让以产消者的作品和技术推广作为主线的歌手发展路线式弱。偶像话语强调虚拟数字人的形象与人物设定，强调偶像属性意味着以虚拟数字人的个人魅力为核心进行运营和管理，内容是其形象和人物设定的载体，内容创作是为展示其形象与突出其人物设定服务，内容成为辅助型工具。偶像路线对于在文化资本上占据优势的产消者的打击是巨大的，若不再将人声合成技术与虚拟偶像进行绑定，而是单独凸显虚拟偶像的外形和人物个性，那么数量大、成本低、质量参差不齐的用户生产内容将不利于人物设定的稳定，将不再作为公司重点发展和支持的对象，产消者的作品退居二线。相对而言，保证质量但成本较高的专业人士生产内容将占据优势，产消者失去了将文化资本转化为经济资本的途径，参与虚拟偶像相关内容生产的产消者将越来越少。部分产消者对偶像话语表示消极且悲观，不认为"VOCALOID饭圈化"是好事 (b7)，具体从以下几点驳斥对产消者不利的偶像话语。

其一，"偶像"的发展模式下，"人物设定"大于"内容本身"，而技术型虚拟偶像的优势在于其是支持个人定制的"完美偶像"，但也意味着缺乏一致的人物设定，而以内容为重的歌手话语则更能发挥技术型虚拟偶像的优势。技术型虚拟偶像的粉丝认为"一千个洛厨（虚拟偶像洛天依的粉丝）心里，会有一千个洛天依（虚拟偶像）" (a6)，在每位粉丝心中都是完美的虚拟偶像，不可能有稳定且统一的形象和人物设定。除了基本的人物设定外，声库是洛天依（技术型虚拟偶像）最突出且"近乎唯一的特质" (a9)，由于非内容型虚拟偶像"没剧本" (a9)，意味着人物设定没有连贯且稳定的优质内容支持，与同时期以"Lovelive！"和"Bang Dream"为代

表的内容型虚拟偶像相比，非内容型虚拟偶像缺乏长篇连贯的内容支撑，而技术型虚拟偶像的内容主要依靠产消者，产消者是分散且独立的，很容易生产出"互相矛盾的二设（二次人物设定）"[a9]，而官方团队在内容生产上的弱势导致没有部署虚拟偶像相关的动画和游戏等大型内容产品的生产未得到部署。

其二，"偶像"需要强有力的曝光渠道，而成本和技术限制使其很难达到"奇观式"[a16]效果吸引用户眼球。一场虚拟偶像的线下演出的成本在 3 万—30 万，远高于真人偶像，线下演出中要达到吸引眼球、惊艳观众的效果则需花费更多的成本，技术型虚拟偶像主要通过参加湖南卫视等传统大众媒体的演出和晚会来推广形象[a9]，但技术缺陷和资金缺乏都会对演出的最终效果产生影响。通过这种在大众媒体的形象推广的确能够让"更多人参与进来，了解"[a33]洛天依等技术型虚拟偶像，但通过认识而转化为粉丝的数量非常有限。声库本身的缺陷[a9, a15]阻碍了技术型虚拟偶像的"偶像"事业。

其三，"偶像"需要制造话题，由于舆情传播特点，制造具有高曝光度且成本低的话题往往会对形象造成负面影响，不利于虚拟偶像在中国青少年心中树立良好形象，保证长期良好发展。中共中央、国务院在 2017 年印发了《中长期青年发展规划（2016—2025 年）》，其中明确提出了青年文化方面的发展目标和措施。能否在青少年群体中树立积极向上的健康形象决定了虚拟偶像能够在中国市场走多长和走多远，而虚拟偶像由于缺乏实体支撑，很容易产生负面形象。虚拟偶像洛天依就曾因为"假唱"多次登上微博和贴吧等社交媒体平台的热搜榜。例如其中一次制造"假唱"话题登上社交媒体热搜榜的是在产消者中颇具影响力的 PV 制作人墨兰花语，2016 年她通过个人微博账户发表"洛天依你果然假唱，口型都对不上"[b8]的微博，本来是一个玩笑，但由于社交网络中的信息呈现碎片化和病毒式传播，很多人完全不了解虚拟偶像，误以为虚拟偶像是一位假唱的真人歌手，"假唱"就不再是一句幽默的玩笑，话题的传播反而为洛天依带来了负面影响。由于虚拟偶像"假唱"的负面形象逐步扩散，官方团队对该设定的态度也从调侃①<sub>(b9, b10)</sub>、玩笑的态度转变为严肃处理"假唱"等负面话题，引导粉丝正确冷静看待②<sub>(b11)</sub>，通过大家团结的方式对"莫须有指控"<sub>(b11)</sub>进行最有力的反击。

2. 拥抱歌手话语：强调用户生产内容的关键性作用

在歌手话语中，与受众建立情感联系的是产消者，是虚拟偶像相关内容的生产者，而虚拟偶像是连接两者的桥梁。与之相对的偶像话语则强调虚拟偶像本身与受众之间的关系，产消者是展现虚拟偶像魅力的工具，内容是为了烘托虚拟偶像人物本身，使其更加具体和鲜活。挑战者为了捍卫其自身利益，提升自身优势资源的评价，通过结合技术型虚拟偶像的基本特点与"歌手"路线背后的发展逻辑，逐步消解偶像话语。

歌手话语的总体叙事建立在一个大前提之上：以人声合成技术为基础的技术型虚拟偶像的根基在于为产消者提供人声合成服务，将曲谱转为歌声。"技术工具"叙事包括两个层面：产消者在虚拟偶像相关内容生产中的主体地位和提高产品性能是虚拟偶像发展的必要出路。首先，"工具"叙事强调产消者内容生产的主体地位，产消者使用虚拟偶像生产自己的内容，而不是为了虚拟偶像生产内容。在这个叙事层中，产消者主要呈现既是虚拟偶像人声合成技术的用户，也是参与虚拟偶像建构的内容生产者，尤其强调产消者与用户之间的连接关系。例如，"人声合成技术本身是一个可操纵的歌手或乐器"，歌手或乐器商业化途径依靠"音乐作品"<sub>(a9)</sub>，受众关注的是"幕后的创作者"，产消者选择使用虚拟偶像生产内容是为了

---

① b9 原文为"上热门我是开心的，但是怎么哪里不太对呢？😂#湖南卫视春晚洛天依#"；b10 原文为"😐严肃点，身为歌手这样被质疑#洛天依#你是要上天啊。勒令你放下手中的包子糖葫芦驴打滚和大虾回去练歌，不能真唱憋想出来[doge]"。

② b11 原文为"任何一个公众人物，都要面对粉与黑。任何一个公司，都会遭遇恶性竞争。致关心我们的人：请温和、请冷静，请不要被心怀恶意的人引导。面对天依假唱等莫须有指控，面对言和黑花样百出的恶意挑衅，一一回应并无法保护她们。Vsinger6人好好发展，大家团结，才是最有力的反击。"

"自我提升和自我宣传"[a10]，"做自己想做的东西"[a11]，表达"完全忠于我内心的东西"[a12]。在阐明生产虚拟偶像相关内容的理由后，产消者指明是其内容作品与受众建立关系，希望自身的作品"能改变你（受众），支持你（受众）"，为受众提供"正面的引导"[a13]。

如果说第一层叙事是铺垫，那么第二层叙事则是"工具"主题的集中体现，产消者提出工具使用者的诉求——提升工具（VOCALOID 人声合成技术）的性能。技术载体和虚拟偶像两者从前是"依附关系"[a14]，虚拟偶像是依托技术衍生出来的，虚拟偶像作为歌手需要依靠优质的音乐作品发展，而虚拟偶像音乐内容的"词曲编"不是"最短的短板"[a9]，音源和技术本身"Bug（缺陷）和不自然的声线"[a9, a14, a15]是阻碍虚拟歌手（偶像）发展的最主要问题。产消者是相关技术的主要使用者，他们认为障碍技术型虚拟偶像发展的根本原因是技术的瓶颈，"民用化软件在拟真技术上已经触到天花板"[a15]，呼吁官方团队应该将重心放在技术工具的性能上，通过"技术上突破性提升"再次创造出另外一个"创作大爆发时代的初音未来"[a15]。

### （二）官方团队对两种言语的解读与回应

官方团队的偶像言论受到了以产消者为主的核心用户群体的反对，但品牌方、投资方和相当部分的消费者对偶像话语表示接纳。通过话语分析可以发现，在技术型虚拟偶像的建构进入形式运演时期（2019 年至今），以人声合成技术作为主要载体的虚拟偶像官方团队考虑到虚拟偶像内容生产场域的可持续发展，部分官方团队开始意识到产消者掌控文化资源的重要性，再次明确表示对歌手话语的认可。与此同时，伴随虚拟偶像产业的兴起，越来越多的商业合作品牌方和消费者接受偶像话语，国内外成熟的偶像产业的用语渗透到官方团队的日常表达中，偶像产业相关的术语潜移默化地渗透到歌手话语中。

### 1. 对歌手话语的明确认同

官方团队对歌手话语最积极的回应是旗帜鲜明地表示认同。通过话语分析可以发现，对歌手话语的认可广泛存在于官方团队与以产消者为首的用户群体的话语之中，应用场景主要是官方团队和用户交流的各大社交平台。官方团队对歌手话语的认可具体体现在两个方面。一方面是官方团队对旗下虚拟偶像定义的演变。例如在各大社交平台和官方网站中，世界首位以 VOCALOID 人声合成技术为载体的技术型虚拟偶像洛天依的官方团队对其旗下虚拟形象的定义从 2014 年的"虚拟偶像歌手"[b25]，逐渐演变为 2021 年的"虚拟歌手①"[b26-b31]，而其他的官方团队公司也将旗下虚拟形象定义为"虚拟歌姬"[b32, b33]，洛天依所属公司对其定义的更改[b25, b26]能很好地体现官方团队对虚拟偶像的认识建构的演变；另一方面是官方团队在各大社交平台中均以第一人称歌手的身份运营其认证账号，例如在 2019 年以后，洛天依微博官方账号的日常更新内容中只以"歌手"[b34-b38]自称，其官方运营团队也称呼洛天依为"旗下虚拟歌手"或"Vsinger"（英文虚拟歌手 Virtual singer 的缩写）[b39-b41]。例如，洛天依以第一人称介绍自己："我是洛天依，Vsinger 虚拟歌手。"[b35]日常与受众的互动中也积极从侧面强调歌手身份，表达"歌曲"[b42]、"音乐"[b43]和产消者的创作对洛天依的重要性。

---

① 2021 年禾念公司官方网站中在介绍旗下虚拟数字人时使用"跨越次元 × 虚拟歌手"为标题，简介为"引进雅马哈世界顶尖的 VOCALOID 人声歌声合成技术，拥有世界顶尖的中文 VOCALOID 声库开发技术。基于该技术开发了世界首位中文歌姬－洛天依，创立以虚拟歌手经纪为核心的 Vsinger 品牌并发展了旗下多个虚拟形象，通过音乐作品、演唱会、影视作品、周边商品、授权合作等内容全方位挖掘虚拟歌手的 IP 价值。"

**图 6-5　2014 年洛天依被官方团队认证为"虚拟偶像歌手"**

**图 6-6　2021 年洛天依被官方团队认证为"虚拟歌手"**

另一方面，官方团队在各大社交平台中以产消者拥护的歌手话语与受众互动的同时，也积极以话语承诺和实际行动针对产消者提出的经济困难和技术载体开发速度慢的两项诉求做出回应。针对产消者由于经济问题无法继续从事创作的诉求，官方团队积极开展创作征集比赛等创作活动或在官方账户中推广优秀内容 (b44, b48-b50)，给予产消者一定的经济支持和推广机会。例如，2017 年上海禾念举办的"Vsinger 创作征集大赛"，不仅提供 1000～10000 元的创作奖励，同时将在"Vsinger Live 2017 洛天依全息演唱会"中现场表演金奖曲目，对于创作者而言是非常好的自我展示和自我宣传的机会；针对产消者对人声合成技术研发的需求，官方团队一方面在微博上积极更新声库研发的进展 (b45-b47)，升级已有虚拟偶像的声库技术，另一方面为新虚拟形象开设官方账号，宣传声库和周边，也通过日常动态更新，与受众互动，塑造虚拟形象的人物性格 (b49, b50)。

2. 对偶像话语有意无意的运用

虽然官方团队在 2019 年以后基本不在官方网站和官方社交账号中将旗下的技术型虚拟偶像称为"偶像"，而是以拥有原创歌曲的"歌手"来塑造，但在歌手话语中呈现出了对偶像话语的积极回应。例如，有意无意地使用偶像话语中的概念，将"应援" (b2, b36, b40, b51–b53)、"粉丝" (b58, b55)、"养成" (b42, b55) 和"人设" (b42, b55) 等与偶像产业密切相关的概念变为场域的核心议题。

首先，通过分析技术型虚拟偶像建构的形式运演时期（2019 年后），官方团队的歌手话语中渗透了很多偶像话语的概念，很多歌手话语中的既有概念被替换，如官方团队会在各种官方认证渠道中强调旗下的"她"或"他"是歌手的同时，高频率地使用偶像话语中的概念替代既有概念——感谢受众的支持的同时，使用偶像产业中的概念"应援" (b2, b36, b40, b51–b53) 而不是既有概念"支持"。除此以外，官方团队喜欢在话语中加入与"偶像养成"相关的话语，强调旗下虚拟偶像的在场，如"时时刻刻陪伴在你们身旁" (b42)、"成长" (b42, b43)、"一路陪伴" (b42, b54)，并不强调作为歌手相关的日常信息，如提升唱功或练习歌曲等。

其次，通过分析形式运演时期（2019 年后）网络上关于以中文 VOCALOID 为载体的技术型虚拟偶像的文章和报道可知，偶像话语对虚拟偶像的"偶像"建构已经被内容生产场域内外的众多行动者接纳，其中掌握经济资本和文化资本的投资方、品牌方和财经类媒体对偶像话语最为认可，以在中国市场中影响力最高的中文 VOCALOID 虚拟偶像洛天依为例，在谷歌搜索引擎中分别将洛天依与"虚拟偶像"和"虚拟歌手"匹配检索，结果显示，在 2019 年 1 月 1 日至 2024 年 6 月 3 日的时间段中，洛天依与"虚拟偶像"并列搜索的检索结果数量为 203000 条，而洛天依与"虚拟歌手"的并列搜索结果为 68400 条，由此可知，内容生产场域内外的行动者对洛天依的偶像身份和歌手身份均有一定的认可度，但对偶像身份在网络空间中的认可度要远远高于歌手身份。

最后，在虚拟偶像内容生产场域的外部——虚拟偶像产业链的下游，官方团队在政治宣传和商业宣传中则主要强调虚拟偶像的青少年为主的粉丝群体和消费能力，品牌方在与虚拟偶像进行商业合作时，主要考虑的也是虚拟偶像的人物设定和粉丝群体与品牌的匹配程度，在各种商业合作中会强调虚拟偶像的人物设定，关注虚拟偶像的目标受众——青少年群体。

2019 年 1 月 1 日至 2024 年 6 月 3 日结果数量对比

**图 6-7　洛天依与"虚拟偶像"和"虚拟歌手"匹配的检索结果对比**

## 小　结

本章从主观话语策略视角聚焦结构变迁与行动者策略之间的关系，探讨既有掌权者如何运用话语建构策略巩固或争夺虚拟偶像认识建构的权威性，而挑战者又是如何通过话语建构策略维护或改变场域中既有行动者对何为虚拟偶像的评价标准（RQ2.1）。

首先，运用批判话语分析方法，分析了虚拟偶像内容生产场域的主观结构特点。首先，笔者发现虚拟偶像认识建构的天然掌控者——官方团队，在 2012—2018 年（前思维运演时期和具体运演时期）对虚拟偶像的定位暧昧不清，在"偶像"和"歌手"的两种身份中左右摇摆，这说明官方团队认为当前虚拟偶像在中国的发展前景尚不明朗，具有很多不确定性，为顺应不同群体的需求采取不同的话语，如在与投资方和品牌方沟通时更喜欢强调"偶像"的变现能力，而在与产消者沟通时则更强调"歌手"的辅助身份。

其次，聚焦既有掌权者和挑战者在主观结构方面分别采取怎样的话语策略。一方面，分析既有掌权者（官方团队）为了维持自身占据优势的经济资本和政治资本在场域中关键性资源的评价，巩固其偶像化运营的合法性，倡导旗下技术型虚拟形象应该从技术和用户内容推动的"歌手"路线转变为以形象和人物设定推动的"偶像"路线；另一方面，关注挑战者（产消者）为了争取提升自身占据优势的文化资本在场域中的关键性资源评价，改变场域中的行动者对内容的关键性资源评价，认为失去技术和用户生产内容的"偶像"路线将使技术型虚拟偶像失去核心竞争力，强调用户生产内容才是建构技术型虚拟偶像的关键性资源。

最后，本研究从接收方的角度分析官方团队和产消者对两种话语策略的解读与回应。通过分析可知，产消者选择拥抱歌手话语，质疑偶像话语，他们认为以人声合成技术（VOCALOID）为载体的技术型虚拟偶像将失去核心竞争力，丧失原有的优势，用户生产内容是技术型虚拟偶像建构的关键性资源，应积极推动技术研发和建立良好的内容创作生态圈；与之对应，官方团队则开始意识到产消者掌控的文化资源的重要性，再次明确表示对歌手话语的认可，但在歌手话语中呈现出了对偶像话语的积极回应，为满足政治组织和商业资本的需求，有意无意地使用偶像话语中的概念代替既有概念。

# 第七章 共塑"偶像"：依赖关系
## 的维系与颠覆

上一章中，我们探讨了话语策略是如何影响虚拟偶像的，行动者游走于偶像话语和歌手话语之间，不同的话语策略在内容生产场域中穿梭，在主观层面影响虚拟偶像的内容生产场域。借助内容分析和批判话语分析揭示了场域中既有掌权者（官方团队及其合作者）和挑战者（产消者）的策略，一方面探讨既有掌权者如何维护既有的虚拟偶像认识框架，维系场域中其他行动者对虚拟偶像的界定和评价标准，削弱其弱势资源的重要性，从而巩固自身对虚拟偶像认识建构的权威性；另一方面探讨挑战者如何通过参与虚拟偶像的认识建构，改变场域中其他行动者对虚拟偶像的界定和评价标准，为其占有的资源在群体中赢得更多的认同，从而获得争夺虚拟偶像认识建构权的合法性。

本章将聚焦于客观层面，探讨哪些具体的措施会对虚拟偶像内容生产场域造成改变，作为场域中掌权者的官方团队与挑战者的产消者，分别会采取怎样的策略，尝试回答"掌权者和挑战者的策略与虚拟偶像内容生产场域的结构变迁有何关系"这一问题，即回答既有掌权者和挑战者实施的哪些策略更为有效，能够为其在场域中赢得更强的影响力和支配力。

## 一、权力依赖理论：虚拟偶像内容生产场域中的权力依赖关系

本部分的理论分析将会引入社会交换理论的重要分支——权力依赖理论（power-dependence）视角。埃默森（Richard Marc Emerson）在博士

论文中提出社会交换理论的分支——权力依赖理论，并将网络分析引入社会交换理论研究中。他认为，"权力"是行动者可以迫使另一行动者付出的潜在的代价水平，而"依赖"则是伴随行动者接收到的潜在代价水平而来的一种关系（Emerson，1972：64）。

在应然的理想状态下，处于交换关系中的双方的关系是平衡的，即行动者 B 对行动者 A 的权力依赖与行动者 A 对行动者 B 的资本依赖相等（$P_{BA}=D_{AB}$）。然而，在实然的现实状况下，权力双方的关系处于一种动态平衡的状态，由于各种外界因素干扰和策略变动，两者的权力关系是游走在平衡与不平衡之间的。若 A 对 B 拥有权力，即意味着行动者 B 对行动者 A 有依赖（此处的 A 和 B 代表一个单位，可以是个人或群体）。权力的不平等将导致 A 与 B 关系的"不平衡"，而这种不平衡又会最终走向"平衡"（乐国安，汪新建，2011：168）。

为了解释结构属性和某一现存交换关系动因，埃默森认为权力是行动者之间产生交换关系的基本动因，例如"A 对 B 的权力（P）等于 B 对 A 的依赖（D）"（Emerson，1962），可表示为 $P_{AB}=D_{BA}$（正向函数）或 $P_{BA}=D_{AB}$（负向函数）。当行动者 A 与 B 彼此间的权力依赖与资源依赖相等时，即 $P_{AB}=D_{BA}$ 时，两者的关系平衡，反之则不平衡。当两者的关系处于非平衡状态时，权力处于弱势的一方对强势的一方可能采取两种态度，一种是减少对强势一方的依赖，具体策略可以通过降低强势一方提供的资源、报酬的价值或引入替代性来源满足自身需求；另一种是增加对强势一方的依赖，埃默森认为，两者互相依赖的程度越高，关系就越紧密，两者的冲突耐受度也更强，具体策略可以提高强势一方提供的资源价值或减少替代性资源的使用（Emerson，1972）。

在客观结构层面，变革期的掌权者会试图重建旧秩序，通常会借助内部场域的管理者和外部场域的同盟协助，在变革期的争斗中，往往是经济资本、文化资本和政治资本占据优势的掌权者能抵御带来的变动，重新建立旧秩序，但在某些特殊的情况下，挑战者也能够成功冲击掌权者的旧秩序，逐渐制度化新实践和新秩序，通常这些挑战者会采取创新的行为，灵敏地通过创新方法把握机会，向场域的中心位置逼近（Fligstein & McAdam，2012：22）。场域中行动者采取的策略方面：

1. 对于掌权者而言，既有掌权者为了维护其原有的旧秩序，增加挑战者和新参加者对其依赖，会重点提高给予挑战者的资源的价值，同时减少挑战者可以接触到的替代性资源。他们维持权力依赖关系的保守策略通常从以下两个方面展开：其一，运用场域中的有效资本——经济资本、政治资本和文化资本等，维持场域中的行动者对关键性资源的评价。例如，鼓励符合虚拟偶像既有认识框架的内容的生产与传播，让宣扬虚拟偶像正面健康形象的内容占领场域，维护旗下虚拟偶像的正面形象与品牌价值。其二，提高给予挑战者的资源的价值，并减少挑战者可以接触到的替代性资源。例如，积极与有影响力的产消者合作生产优质内容，通过经济奖励等方式鼓励有专业技术和能力的内容生产者积极参与，同时积极举办线下全息投影演唱会等方式增强旗下虚拟偶像的核心竞争力，树立行业标杆，提高其他虚拟偶像得到受众认可的准入门槛。

2. 对于挑战者而言，挑战者为了争夺虚拟偶像的认识建构权力，就需要改变其在虚拟偶像内容生产场域的边缘地位，尽可能地采取策略降低对既有掌权者的依赖，具体路径有两条：第一是通过增强自身优势资本，加强既有行动者对自身的依赖；第二是降低对对方优势资本的依赖。改变权力依赖关系的颠覆策略将从以下两方面展开：其一，运用话语建构策略改变虚拟偶像的既有认识框架，改变场域中的行动者对关键性资源的评价；其二，通过增强自身优势资本，加强既有行动者对自身的依赖，另外是寻找替代性资源，降低对对方优势资本的依赖。

虚拟偶像的认识建构是一个动态演化的过程，官方团队和产消者之间的权力关系也处于动态平衡的过程，在不同的阶段，两者各自拥有不同的优势资本，占据优势资源的一方会让两者权力关系暂时处于不平衡的状态，随着两者采取不同的策略，最终达到动态平衡。

## （一）虚拟偶像内容生产场域中挑战者的策略

在虚拟偶像刚刚面向市场的引入期阶段（前思维运演时期），技术型虚拟偶像的形象定型和人物设定由官方团队紧握，此时官方团队与产消者的关系是不平衡的，官方团队的权力要远远大于产消者。由于需要更高的市场接受度和更广的用户市场，官方团队试图改变现有的资源依赖关系，试图将版权等文化资本转化为劳动力资本，让更多的用户接触和参与到虚拟偶像的建构之中。相对而言，虽然产消者在虚拟偶像建构方面的权力依赖处于劣势，但产消者通过优秀的内容创作能够吸引更多的受众扩大市场，绝对的人口基数优势也意味着富饶的劳动力储备，这些都是产消者在这段关系中的优势资源。

在此阶段，官方团队占据优势，他们对用户群体参与建构虚拟偶像的实践行为总体上是支持且放任的，然而两者的权力尚处于不平衡的状态，产消者为了能够在内容生产场域中获得更多的建构权来塑造符合自身理想的虚拟偶像，就需要提高官方团队对其资源的依赖程度，同时降低自身对特定虚拟偶像官方团队的资源依赖。具体而言，产消者可以采取以下两大类措施提升自身资源的优势，并降低对官方团队资源的依赖度。

一是在主观结构层面建构意义和逻辑（Fligstein & McAdam，2012：53）。虚拟偶像是虚拟数字人的一种，其形象和人物性格等要素都需要人工进行设定和运营，而用户（包括消费者和产消者）可以按照自身想法提出的人物设定则属于二次设定或 N 次设定，这是产消者参与虚拟数字人建构的重要手段之一。通过持续的系列内容创作和运营，产消者可以利用自身作品的影响力和社交圈层推广自己喜爱的二次设定，将认可此二次设定的行动者组织起来，通过合作或网络宣传等方式进一步推广。对于官方而言，二次设定有可能是基于原始设定、符合官方团队对虚拟偶像建构的符号系统，即尊重原有设定，也有可能是完全"标新立异"的，与原有设定无关，甚至是相违背的，这种破坏原有的虚拟偶像认识的二次设定一且得到受众认可，将会对虚拟偶像的形象造成致命打击，如设立一个不健康、不道德的负面形象。

二是在客观结构层面建立和维护资本，改变特定虚拟偶像官方团队单方垄断的情况。由于在内容生产场域中参与虚拟偶像认识建构的行动者为官方团队提供的内容资源皆不一样，其致力于建构的二次设定也各不相同，其中部分有影响力的用户可以在与官方团队交换的过程中运用这些资源，建立单独、专门化的交换关系，以此削弱官方团队的权力并建立新的网络形式（Emerson，1972）。

## （二）虚拟偶像内容生产场域中掌权者的策略

随着虚拟偶像的发展，通过产消者积极参与内容生产，海量用户自制的虚拟偶像相关视频、音频和文字内容被生产、传播，市场和受众对虚拟偶像的认识逐渐增强，有了较为稳定且清晰的认识，获得了一定的市场认可度，但同时也出现了一些问题，例如部分产消者会使用虚拟偶像生产负面或不健康的内容，内容传播力大会直接影响虚拟偶像的整体形象和品牌价值。用户参与内容生产、共建虚拟偶像是一把双刃剑，虚拟偶像建构方向被带偏等问题迫使官方团队在虚拟偶像成长期（具体运演时期）进行改革，通过各种加强自身对内容生产场域控制力的策略夺回虚拟偶像建构的主导权。策略的变化意味着官方团队需要增强产消者对现有资源的依赖关系，保持自身在内容生产场域的中心位置，同时相对地提高产消者对特定虚拟偶像官方团队资源的依赖程度，降低自身对产消者的优势文化资源的依赖。具体做法如下。

其一是主观结构层面建构意义和逻辑。作为掌权者的官方团队对用户的二次设定采取吸纳或限制的策略，将有利于官方团队利益的二次设定纳入虚拟偶像的认识建构中，利用经济资本和政治资本的优势与提倡该二次设定的创作团队合作，将其纳入以官方团队为首的虚拟偶像认识建构的主流队伍中。同时，对不利于官方团队的二次设定采取限定策略，通过利用外部场域的连接，举报或与内容发布平台合作删除、限制内容的传播。

其二，在客观建构层面巩固资本，利用经济资本优势提高虚拟偶像内容生产门槛，利用与外部场域连接的社会资本优势增强政治、经济和文化各种类型资源的优势。

## 二、行动者的潜在资本与策略

虚拟偶像的内容生产场域中，合作生产的现象较为普遍，组合形式灵活多样，最主要是产消者与产消者之间的合作、文化团队与官方团队的合作。合作的动机都是获得或接近自身缺少的资源。行动者拥有资源越多，或其资源越稀缺，该行动者在合作时能够与其他行动者博弈的资本就越多，其在合作关系中越处于中心位置。在场域中，行动者之间不平衡的权力关系反映了不同行动者获取资本能力的不平等，受众对虚拟偶像的建构实际上是虚拟偶像的符号系统和话语框架逐步建立的过程，行动者通过参与内容生产不断为虚拟偶像积累符号资本和文化资本。布迪厄认为，不平等的资本分配方式决定了行动者在场域中占据位置的差异，占据中心位置的行动者不一定是对场域贡献最大的行动者，占据位置的中心程度不由该行动者对场域的贡献大小决定。已经在场域中占据有利地位的行动者会采取较为保守的策略，场域中的新加入者会为了获得入场资格选择继承策略而逐渐强大，试图占据优势位置的挑战者则会选择颠覆策略（戴维·斯沃茨，1997/2012：144-145）。本小节主要考察既有掌权者和挑战者这两类行动者拥有的潜在资本，并在理论上探讨他们分别采取怎样的策略操纵己方的优势资本，如何提高自有资本的评价，激活资本的潜力。

### 掌权者与挑战者的潜在资本

根据布迪厄的观点，资本并不局限于最为物质的形式——经济资本，与此同时，文化资本、社会资本和政治资本等非物质形态的资本也同样属于资本（Bourdieu，2006：105–106），其中社会资本特指那些实际存在或潜在资源的集合体（布迪厄，1997：200）。一方面，既有掌权者和挑战者作为一对矛盾关系，其采取的对立政策也是辩证地联系在一起的，两种策略是相生相克的（戴维·斯沃茨，1997/2012：144–145）；另一方面，行动者彼此的连接关系也说明了其潜在资本占有情况，从而对其策略的成功概率造成影响（曹璞，2018）。本部分将分别探讨既有掌权者（官方团队）和挑战者（产消者）各自拥有的潜在资本。

虚拟偶像的认识建构开始于虚拟偶像所有方完全掌权的感知运动水平时期。此时期的虚拟偶像尚未面向市场，内容生产也主要停留在虚拟偶像的所属公司内部，只有非常有限的产消者以合作者身份参与完成。在此后的三个时期——前思维运演时期、具体运演时期和形式运演时期，虚拟偶像面向市场后，大量产消者涌入内容生产场域，其内容生产合作网络与用户社群逐渐形成。在感知运动水平时期和前思维运演时期，虚拟偶像的认识建构权牢牢掌控在官方团队手中，为了扩张市场和节约内容生产及运营成本，官方团队开始从内容生产的一线退居二线，将内容创作的版权和收益让渡，其间部分具有影响力的产消者崛起，在场域中完成基本的原始积累后开始争夺虚拟偶像的认识建构权。通过一系列的颠覆策略和话语框架的建构，在具体运演时期，部分产消者占据权力的中心位置。此后，意识到虚拟偶像的认识建构权的转移，官方团队利用经济资本的优势与影响力大的产消者合作，将其纳入麾下，试图夺回内容生产场域的中心位置。最终，在形式运演时期，官方团队通过一系列保守策略重新回到虚拟偶像内容生产的中心位置。

部分具有高影响度的产消者逐渐具备了左右虚拟偶像未来发展方向的能力，在通过内容生产活动参与虚拟偶像认识建构的过程中，产消者在内容生产场域中的资本优势越发显现，他们开始以挑战者的身份对掌权者完全掌控虚拟偶像建构权的合法性产生质疑。首先，政治资本方面，虚拟偶像的用户群体是中国互联网舆论宣传和青年思想政治引导的主要目标群体。虚拟偶像的用户群体(包括粉丝群体)主要是 Z 世代 95 后的青少年群体,是共青团舆论引导工作最主要的目标群体,通过虚拟偶像的内容创作"将党的声音传播到青年中去,引导青年理解认同、自觉践行"[①],虚拟偶像对于共青团而言是能够有效吸引青年群体关注的新型媒介。其次,社会资本方面,众多参与虚拟偶像内容创作的用户个体或团队拥有与受众相关的社会资本,包括:拥有自身作为虚拟偶像的受众群体的天然优势;掌握通过社交媒体平台与用户建立的社交网络;掌握自身内容生产相关的观看量、点赞量、收藏量、分享行为和付费行为等信息。再次,文化资本方面,产消者在创作资源方面优劣参半,虽然其创作资源不如官方团队靠资金等资本邀请来的专业内容生产团队,但是其优势在于参与文化下,他们与内容产品的目标受众更亲近,内容生产成本低,劳动力充足且可利用的软硬件充足,虚拟偶像内容生产技术门槛虽不低,但在中国,早期的虚拟偶像对技术要求不高,业余用户通过原始技术积累和一段时间的自学基本可以掌握。在内容生产的创作资源方面,产消者在数量、种类、创意上具有优势,但在质量方面逊于与官方团队合作的专业团队。最后,经济资本方面,用户群体在资金方面的积累是处于劣势的,即便可以通过关注量和粉丝量等社会资本转换为经济资本,但依旧非常有限。

表 7-1 挑战者(用户个体和群体)的潜在资本及策略

| 潜在资本 | | 策略 |
|---|---|---|
| 政治资本 | 青年思想政治需求 | 利用和转换政治资本 |
| 经济资本 | 用户个人或团队资金 | 利用社会资本和文化资本,补贴经济资本 |

---

① 共青团发表《共青团网上舆论引导工作的总遵循》,以习近平总书记在党的新闻舆论工作座谈会的重要讲话为遵循,做好共青团网上舆论引导工作,其最重要工作是"将党的声音传播到青年中去,引导青年理解认同、自觉践行,这也是共青团网上舆论引导工作的最终目标"。

续表

| | 潜在资本 | 策略 |
|---|---|---|
| 社会资本 | （1）内容生产方面：自身作为虚拟偶像的受众群体的天然优势。（2）发布方面：通过社交媒体平台与其他用户建立的社交网络宣传；得到用户直接反馈和个人生产内容的量化信息 | （1）建立广泛连接，尝试用不同公司旗下的虚拟偶像创作内容，保持社交网络中的中心位置，占据更多的结构洞，控制对邻近场域资源的获取渠道。（2）跟踪内容受众的喜好和消费等行为信息，利用话语策略，提高场域中自身掌控的关键资源的重要程度。（3）通过拓展合作网络增加接近拥有专业技术的创作者的机会，提高作品质量 |
| 文化资本 | 创作资源：内容创作的创意、劳动力、总体数量和种类均占优势，部分用户拥有绘画、谱曲等专业知识支撑 | 将文化资本转化为社会资本和经济资本，利用创作内容和创意吸引更多的用户关注，也可以通过作品与其他场域的投资方进行商业合作 |

既有掌权者（官方团队）拥有可以被挖掘的潜在资本，包含政治、经济、社会、文化四个方面的资本：

第一，政治资本方面。官方团队是虚拟偶像主要的"投资方"，他们因拥有版权等方面的因素，有权力决定哪些人或作品是有入场资格的。换言之，官方团队决定了虚拟偶像内容生产场域的"斗争"方式，参与该场域的行动者必须心照不宣地接受已有的游戏规则，因为只有遵守该场域游戏规则的行动才是合法的，而其他形式的行动会被排除。虚拟偶像的所属方拥有制定游戏规则和审查内容的权力，因为其天然在政治法律层面享有合法权益。

第二，经济资本方面。官方团队通过吸纳各领域的投资等方式完成资本的原始积累，另外，不同领域的投资方加入，也能弥补其在社会资本和文化资本上的相对弱势。例如，虚拟偶像洛天依的母公司上海禾念正式被哔哩哔哩弹幕视频网站的母公司收购后，该网站任何对洛天依整体形象造成负面影响的内容都陆续被下架。

第三，社会资本方面。掌权者的优势在于拥有虚拟偶像的正式授权能力，通过官方途径可以与众多拥有文化资源的人建立联系。与产业链上游的内容创作者或机构建立的合作可以转化为文化资本，与产业链下游的各类周边印刷和生产机构的连接则可以转换为经济资本。例如，与周边产品设计厂商、品牌方、游戏生产商进行合作。掌权者在衍生文化产品的发行、周边实体产品的授权和代言品牌产品等环节中都具有纵向整合的优势。

第四，文化资本方面。掌权者处于相对劣势，但可以通过以下两种方法增强自身的文化资本：其一，提升技术门槛。例如，虽然虚拟偶像不受载体局限，在现实生活中以各种形式呈现，但官方团队可以通过技术和资本优势，让虚拟偶像以某种高技术含量且高成本的形式展现，树立业界标杆，刷新受众对虚拟偶像的认识。例如，为了巩固初音未来在日本市场第一的地位，2010 年 SEGA 公司以巨额投资购买德国巨型裸眼 3D 投影屏幕[①]，全方位、高精度地展示初音未来的立体形象，并将此技术运用到 "39 感谢祭" 现场演出中。这一举动对喜爱初音未来的受众而言是意义重大的，这意味着比起屏幕里的某个虚拟形象，亲眼看到初音未来的立体形态，使它更像 "活生生" 的人。自此，半全息演唱会变成了虚拟偶像认识建构中不可缺失的 "标准配置"；其二，通过时间积累获得文化资本，官方团队通过反复灌输和积累性的劳动，亲自投入时间建构虚拟偶像。这需要官方团队持续且稳定地举办活动，以保证虚拟偶像内容的稳定产出，长期的创意生产经验和活动实践经验都是其宝贵的文化资本。

表 7-2　既有掌权者（虚拟偶像所属方）的潜在资本及策略

| | 潜在资本 | 策略 |
| --- | --- | --- |
| 政治资本 | 虚拟偶像内容的归属权及其合法性的判定 | 制定虚拟偶像内容生产场域的游戏规则，不符合规则的内容将被排除 |
| 经济资本 | 在场域外完成启动资金的积累 | 利用经济资本，转化为文化资本和社会资本 |

①　技术上而言，称其为 2.5D 更为准确。

| | 潜在资本 | 策略 |
|---|---|---|
| 社会资本 | 以官方身份与产业链上下游建立连接，具有纵向整合优势 | （1）与产业链上游的内容创作者和其他生产机构的连接关系，与优秀创作者或团队合作生产的内容和创意皆可转换为文化资本；（2）与产业链下游的各类专业内容生产方合作，增加虚拟偶像变现途径（经济资本），例如与游戏生产商、周边产品设计厂商和广告品牌方的合作 |
| 文化资本 | 虚拟偶像的定义权（初期人物设定和形象设定的制定者），但在内容创作资源方面较为缺乏 | （1）让虚拟偶像无法脱离高成本的技术独立存在；（2）与拥有文化技术资本和社会资本的用户合作；（3）虚拟偶像内容创作者扶植计划；（4）与其他知名 IP 联动 |

## 三、策略与权力依赖关系的相关性：问题提出与验证方法

关于场域的策略类型，布迪厄提出保守、继承和颠覆三种不同的场域策略类型（戴维·斯沃茨，2006：145），在场域中处于不同位置的行动者将采取不同的策略。在虚拟偶像中文 VOCALOID 内容生产场域中，官方团队对虚拟偶像人物设定和形象设计拥有最终决定权，在场域中占据支配地位，场域中主要采取保守策略，通过提高给予挑战者的资源的价值和减少挑战者可以接触到的替代性资源两个方向，巩固其他挑战者对其优势资源的依赖。本书根据以上两个方向具体细分为：增强己方优势资本的控制是否有利于既有掌权者巩固其在场域中的中心位置？（RQ2.2.1）为了增强其他行动者对自身的依赖，提高给予挑战者的资源的价值是否有利于巩固既有掌权者在场域中的中心位置？（RQ2.2.2）

与此同时，产消者作为虚拟偶像相关内容的主要创作群体，在内容输出上占据优势，而且与官方团队不存在独家授权或合作生产的关系，希望其内容的价值和质量能够得到广泛的肯定和认同。因此，他们更倾向于采取颠覆策略，通过增强自身优势资本和寻找替代性资源两个方向，为其占

有的优势资源赢得社会认同。本书根据以上两个方向具体细分为：增强自身优势资本是否有利于挑战者提高在场域中的位置？（RQ2.2.3）降低对对方优势资本的依赖是否有利于提高挑战者在场域中的位置？（RQ2.2.4）

## （一）既有掌权者策略的提出与验证

1.既有掌权者策略一：增强己方优势资本的控制

对于己方优势资源，虚拟偶像的官方团队可以从政治资本和经济资本两个方面增强己方优势。政治资本方面，通过加强运用政治手段，对不符合其利益的内容进行管控，对其内容进行举报、限制流量和呼吁其他行动者抵制此类内容等措施，打击不遵守场域中游戏规则的产消者。经济资本方面，开展线上线下活动和抵制不利于虚拟偶像健康发展的言论来增强己方优势。官方团队借助资金优势，积极开展线下全息投影演唱会和联动活动，同时也可以售卖旗下偶像的官方音乐专辑和周边。

笔者据此认为，在场域内占据优势的虚拟偶像的团队会利用其政治资本和经济资本积极宣传符合虚拟偶像正面形象的内容，与官方合作的产消者由于合作关系也会自觉将不利于虚拟偶像发展的早期作品或言论删除，维护虚拟偶像的认识建构主要依靠正面宣传，尽可能让正面言论占据上风。由此得到假设：

H2.2.1：既有掌权者在形式运演时期（2019年）场域中的权力位置，与其在上一时期具体运演时期（2017年）采取增强己方优势资本的控制呈正相关。

H2.2.1a：既有掌权者在形式运演时期（2019年）场域中的权力位置，与其在上一时期具体运演时期（2017年）举办或参加官方商业活动（官方线上线下活动和以官方途径销售歌曲或周边）相关。

H2.2.1b：既有掌权者在形式运演时期（2019年）场域中的权力位置，与其在上一时期具体运演时期（2017年）发表或传播符合虚拟偶像正面形象的言论或内容相关。

2. 既有掌权者策略二：加强其他行动者对其优势资源的依赖

埃默森认为，双方依赖程度越高，两者的关系就会越密切，以此提高两者的冲突耐受力（乐国安，汪新建，2011：171）。虚拟偶像内容生产场域中的既有掌权者（官方团队）可以通过加强挑战者对自身优势资源的依赖，使两者的关系更为密切，产消者对其权力上的差异引发的冲突的忍耐力也会增强。

具体而言，既有掌权者可以从经济资本和政治资本的优势加强产消者对虚拟偶像的依赖。例如，官方团队可以提高建构虚拟偶像的技术门槛和资金成本，采取引入高新科技和举办大型演唱会等需要大量经济资本和技术实力支撑的措施，在内容上也可以通过聘请专业 PV 师（音乐视频制作专业人员）和调校师等专业人士，提高内容技术门槛和资金成本，以此加大优势，让其他想要发展旗下虚拟偶像的公司必须投入相对应的技术和资本，让虚拟偶像的认识建构门槛提升。同时，由于在内容生产场域中参与虚拟偶像认识建构的每个行动者为官方团队提供的内容资源是不一样的，其致力于建构的二次设定也各不相同，官方团队可以与其中部分有影响力的用户建立单独、专门化的交换关系，形成新形式下的劳动分工关系，通过资本的力量影响其后续的"二次设定"内容创作。笔者据此提出以下假设：

H2.2.2：既有掌权者在形式运演时期的虚拟偶像内容生产场域中的权力位置，与其在上一时期（具体运演时期）采取加强其他行动者对其优势资源的依赖呈正相关。

H2.2.2a：既有掌权者在形式运演时期的虚拟偶像内容生产场域中的权力位置，与其在上一时期（具体运演时期）采取提高建构虚拟偶像的技术门槛和资金成本呈正相关。

H2.2.2b：既有掌权者在形式运演时期的虚拟偶像内容生产场域中的权力位置，与其在上一时期（具体运演时期）采取与场域中影响力高的内容创作者合作呈正相关。

表 7–3　既有掌权者保守策略效果测量方法

| 研究问题 | | | 变量 1 及测量 | 变量 2 及测量 |
|---|---|---|---|---|
| | | | 行动者个人或组织在前一时期采取的策略 | 行动者在其后时期的网络位置 |
| 既有掌权者 | 增强己方优势资本的控制 | 时期 3 开展相关商业活动与官方产品销售→时期 4 更优位置 | 举办或参加官方商业活动（官方线上线下活动和以官方途径销售歌曲或周边）？ 1= 是；0= 否 | 既有掌权者在时期 4 的社交网络中的位置：（四类中心度和网络约束度） |
| | | 时期 3 支持官方活动，宣传旗下虚拟偶像正面形象→时期 4 更优位置 | 发表符合虚拟偶像正面形象的言论？ 1= 是；0= 否 | |
| | 加强其他行动者对其优势资源的依赖 | 时期 3 提高建构虚拟偶像的技术门槛和资金成本→时期 4 更优位置 | 邀请专业 PV 师和调教师等专业人士，提高内容技术门槛和制作成本？ 1= 是；0= 否 | |
| | | 时期 3 与影响力高的内容生产者合作→时期 4 更优位置 | 个体的度数中心度是否大于上一时期官方团队及其合作者的均值？ 1= 大于；0= 小于 | |

## （二）挑战者策略的提出与验证

1. 挑战者策略一：增强自身优势资本

在虚拟偶像的生产场域中，虚拟偶像的用户可以分为被称为"P 主"的内容产消者（内容上传者，简称为 P 主）和内容消费型用户（粉丝）。虚拟偶像生产场域的挑战者主要为产消者，为了降低对既有掌权者提供的资源的依赖，他们会通过增强其优势资本，建立与邻近场域的连接关系，增强与受众相关的资本。产消者在虚拟偶像内容生产场域中的优质资本集中表现为与用户相关的社会资本和与内容创作相关的文化资本。

社会资本方面，产消者可以通过以下两种方式增强其社会资本：其一，与内容生产场域外部的消费型用户积极宣传作品和互动，增强消费型用户对其创作内容的黏性。虚拟偶像的用户群体主要为 00 后，他们对互动、定制和仪式感有更高的需求（梁伟，2018）。用户可以积极与其他关注自身的用户（粉丝）建立连接，在场域内部和外部增加与其他行动者的文字、图片和视频等形式的互动，让用户对其内容的创作者、创作背景、创作团队和内容信息有更加直接的认识。其二，积极建立和控制自身与内容及外部邻近场域的连接关系，吸引外部场域中的其他用户注意，让更多的人从外部场域（微博等社交媒体平台）进入内容发布平台，接触到虚拟偶像的内容。

文化资本方面，产消者可以通过以下两种方式增强其文化资本：其一，通过具有创意的"二次设定"参与虚拟偶像的认识建构，创新行为能够通过把握机会灵敏地向场域的中心位置逼近（Fligstein & McAdam，2012：22）。产消者既是消费者也是生产者，"二次创作"展现了每位虚拟偶像 IP 的真正价值。技术只是虚拟偶像的基础，只有粉丝的不断修改、添加和完善，才能让虚拟偶像真正活起来。产消者可以根据粉丝的爱好提出或继承有创意、有趣且符合粉丝群体期待的"二次设定"，不仅能够提高现有粉丝的用户黏性，也能吸引场域内有共同爱好的其他行动者参与其中。其二，通过与拥有音乐、绘画和视频制作等相关基本技能的内容创作者合作，保持长期的合作关系，提高内容质量的同时，借助其他合作者的社会资本拓宽内容的传播范围。

笔者据此认为，一部分产消者（挑战者）利用社会资本和文化资本优势，通过与场域内外的其他行动者建立社会网络，在视频内容网站和社交媒体平台等邻近场域中实现与受众相关的社会资本（即场域中主动与粉丝沟通和宣传内容）增值，参与虚拟偶像的建构活动，与拥有资源的其他内容创作者合作（即提出或继承"二次设定"或内容创作参与人数），有能力运用此策略的挑战者在下一时期的场域中占据更具优势的权力位置。由此得到假设：

H2.2.3：挑战者在 2017 年（具体运演时期）虚拟偶像内容生产场域中的权力位置，与其在 2015 年（上一时期前运演时期）采取增强自身优势资本的策略呈正相关性。

H2.2.3a 挑战者在具体运演时期的虚拟偶像内容生产场域中的权力位置，与其于 2015 年（上一时期）在内容或个人主页中公开其他社交平台账号呈正相关。

H2.2.3b 挑战者在具体运演时期的虚拟偶像内容生产场域中的权力位置，与其于 2015 年（上一时期）在外部场域宣传其负责内容呈正相关。

H2.2.3c 挑战者在具体运演时期的虚拟偶像内容生产场域中的权力位置，与其在 2015 年（上一时期）负责的内容中提出或继承"二次设定"呈正相关。

H2.2.3d 挑战者在具体运演时期的虚拟偶像内容生产场域中的权力位置，与其在 2015 年（上一时期）拓宽个人内容合作网络呈正相关。

2. 挑战者策略二：降低对对方优势资本的依赖

"延伸交换网络"（network extension）是通过引入替代性资源改变权力关系的策略。埃默森认为，当行动者 B 是行动者 A 获取资源的唯一途径时，行动者 A 会对行动者 B 更依赖，行动者 B 对行动者 A 的权力主导性较强，反之亦反（Emerson，1972）。

在本书语境中，对于产消者而言，资源劣势在于虚拟偶像相关作品的版权属于官方团队，同时产业上游的经济资本（创作需要花费的成本等）相对欠缺，导致部分产消者需要与官方团队合作才能更容易获取这方面的政治资本和经济资本。通过延伸交换网络，产消者可以使用多家公司旗下的虚拟偶像，引入替代性资源，将受众的文化资源分散于不同公司旗下的虚拟偶像，尽可能拓展合作网络，建立更多的连接，避免过于依赖特定的虚拟偶像。笔者据此提出以下假设：

H2.2.4 挑战者在 2017 年（具体运演时期）虚拟偶像内容生产场域中的权力位置，与其在 2015 年（上一时期）降低对对方优势资本的依赖呈正相关。

H2.2.4a 挑战者在 2017 年（具体运演时期）虚拟偶像内容生产场域中的权力位置，与其在 2015 年（上一时期）抢占新兴虚拟偶像内容市场呈正相关。

H2.2.4b 挑战者在 2017 年（具体运演时期）虚拟偶像内容生产场域中的权力位置，与其在 2012 年至 2015 年间（上一时期）以非官方途径销售虚拟偶像相关产品（专辑或周边）呈正相关。

表 7-4　挑战者颠覆策略效果测量方法

| 研究问题 | | | 变量 1 及测量 | 变量 2 及测量 |
|---|---|---|---|---|
| | | | 行动者个人或组织在前一时期采取的策略 | 行动者在其后时期的网络位置 |
| 挑战者 | 增强自身优势资本 | 时期 2 与粉丝沟通的文本信息（字数统计）→时期 3 更优位置 | 上榜内容的介绍性信息的字数 | 产消者在时期 3 社交网络中的位置：四类中心度和网络约束度 |
| | | 时期 2 在社交平台（微博）宣传→时期 3 更优位置 | 该内容是否在 B 站以外的内容或社交平台进行宣传？1= 是；0= 否 | |
| | | 时期 2 其内容提出或继承"二次设定"→时期 3 更优位置 | 该内容是否提出或继承官方由用户创作或提出的虚拟偶像设定？1= 是；0= 否 | |
| | | 时期 2 积极合作，拓宽个人合作网络→时期 4 更优位置 | 产消者在两时期的节点度数差值，数值大于 0= 是；小于 0= 否 | |
| | 降低对对方优势资本的依赖 | 时期 2 创作不同虚拟偶像的中文 VOCALOID 内容→时期 4 更优位置 | 创作不同虚拟偶像的中文 VOCALOID 内容？1= 是；0= 否 | |
| | | 时期 2 内容以专辑或周边形式等非官方途径销售→时期 3 更优位置 | 内容以专辑或周边形式等非官方途径销售？1= 是；0= 否 | |

## （三）策略与权力依赖关系相关性的验证

为回答以上问题，本部分将采用量化研究方法，对行动者在上一时期的客观结构策略与其后时期的网络位置指标进行相关性分析。根据第四、五章的研究可知，虚拟偶像的官方团队及其合作者在虚拟偶像认识建构的形式运演时期重新夺回了场域的中心位置，对虚拟偶像的认识建构更具话语权，因此，本书将对应这两个阶段，分别选取 2017 年和 2019 年作为研究时段，变量一为官方团队及其合作者在 2017 年与各邻近场域的外部连接情况，而变量二则为官方团队及其合作者在 2019 年合作生产网络中的各类位置指标；研究产消者则选择 2015 年和 2017 年作为研究时段，变量一为产消者在 2015 年与各邻近场域的外部连接情况，而变量二则为产消者在 2017 年合作生产网络中的各类位置指标。

表 7–5　官方团队保守策略的变量及其操作指标

| 变量 | 操作性指标 | | |
|---|---|---|---|
| 2019 年官方团队及其合作者的位置指标 | 度数中心度 | | |
| | 中介中心度 | | |
| | 接近中心度 | | |
| | 特征向量中心度 | | |
| | 网络约束度 | | |
| 2017 年官方团队及其合作者与邻近场域的连接关系 | 增强己方优势资本 | 开展相关商业活动与官方产品销售 | 举办或参加官方商业活动（官方线上线下活动和以官方途径销售歌曲或周边） |
| | | 支持官方活动，宣传旗下虚拟偶像正面形象 | 发表符合虚拟偶像正面形象的言论 |
| | 加强其他行动者对其优势资本的依赖 | 提高建构虚拟偶像的技术门槛和资金成本 | 邀请 PV 师和调教师等技能人才，提高内容技术门槛和制作成本 |
| | | 与影响力高的内容生产者合作 | 个体的度数中心度是否大于上一时期官方团队及其合作者的度数中心度均值 |

表 7-6　挑战者颠覆策略的变量及其操作指标

| 变量 | 操作性指标 | | |
|---|---|---|---|
| 2017 年产消者的位置指标 | 度数中心度 | | |
| | 中介中心度 | | |
| | 接近中心度 | | |
| | 特征向量中心度 | | |
| | 网络约束度 | | |
| 2015 年产消者与邻近场域的连接关系 | 增强自身优势资本 | 与受众互动 | 在内容或个人主页中公开其他社交平台账号，增加与受众连接的渠道 |
| | | | 在除哔哩哔哩外的社交平台的个人用户名中宣传其生产的内容 |
| | | 通过创新与合作提高场域内影响力 | 提出或继承"二次设定" |
| | | | 拓宽个人内容合作网络，个体在场域中的中心度是否大于上一时期 |
| | 降低对对方优势资本的依赖 | 拓宽内容产品和渠道销售 | 抢占新兴虚拟偶像内容市场 |
| | | | 内容以专辑或周边形式等非官方途径销售 |

　　通过提取共同出现在 2019 年与 2017 年虚拟偶像中文 VOCALOID 内容生产场域的行动者发现，共有 159 名行动者，2019 年场域中的 54 名官方团队及其合作者均出现在 2017 年场域中，说明与独立且分散的产消者相比，官方团队及其合作者的内容生产力和影响力基本稳定，长期活跃于虚拟偶像内容生产场域中。本章下一小节将以 54 名官方团队及其合作者作为样本，探讨 2019 年（形式运演时期）官方团队及其合作者所处的网络位置与其在 2017 年（上一时期具体运演时期）采取的策略是否相关。

## 四、掌权者的"扬长"策略：优势资本的增加与权力格局的改变

　　本小节回答"既有掌权者在形式运演时期夺得虚拟偶像内容生产场域

中的权力位置，是否与其在上一时期（具体运演时期）采取增强己方优势资本的控制显著相关"。简而言之，官方团队及其合作者采用增强自身优势资本策略，是否会在下一时期占据更为优势的权力地位。如上文所述，对于以官方团队为代表的既有掌权者而言，加强自身优势的政治资本和经济资本是增加其内容在用户群中的影响力的路径之一。

就经济资本而言，官方团队及其合作者通过开展线上线下活动和抵制不利于虚拟偶像健康发展的言论来增强己方优势。官方团队可以凭借资金优势，积极开展线下全息投影演唱会和联动活动，同时也可以售卖旗下偶像的官方音乐专辑和周边。

就政治资本而言，由于虚拟偶像是没有实体的虚拟存在，其形象主要依靠官方团队的运营和用户群体的延续与维护，这也就意味着部分用户会利用自身在场域中的影响力，滥用虚拟偶像的认识建构权，表达一些符合用户自身利益却不利于虚拟偶像认识建构良好发展的内容。例如，虚拟偶像洛天依曾被塑造成一名"假唱"歌手和"吸毒"明星，这类"二次设定"对在中国发展的虚拟偶像是不利的，可能会使其成为不利于青少年健康发展而被抵制的对象。官方团队会积极维护虚拟偶像的形象，利用其掌控虚拟偶像的版权和使用权的优势，利用官方认证的社交平台账号，在微博、微信、贴吧等社交平台向用户群体发表公告，积极对虚拟偶像认识建构相关舆论进行引导。与此同时，官方团队的合作者也会利用自身在社交平台的个人账号积极维护虚拟偶像的形象，站在官方的立场积极影响其粉丝群体，缓和虚拟偶像用户群体之间的矛盾与冲突。

本小节重点探讨官方团队加强其他行动者对其优势资本的依赖策略，有利于官方团队及其成员在下一时期占据优势权力位置，同样是采用现阶段 2019 年的数据代表形式运演时期，而以具体运演时期的末期 2017 年的数据代表具体运演时期。因此，将验证以下官方团队及其合作者加强优势资本的策略假设：

H2.2.1：既有掌权者在形式运演时期（2019 年）场域中的权力位置，

与其在上一时期具体运演时期（2017 年）采取增强己方优势资本的控制呈正相关。

H2.2.1a：既有掌权者在形式运演时期（2019 年）场域中的权力位置，与其在上一时期具体运演时期（2017 年）举办或参加官方商业活动（官方线上线下活动和以官方途径销售歌曲或周边）相关。

H2.2.1b：既有掌权者在形式运演时期（2019 年）场域中的权力位置，与其在上一时期具体运演时期（2017 年）发表或传播符合虚拟偶像正面形象的言论或内容相关。

### （一）总览：变量的描述性统计分析

在策略选择与权力格局改变的相关性分析中，其中一个变量为官方团队及其合作者在 2019 年（形式运演时期）合作生产网络中的各项表示行动者位置的指标。官方团队及其合作者的各中心度指标及经纪性指标如表7-7 所示：

表 7-7　2019 年官方团队及其合作者各项位置指标的描述性统计

|  | 最小值 | 最大值 | 均值 | 标准差 | 偏度系数 | 峰度系数 |
|---|---|---|---|---|---|---|
| 度数中心度 | 0.0027 | 0.1467 | 0.0414 | 0.0044 | 1.4756 | 1.9712 |
| 中介中心度 | 0.0000 | 0.1317 | 0.0160 | 0.0037 | 2.6783 | 7.6725 |
| 接近中心度 | 0.0170 | 0.0176 | 0.0173 | 0.0000 | −0.6718 | 0.8332 |
| 特殊向量中心度 | 0.0000 | 0.0386 | 0.0067 | 0.0014 | 1.6783 | 1.9010 |
| 网络约束度 | 0.0290 | 0.5383 | 0.1496 | 0.0159 | 1.7431 | 2.8678 |

除特殊向量中心度以外，官方团队及其合作者的中心度指标均值都高于 2019 年该场域中所有行动者的中心度均值，网络约束度则低于场域中所有行动者的均值，这也意味着官方团队及其合作者的中心度和经纪性高于整个场域所有行动者的位置均值。根据上文可知，官方团队及其合作者的中心度高于均值，意味着行动者在基于人声合成技术的虚拟歌手年度热

门音乐视频内容生产合作中更为重要，这种重要体现在：参与内容创作有利于虚拟偶像的阐释与塑造，在虚拟偶像的圈子中更容易受到认可，其生产的虚拟歌手内容传播力和影响力就可能越大。网络约束度与行动者在社会网络中的经纪性成反比，官方团队及其合作者在内容生产活动中拥有更多的自主权，更容易跨圈层合作，更不容易形成小团队固化，更容易接触到新的思想和技能、迸发新的创意，这更有益于多元化和创造性地建构虚拟偶像。

度数中心度的标准差大于所有行动者的标准差，说明官方团队及其合作者在这一指标上离散程度较大。就分布情况而言，官方团队及其合作者的位置指标略呈偏态分布，除中介中心度左偏程度略高以外，说明权力在官方团队及其合作者内部的分布同样处于较不均衡的状态，官方团队及其合作者中的影响力差异较大，存在部分影响力相对较大的行动者，官方团队及其合作者的个体差异较大。

本书将变量二"采取增强自身优势资本策略"细分为"举办或参加官方商业活动（官方线上线下活动和以官方途径销售歌曲或周边）"和"发表或传播符合虚拟偶像正面形象的言论或内容[①]"2个分项变量，并对每个分项变量采用哑变量的方法进行量化编码，存在此类行为则编码为1，不存在则编码为0。接着，将分项变量相加求和得到"增强己方优势资本"这一总指标的赋值。"增加己方优势资本"为定序变量，取值范围为0~2，当取值为0时，代表官方团队及其合作者没有采取增强优势资本的行为，当取值为1~2时，数值越大，代表既有掌权者采取该类策略的措施越多。

通过对编码结果进行统计与分析，如图7-1所示，有32%的官方团队及其合作者在上一时期（具体运演时期）既没有举办或参加官方商业活

---

① 变量"发表或传播符合虚拟偶像正面形象的言论或内容"的测量方法：通过搜索该创作者在微博、知乎、微信公众号或哔哩哔哩动态等社交平台的官方账号中，查看其是否在2017年内发表或传播符合虚拟偶像正面形象的内容或言论，"正面"的评判标准为发布的言论或内容不会对虚拟偶像发展造成不良影响（如恶搞、诋毁、讽刺或批评性的言论或内容）。

动（官方线上线下活动和以官方途径销售歌曲或周边），也没有发表或传播有利于虚拟偶像发展的言论或内容。采取上述两种策略其中任意一种策略的行动者（37%）略高于两种策略均采取的行动者（32%）。

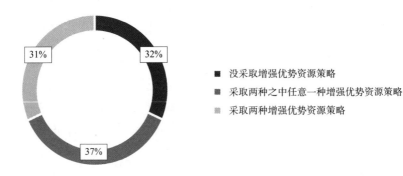

图 7-1　官方团队及其合作者在 2017 年采取增强优势资本策略的比例

40.75% 的官方团队及其合作者举办或参加官方商业活动（官方线上线下活动和以官方途径销售歌曲或周边）。另外，在社交媒体平台等外部场域发表或宣传虚拟偶像正面形象的言论或内容的官方团队及其合作者则占 59.25%。

### （二）"扬长"策略可行：既有掌权者增强优势资本策略

由表 7-8 可知，官方团队及其合作者在 2019 年（形式运演时期）虚拟偶像中文 VOCALOID 内容生产场域的权力位置与其在上一时期（2017年具体运演时期）采取增强优势资本策略之间存在相关关系。其中，采取增强自身优势资本策略与中心度指标存在正向相关关系，说明在 2017 年场域中采取增强优势资本策略的官方团队及其合作者，在 2019 年的虚拟偶像中文 VOCALOID 内容生产合作网络的中心度更高；采取增强自身优势资本的策略与网络约束度之间则存在显著的负相关关系，说明在 2017年采取增强优势资本策略的官方团队及其合作者，在 2019 年该场域中的网络约束度更低，亦即经纪性更高。

　　从变量之间相关关系的效应量来看，与增强自身优势资本策略相关关系最强的接近中心度，相关系数的绝对值为 0.362**；其次分别是网络约束度和特征向量中心度，其相关系数绝对值分别是 0.347** 和 0.332**；接着是度数中心度，相关系数是 0.300**；中介中心度与增强自身优势资本策略的关联最小，相关系数为 0.300*。

表 7-8　采取增强优势资本策略与改善权力位置的关系

| 位置指标 | | 增强自身优势资本策略 |
|---|---|---|
| 度数中心度 | 相关系数 | 0.300* |
| | 显著性（单尾） | 0.014 |
| 中介中心度 | 相关系数 | 0.282* |
| | 显著性（单尾） | 0.02 |
| 接近中心度 | 相关系数 | 0.362** |
| | 显著性（单尾） | 0.004 |
| 特殊向量中心度 | 相关系数 | 0.332** |
| | 显著性（单尾） | 0.007 |
| 网络约束度 | 相关系数 | −0.347** |
| | 显著性（单尾） | 0.005 |

*.P 值在 0.05 水平下，相关性显著。
**.P 值在 0.01 水平下，相关性显著。

　　总体而言，官方团队及其合作者采取增强自身已有的优势资本是一个正向影响权力依赖关系的策略，对他们在内容生产网络中有着正向的影响。

## （三）定期举办或参与相关活动比正面宣传更有效

　　流传已久的成语扬长避短中的"扬长"，同样适用于虚拟偶像的认识建构问题。扬长，意味着增强已有的优势资本，官方团队在经济资本和社会资本上都具有明显优势，积极"举办或参加官方商业活动"（变量一），除了能够潜移默化地强调官方团队的正面健康形象外，还能够通过销售门票和周边等形式获得一定的经济资本。同时，"发表或传播符合虚拟偶像正面形象的言论或内容"（变量二），能够直接巩固虚拟偶像已有的正面形象和品牌价值，对优秀且符合形象的内容给予肯定，正面宣传旗下虚拟偶像同样也是增强其优势资本的重要途径。本书细致地探讨官方团队及其合作者采取以下两种具体措施（变量一与变量二）与下一时期权力位置的相关性。

其一，举办或参加官方商业活动对掌权者在下一时期争夺权力位置关系存在正向相关。相关性分析结果显示，举办或参与官方商业活动与下一时期的各位置指标在 $P<0.05$ 的水平上显著相关，说明相关系数的绝对值均在 0.25~0.35 之间，根据科恩准则（Cohen, 2013; Cohn, 1988），两者相关关系的效应值为中度。举办或参加官方商业活动与接近中心度（0.328**）和网络约束度（−0.322**）的相关系数绝对值相对更大，说明参与或举办官方商业活动的官方团队及其合作者在与场域内其他行动者合作时，既能保持在信息和资源上的优势，也能保持较高的独立性，避免过度依赖他人。与度数中心度（0.273*）、中介中心度（0.249*）和特殊向量中心度（0.247*）同样存在一定相关性，说明举办或参与官方商业活动的官方团队及其合作者与活跃度较高、在场域中扮演桥梁位置和受到影响力高的行动者青睐存在一定关系。

定期举办或参加线上线下活动为虚拟偶像的"鲜活存在"提供有力支撑，定期将行动者心中理想的虚拟偶像通过作品形式呈现，不仅能加深大众对虚拟偶像的认识，也能让虚拟偶像的某个特征更明显和突出。优秀且具有影响力的内容不仅能够展现虚拟偶像绚丽的外在美，也能诠释出其丰富的内在精神与价值，这种嵌入作品中的感染力比刻意宣传更能展示专业能力，让更多优秀的行动者愿意与之合作。

其二，发表或传播符合虚拟偶像正面形象的言论或内容与官方团队及合作者在下一时期的部分位置指标存在相关关系。在 0.05 的水平下，特殊向量中心度、接近中心度和网络约束度显著，其相关系数的绝对值分别为 0.290*、0.258* 和 0.239*，而度数中心度和中介中心度则不显著。这说明发布或传播符合虚拟偶像正面形象的言论或内容的官方团队及其合作者在下一时期更容易与场域中具有影响力的行动者合作，还能保证其独立性，在与不同类型的创作团队合作中获得经纪收益。但是，该策略与其在下一时期的内容生产网络中的活跃度和担任桥梁作用并不相关。这种不相关的情况出现，可能源于直白且简单的正面宣传是一种普遍行为，参与虚拟偶像内容生产的群体都可能具有一定的表达欲和想法，大部分行动者会积极表达其对"理想偶像"的理解，若该群体普遍存在该行为，则会出现"百家争鸣，百花齐放"的状况，每个行动者对官方团队旗下的虚拟偶像都有自己的理解，单纯的语言表达和陈述行为可能过于普遍，导致其与下一阶段的权力位置不存在相关性。

综上，官方团队及其合作者在现阶段场域（2019 年）中夺得的位置与其在上一时期举办或参加官方商业活动，增强自身优势资本的策略存在正向相关关系，假设 H2.2.1 和 H2.2.1a 得到了证实，而 H2.2.1b 则得到了部分证实。

表 7-9　官方团队增强自身优势资本的策略与改善权力位置的关系

| 位置指标 | | 举办或参加官方商业活动 | 发表或传播符合虚拟偶像正面形象的言论或内容 |
|---|---|---|---|
| 度数中心度 | 相关系数 | 0.273* | 0.211 |
| | 显著性（单尾） | 0.023 | 0.063 |
| 中介中心度 | 相关系数 | 0.249* | 0.205 |
| | 显著性（单尾） | 0.035 | 0.068 |
| 接近中心度 | 相关系数 | 0.328** | 0.258* |
| | 显著性（单尾） | 0.008 | 0.03 |
| 特殊向量中心度 | 相关系数 | 0.247* | 0.290* |
| | 显著性（单尾） | 0.036 | 0.017 |

| 位置指标 | | 举办或参加官方商业活动 | 发表或传播符合虚拟偶像正面形象的言论或内容 |
|---|---|---|---|
| 网络约束度 | 相关系数 | −0.322** | −0.239* |
| | 显著性（单尾） | 0.009 | 0.041 |

*.P 值在 0.05 水平下，相关性显著。

**.P 值在 0.01 水平下，相关性显著。

## 五、掌权者的"招贤"策略：优势资本的吸引力与权力格局的改变

虽然产消者在内容数量和创意上占据较大优势，但由于该群体主要为独立个体，其资金和专业技术储备良莠不齐，官方团队可以利用自身在经济资本方面的优势，通过邀请（包含聘请）专业 PV 师（音乐视频制作专业人员）和调校师等专业人士，提高内容技术门槛和资金成本，中国虚拟偶像的技术门槛和内容生产成本越高，产消者越需要更多的资金支持，其内容也更加以市场份额大的虚拟偶像为主，以此增加其他行动者对官方团队的依赖。另外，以资本优势积极与场域内拥有大量粉丝受众的产消者进行合作，举办旗下偶像的创作比赛，通过商业活动的引导和经济上的支持使更多的产消者生产符合既有虚拟偶像认识框架的内容，增加官方团队在内容生产场域中的影响力，与更多的产消者建立合作关系，会让两者的关系更加密不可分。

本节重点探讨官方团队加强其他行动者对其优势资本的依赖策略，有利于官方团队及其成员在下一时期占据优势权力位置，同样是采用现阶段 2019 年的数据代表形式运演时期，而采用 2017 年（具体运演时期末期）的数据代表具体运演时期。因此，将验证以下 3 个官方团队及其合作者加强其他行动者对其优势资本的依赖的操作化假设：

H2.2.2：既有掌权者在形式运演时期（2019 年）场域中的权力位置，与其在上一时期具体运演时期（2017 年）采取加强其他行动者对其优势资本的依赖呈正相关。

H2.2.2a：既有掌权者在形式运演时期（2019 年）场域中的权力位置，与其在上一时期具体运演时期（2017 年）采取提高建构虚拟偶像及其内容的技术门槛和制作成本呈正相关。

H2.2.2b：既有掌权者在形式运演时期（2019 年）场域中的权力位置，与其在上一时期具体运演时期（2017 年）采取与场域中影响力高的内容生产者合作呈正相关。

数据处理方面，本书将变量二"加强其他行动者对其优势资本的依赖策略"细分为"提高建构虚拟偶像的技术门槛和资金成本"[①]和"与场域中影响力高的内容合作者进行合作"[②]2 个分项变量，并对每个分项变量采用哑变量的方法进行量化编码，存在此类行为则编码为 1，不存在则编码为 0。接着，将分项变量相加求和得到"加强其他行动者对其优势资本的依赖策略"这一总指标的赋值。"加强其他行动者对其优势资本的依赖策略"为定序变量，取值范围为 0~2，当取值为 0 时，代表官方团队及其合作者没有采取加强其他行动者对其优势资本的依赖策略的行为，当取值为 1~2 时，数值越大，代表既有掌权者及其合作者采取的该类策略的措施越多。

## （一）总览：变量描述性分析

加强其他行动者对其优势资本的依赖策略的第二个策略是"与场域

---

① 变量"提高建构虚拟偶像的技术门槛和制作成本"的测量方法：在虚拟偶像中文 VOCALOID 内容发布主要平台哔哩哔哩弹幕视频网站中，查看创作者在个人主页中发布于 2017 年 1 月 1 日至 2017 年 12 月 31 日的内容，是否邀请 PV 师和调音师等技能人才参与其负责的内容的制作，若该创作者为 PV 师或调音师，则查看其是否邀请具有其他专业技术的人协助生产，是则编码为 1，否则编码为 0。

② 变量"与场域中影响力高的内容合作者进行合作"的测量方法：计算 2017 年所有行动者度数中心度的均值，当官方团队及其合作者的成员 2017 年度数中心度大于 2017 年所有行动者的均值时，则判定为存在，编码为 1；若变量的值小于或等于 2017 年均值，则判定为不存在，编码为 0。

中影响力高的内容生产者进行合作"，该策略是通过积极增加与场域内影响力高的行动者合作，一方面扶持那些积极生产符合虚拟偶像发展方向且具有高影响力的内容生产者，另一方面通过建立合作关系，在某种程度上对其内容创作方向产生影响，使其内容符合虚拟偶像既有的认识框架。度数中心度是在社会网络中刻画中心性（centrality）最直接的度量指标，行动者在该社会网络中的度数中心度越高，该行动者在网络中就越重要（戴维·诺克，杨松，2005：103–104）。因此，本书将其操作化定义为度数中心度大小的有所增加。

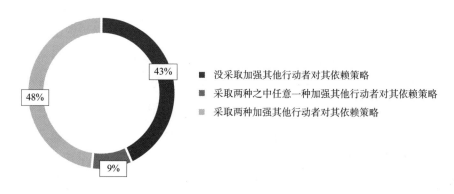

**图 7-2　官方团队及其合作者采取加强其他行动者对其依赖策略比例**

描述统计结果显示，超过一半的官方团队及其合作者采取了上述策略任意一种或两种加强其他行动者对其依赖的策略均采取（57%），其中48% 的行动者既与场域中影响力较大的用户合作，同时也积极提高内容生产的技术和生产门槛，远高于只采取其中一种策略的行动者（9%）。这说明官方团队及其合作者倾向于利用自身优势资源的吸引力，积极提升自身在场域中的权力位置。其中，策略一"提高建构虚拟偶像及其内容的技术门槛和制作成本"和策略二"与场域中影响力高的内容生产者合作"两者的斯皮尔曼相关系数为 0.295*，说明具有一定相关性。

## （二）"招贤"策略可行：既有掌权者提高其他行动者对优势资本的依赖

本部分的相关性分析对哑变量的处理如上文所述，将采用斯皮尔曼等级相关系数（Spearman）对假设进行检验。

总体而言，在上一时期（2017 年具体运演时期）采取加强其他行动者对其依赖策略的官方团队及其合作者，更容易在现阶段（2019 年形式运演时期）占据优势位置，能够进一步巩固既有掌权者在虚拟偶像认识建构方面的权威性。从表 7-10 可知，P 值在 0.05 的水平下，采取加强其他行动者对其依赖策略与中心度指标存在显著的正相关关系；与网络约束度之间则存在显著的负相关关系，亦即与经纪性存在正向关系。假设 H2.2.2 得到支持，即虚拟偶像内容生产场域中，既有掌权者若在具体运演时期（2017 年）采取加强其他行动者对其优势资本依赖策略，在下一阶段形式运演时期（2019 年）场域中更容易获得占优势的权力位置，两者呈正向相关关系。

在各项中心度和经纪性的位置指标中，中介中心度与采取增强优势资本策略关系最为密切，相关系数达到 0.585**，其次是度数中心度，其相对系数绝对值为 0.571**，接着是网络约束度，其相关系数的绝对值为 0.538**，最后是接近中心度和特殊向量中心度，其相对系数相对较弱，分别是 0.272* 和 0.252*。上述数据表明，采取加强其他行动者对其优势资本的依赖策略与既有掌权者在场域中获得更占优势的权力位置有着较大的相关关系。在虚拟偶像内容生产场域中，官方团队及其合作者是场域中的既有掌权者，他们运用自身的优势资源，积极将经济资本等优势资本转化为对内容生产场域的影响，有利于引导受众共同建构正面且积极的虚拟偶像。

表 7-10　采取加强其他行动者对其依赖策略与改善权力位置的关系

| 位置指标 | | 加强其他行动者对其依赖策略 |
|---|---|---|
| 度数中心度 | 相关系数 | 0.571** |
| | 显著性（单尾） | 0.000 |
| 接近中心度 | 相关系数 | 0.272* |
| | 显著性（单尾） | 0.023 |
| 中介中心度 | 相关系数 | 0.585** |
| | 显著性（单尾） | 0.000 |
| 特殊向量中心度 | 相关系数 | 0.252* |
| | 显著性（单尾） | 0.033 |
| 网络约束度 | 相关系数 | −0.538** |
| | 显著性（单尾） | 0.000 |

*.P 值在 0.05 水平下，相关性显著。

**.P 值在 0.01 水平下，相关性显著。

## （三）"招贤"策略一：与场域中影响力高的内容生产者合作

本部分将分析与场域中影响力高的内容生产者合作是否有助于官方团队及其合作者夺得更优权力位置。如表 7-11 所示，与场域内影响力高的内容生产者合作中的各项指标均在 0.01 的水平下显著相关，相关系数的绝对值都在 0.30~0.65 之间，说明官方团队及其合作者在现阶段场域中占据的优势地位，与他们在上一时期同场域中影响力高的生产者合作关系较为密切。与场域中影响力高的内容生产者合作同度数中心度（0.632**）的相关关系绝对值最大，说明与虚拟偶像内容生产场域中活跃度较高的行动者合作，对官方团队及其合作者在下一时期夺得优势位置有所助益。与网络约束度（−0.597**）和中介中心度（0.567**）的高相关系数，也说明官方团队及其合作者在与影响力高的内容生产者合作时，能够与不同类型的社群进行连接，得到不同类型的信息和资源，合作有助于加强自身在网络中扮演"桥梁"的角色。接近中心度（0.356**）和特殊向量中心度

（0.316\*\*）的相关系数相对较低，但相关系数绝对值也均大于0.3，说明采取该策略的官方团队及其合作者更容易受到场域中其他影响力高的内容生产者关注，同时也能保持一定的独立性，在虚拟偶像的内容生产方面不容易受制于某一行动者。

场域中影响力高的内容生产者需要具备两个要素：一是具备生产虚拟偶像相关优质内容的能力；二是其作品已经在圈内获得一定的传播度和认可度，其建构的虚拟偶像已经获得一定的支持与认可。此类行动者是官方团队在选择合作对象时的优先选项，是官方团队共建虚拟偶像策略的重要一环。官方团队提供资金和宣传支持，优秀的产消者提供专业技能与优质内容，让优质内容的生产在资金与技术上均有保障，良好的合作关系也能在虚拟偶像的建构方向上达成一定的共识，让有利于虚拟偶像健康积极发展的形象得到进一步巩固。

表7-11　与场域中影响力高的内容生产者合作与改善权力位置的关系

| 位置指标 | | 与场域中影响力高的内容生产者合作 | 提高建构虚拟偶像及其内容的技术门槛和制作成本 |
|---|---|---|---|
| 度数中心度 | 相关系数 | 0.632\*\* | 0.323\*\* |
| | 显著性（单尾） | 0.000 | 0.009 |
| 中介中心度 | 相关系数 | 0.567\*\* | 0.403\*\* |
| | 显著性（单尾） | 0.000 | 0.001 |
| 接近中心度 | 相关系数 | 0.356\*\* | 0.102 |
| | 显著性（单尾） | 0.004 | 0.230 |
| 特殊向量中心度 | 相关系数 | 0.316\*\* | 0.108 |
| | 显著性（单尾） | 0.010 | 0.218 |
| 网络约束度 | 相关系数 | −0.597\*\* | −0.301\* |
| | 显著性（单尾） | 0.000 | 0.013 |

\*.P值在0.05水平下，相关性显著。

\*\*.P值在0.01水平下，相关性显著。

## （四）"招贤"策略二：提高技术门槛与制作成本

提高技术门槛与制作成本都需要充足的劳动力和资金支持，充足的劳动力也意味着宝贵的时间成本，同样可以换算为经济资本的投入。优秀的内容生产离不开人才与资金，这让具备经济能力的官方团队及其合作者在内容市场中更具优势，而优质内容的涌现也会提高同一阶段的内容质量的平均水平，让具备优等质量和官方背书的内容得到更多关注。下述数据也佐证了这一观点，提高建构虚拟偶像及其内容的技术门槛和制作成本在下一时期的部分位置指标存在一定的相关关系，即官方团队及其合作者积极提高技术门槛与制作成本，会让其在下一阶段获得更具优势的权力位置，也就对虚拟偶像的认识建构更有话语权。

中介中心度（0.403**）、度数中心度（0.323**）和网络约束度（-0.301*）的相关系数的绝对值均大于 0.3，根据科恩准则，在社会科学研究中属于中度效应，说明两者在这三个指标上均呈现相关关系。官方团队及其合作者增加其内容的专业程度和制作成本，有利于提高圈内内容生产的整体水平，为行业设立优秀的旗舰型内容产品。官方团队将内容生产领域的门槛提高，一方面能够让具有专业技术和能力的行动者的价值彰显，被更多优秀的团队招募与挖掘，同时也让"单打独斗""散兵作战"的全包型行动者受到挑战，零散且随意的内容将更难出圈，促使部分个体产消者积极寻求合作。通过提高行业门槛让官方团队的优势资本更具吸引力，场域中的行动者也会更愿意与具有经济实力和技术能力的行动者进行合作，官方团队在下一时期更易在网络中担任"桥梁"的角色，拥有更高的活跃度，获得更多的信息和资源优势。

然而，接近中心度和特殊向量中心度则不显著，说明该策略对于官方团队及其合作者个体在场域中提高独立性没有显著帮助，仍旧容易被部分行动者影响，该策略引发的合作也并没有增加官方团队与重量级行动者合作的机会。这可能是由于部分全能型行动者拥有较强的独立性，已经具有一定的粉丝量和认可度，其内容质量本身较高，不受整体平均水平提高的影响，他们在场域中拥有较强的自主性和选择权。

综上所述，官方团队及其合作者在现阶段场域（2019 年）中夺得的位置与其在上一时期同场域中影响力高的内容生产者合作、采取加强其他行动者对其依赖策略存在正向相关关系，而提高建构虚拟偶像及其内容的技术门槛和制作成本，则与度数中心度、中介中心度和经纪性三个位置指标存在正向相关关系。因此，假设 H2.2.2 和 H2.2.2a 得到了证实，而 H2.2.2b 得到了部分证实。

## 六、挑战者的"扩列"策略：趣缘版图的扩张与权力格局的改变

"扩列"是流行于 00 后之间的网络流行词，意为积极扩充社交软件中的好友列表，想要"扩列"的人会主动在主页中公开自己的基本信息和喜好、张扬个性，这种现象在沉浸于二次元文化中的虚拟偶像粉丝中非常普遍，内容创作者也会积极介绍自己的内容主题与个人偏好，让同好能够迅速匹配，在短时间内迅速了解自己，同时也节约了兴趣不相投的人的时间。"扩列"策略能够增强产消者的优势资本（文化资本和社会资本），因此，本节回答"挑战者（产消者）在具体运演时期夺得虚拟偶像内容生产场域中的权力位置，与其在上一时期（前思维运演时期）与增强自身优势资本的系列行为相关"，即对于以产消者为代表的挑战者而言，加强自身在社会资本和文化资本方面的优势能否有效增加其内容在用户群中的影响力。

在虚拟偶像正式面向市场后（前思维运演时期），产消者通过购买技术型虚拟偶像正版 VOCALOID 软件，开始加入虚拟偶像内容生产场域，并在长时间的运营和发展后，使虚拟偶像的整体形象在官方与受众的共同努力下达成基本共识。同时，产消者也在积极参与内容生产的过程中（具体运演时期）逐渐占据场域的中心位置，他们的呼声越发响亮，挑战者群体对虚拟偶像的建构形成了一些新的认识，运用自身在场域中的影响力，

积极参与到虚拟偶像的建构之中，部分"二次设定"也在用户群体中得到一定的认可，基于人声合成技术 VOCALOID 的虚拟数字人到底应该走"歌手"之路还是"偶像"之路，成为争论的热点。

在探讨产消者增强自身优势资本的策略之前，首先需要弄清楚产消者的优势资本是什么。产消者指的是一个模糊且庞大的群体，由于共同的爱好与内容生产行为，他们被糅合进了一个有着不同性别、年龄、职业和专业技术能力等特征的特定群体之中，类似于自组织式群体。相较于官方团队而言，产消者虽然在经济资本和政治资本等方面不具优势，但其在文化资本与社会资本方面的优势确实是显著的。

就文化资本而言，产消者通过在虚拟偶像相关内容中增加或继承自己喜爱的虚拟偶像"二次设定"、与场域内影响力高的其他产消者积极合作的方式提高其文化资本。虚拟偶像成功的"二次设定"能够为内容增加影响力，同时也能让其创作者获得更高的知名度、收获更多的粉丝，创作者在争夺虚拟偶像认识建构的过程中，不仅可以收获更多的粉丝和更好的内容用户互动数据，还可以带来经济收益。很多虚拟偶像社团会发售具有相同设定的虚拟偶像专辑，一些与商业品牌理念相符合的优秀虚拟偶像内容作品甚至可以接到品牌商的广告合作机会。例如，中国零食品牌"三只松鼠"与虚拟偶像洛天依进行联动，将《好吃歌》原曲改编成三只松鼠品牌的广告曲，《好吃歌》的作曲者和编曲者都能从中获得经济报酬。

就社会资本方面，产消者会通过积极与用户进行交流和沟通，在内容详情中发表关于创作的想法与观点，并积极与虚拟偶像的消费者（包括产消者的粉丝群体）交流互动，增强彼此之间的联系；与此同时，产消者在虚拟偶像内容生产场域中积极与场域内影响力高的其他行动者合作，在二次元用户聚集的哔哩哔哩平台外的社交平台中积极宣传以增强其社会资本的优势，外部场域中的受众互动数据——如转发、评论和分享，都会吸引外部场域的行动者注意，增加内容的曝光度和影响力的同时，与更多的人建立连接。

因此，本书将验证以下5个关于产消者增强自身优势资本的操作化假设：

H2.2.3：挑战者在2017年（具体运演时期）虚拟偶像内容生产场域中的权力位置，与其在2015年（上一时期前思维运演时期）采取增强自身优势资本的策略呈正相关性。

H2.2.3a 挑战者在具体运演时期的虚拟偶像内容生产场域中的权力位置，与其于2015年（上一时期）在内容或个人主页中公开其他社交平台账号呈正相关。

H2.2.3b 挑战者在具体运演时期的虚拟偶像内容生产场域中的权力位置，与其于2015年（上一时期）在外部场域宣传其负责内容呈正相关。

H2.2.3c 挑战者在具体运演时期的虚拟偶像内容生产场域中的权力位置，与其在2015年（上一时期）负责的内容中提出或继承"二次设定"呈正相关。

H2.2.3d 挑战者在具体运演时期的虚拟偶像内容生产场域中的权力位置，与其在2015年（上一时期）拓宽个人内容合作网络呈正相关。

由上可知，本书将变量二"采取增强自身优势资本的策略"细分为"在内容或个人主页中公开其他社交平台账号"[①]"在外部场域宣传其负责内容"[②]"提出或继承'二次设定'"[③]和"拓宽个人内容合作网络"[④]4个分项变量，并对每个分项变量采用哑变量的方法进行量化编码，存在此类行为

①　变量"在内容或个人主页中公开其他社交平台账号"的测量方法：搜索该行动者在哔哩哔哩弹幕视频网的个人主页，若该行动者在个人主页的内容中公开其他社交平台账号或在微博、Lofter等社交平台中使用相似的名字，则编码为1，反之则编码为0。

②　变量"在外部场域宣传其负责内容"的测量方法：搜索该行动者在微博、知乎、微信公众号或哔哩哔哩动态等社交平台的官方账号，查看其是否在2015年内宣传其参与生产的内容，是则编码为1，否则编码为0。

③　变量"提出或继承'二次设定'"的测量方法：搜索该行动者在哔哩哔哩弹幕视频网的个人主页，找到其在2015年负责（上传）的所有内容，并查看其内容是否在官方团队对该虚拟偶像的基本设定上进行二次创作，如对整体人物风格、喜好、价值观或背景剧情增加新要素或提供全新的理解和设定，是则编码为1，否则编码为0。

④　变量"拓宽个人内容合作网络"的测量方法：计算2015年所有行动者度数中心度的均值，若产消者个人在2015年的度数中心度大于2015年所有行动者的均值，则判定为是，编码为1；若变量的值小于或等于2015年均值，则判定为否，编码为0。

则编码为 1，不存在则编码为 0。接着，将分项变量相加求和得到"采取增强自身优势资本的策略"这一总指标的赋值。"采取增强自身优势资本的策略"为定序变量，取值范围为 0~4，当取值为 0 时，代表产消者没有采取增强自身优势资本的行为，当取值为 1~4 时，数值越大，代表既有掌权者采取的该类策略的措施越多。

为了承接上文的研究，本书将选择产消者作为挑战者在 2017 年虚拟偶像中文 VOCALOID 年榜前 200 名代表内容生产场域中的权力位置，是否与其在上一时期 2015 年（前思维运演时期）采取的颠覆策略相关。考虑到虚拟偶像内容生产场域行动者的更新迭代速度较快，部分进入 2017 年虚拟偶像中文 VOCALOID 年榜前 200 名的内容合作生产场域的产消者可能在 2015 年尚未参与到虚拟偶像内容生产活动中，为了避免这部分未在 2015 年场域中采取过策略的产消者的影响，本书只提取同时出现在 2017 年与 2015 年虚拟偶像中文 VOCALOID 内容生产场域的行动者作为研究对象，发现共有 124 名行动者，97 名为产消者或内容生产文化社团，其中 27 名为官方团队或与其有合作关系的行动者。本节将以 97 名产消者作为样本，探讨 2017 年（具体运演时期）官方团队及其合作者所处的网络位置与其在 2015 年（上一时期前思维运演时期）采取的颠覆策略是否相关。

### （一）总览：变量的描述性统计分析

为了研究挑战者策略选择与权力格局改变的相关性分析，代表权力格局的变量将被操作化为场域中挑战者在 2017 年（具体运演时期）合作生产网络中的各项位置指标。挑战者各项中心度指标及经纪性指标如表 7-12 所示。

表 7-12　2017 年产消者各项位置指标的描述性统计

|  | 最小值 | 最大值 | 均值 | 标准差 | 偏度系数 | 峰度系数 |
|---|---|---|---|---|---|---|
| 度数中心度 | 0.0021 | 0.1106 | 0.0296 | 0.0027 | 1.2428 | 0.9212 |
| 中介中心度 | 0.0000 | 0.0405 | 0.0038 | 0.0008 | 2.6287 | 7.0802 |
| 接近中心度 | 0.0021 | 0.0096 | 0.0087 | 0.0002 | −2.4728 | 4.2097 |
| 特殊向量中心度 | 0.0000 | 0.7736 | 0.1054 | 0.0174 | 2.1903 | 4.7668 |
| 网络约束度 | 0.0576 | 1.0000 | 0.3738 | 0.0305 | 0.9384 | −0.5043 |

产消者的中心度指标均值高于 2017 年该场域中所有行动者的中心度均值，而网络约束度则低于场域中所有行动者的均值。从均值来看，产消者的中心度和经纪性均高于整个场域中所有行动者的位置均值。产消者各项位置指标的标准差均大于所有行动者的标准差，说明产消者内部的离散程度较大。就分布情况而言，产消者的位置指标略呈偏态分布，除接近中心度以外，其他位置变量均为左偏，即除接近中心度和经纪性以外，具有较高中心度指标的产消者为少数，说明产消者内部的权力分布同样处于较不均衡的状态。这些都说明，2017 年虚拟偶像内容生产场域的产消者庞大，相比官方团队及其合作者，他们是离散的，个体影响力差距较大，很有可能存在强弱悬殊的情况。

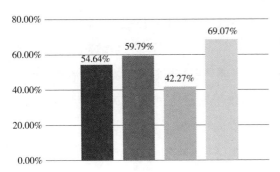

图 7-3　产消者在 2015 年采取各类增强自身优势资本策略的比例

产消者在决定增强自身优势资本时，四种具体策略的采取占比各不相同，其中采取提出或继承"二次设定"的产消者占比相对较少，仅占 42.27%，不足半数。其他三种策略均有超过一半的产消者选择，其中选择在内容或个人主页中公开其他社交平台账号的产消者数量最多，占 69.07%；其余分别是拓宽个人合作网络（54.64%）和在除哔哩哔哩外社交平台的个人页面中宣传其生产的内容（59.64%）。

## （二）"扩列"策略可行：产消者采取增强自身优势资本

由表 7-13 可知，产消者在上一时期（2015 年）采取增强自身优势资本策略，将更容易在其后发展时期（2017 年）的场域中占据优势位置，让挑战者更能左右虚拟偶像认识建构的方向。从表 7-13 可知，P 值在 0.01 水平下，采取增强自身优势资本的策略与后一时期的场域位置之间存在显著的正相关关系；与网络约束度之间则存在显著的负相关关系，亦即与经纪性存在正向关系。假设 H2.2.3 得到支持，从各变量之间的密切程度来看，中介中心度与采取增强自身优势资本策略关系最为密切，相关系数达到 0.467**，其他四项中心度的相关系数数值相近，均接近科恩准则的中度效应量 0.3，依次是特殊向量中心度（0.285**）、度数中心度（0.273**）、网络约束度（-0.283**）、接近中心度（0.263**）。

通过上述数据可知，"扩列"策略对产消者增强自身在场域中的权力位置有着积极作用。产消者主要由离散且模糊的群体组成，将彼此紧密连接在一起的是共同的喜好与文化，"共情"与"分享"是虚拟偶像粉丝圈层维系内部凝聚力的重要环节。除了部分具有影响力的头部产消者也许能够通过带货和广告等方式获得一定的盈利以外，绝大部分产消者的内容生产行为是没有经济回报的，这种内容生产行为源于喜爱与分享的心态。在视频发布网站的个人主页和介绍中写上其他平台的账号，积极"扩列"，不仅仅是为了跨平台引流、扩大作品的影响力，更重要的是利用不同媒体平台的特性与粉丝、同行交流，以不同形式分享二次元文化，找到趣味相投的同好和同行，建立线上线下联系，发表自己对虚拟偶像人物形象的理解，与粉丝们共同完善产消者理想的"虚拟偶像"，建立广泛的弱关系。这种弱关系能够带来的是未来与优秀内容创作者合作与交流的机会，在拓宽未来作品的传播渠道的同时，也会带来关注度。

表 7-13　采取增强自身优势资本策略与改善权力位置的关系（前思维云演时期）

| 位置指标 | | 增强优势资本策略 |
|---|---|---|
| 度数中心度 | 相关系数 | 0.273** |
| | 显著性（单尾） | 0.003 |
| 中介中心度 | 相关系数 | 0.467** |
| | 显著性（单尾） | 0.000 |
| 接近中心度 | 相关系数 | 0.263** |
| | 显著性（单尾） | 0.005 |
| 特殊向量中心度 | 相关系数 | 0.285** |
| | 显著性（单尾） | 0.002 |
| 网络约束度 | 相关系数 | −0.283** |
| | 显著性（单尾） | 0.002 |

**.P 值在 0.01 水平下，相关性显著。

### （三）积极拓宽传播圈层与粉丝互动，有助于争得更优位置

产消者增强自身优势资源的策略可分为两大方向，共四个具体策略：

第一，积极主动引流，公开其他社交平台账号是与争夺权力位置关系最密切的策略。相关性分析结果显示，公开其他社交平台账号与各位置指标在 P<0.01 的水平下相关，其相关系数绝对值在 0.15~0.45 之间，其中中介中心度（0.424）的相关系数绝对值最大，说明公开其他社交平台账号、增加与受众的互动途径，能让产消者在内容生产网络中占据更为重要的桥梁位置。度数中心度、接近中心度和特殊向量中心度与网络约束度之间的相关性相对较小，绝对值在 0.2 附近，说明公开其他社交平台用户名与产消者在下一时期场域的活跃度、独立性、合作对象的影响力和经纪性之间

均存在一定的正向关系。

第二，积极宣传，在社交平台中正面宣传自己的作品，有助于作品在圈内得到更多的关注与影响力，对虚拟偶像的认识与塑造更易得到认可。与其在下一时期的中介中心度、接近中心度和特征向量中心度存在正向相关关系。其中，达到中度效应量的位置指标有两个，分别为中介中心度（0.354**）和接近中心度（0.256**），而相对较低的是特殊向量中心度（0.247**），说明在社交平台中宣传其生产的内容的产消者更容易在下一时期占据桥梁的位置，更容易得到场域中影响力高的生产者的合作机会，同时在一定程度上仍能保持生产的独立性，在资源的获取上不受制于特定行动者。代表经纪性指标的网络约束度与上一时期在其他社交平台中宣传其参与的内容不相关。

第三，提出或继承"二次设定"同样有助于产消者争得更优位置，但与主动引流和积极宣传的策略相比，则相对收效较少。如表 7-14 所示，除度数中心度以外，其他四项位置指标均在 0.05 的水平下显著，采取该类策略与下一时期场域中的中介中心度（0.361**）存在相对较高的相关关系，而其他三项位置指标效应量相对较弱，效应量徘徊在 0.2 附近。这可能是源于"二次设定"是对原有整体形象的补充或背离，甚至是一种革命性的推翻，优秀的"二次设定"是一种锦上添花，是"群众中来，群众中去"的合意，既能对原有设定的空白进行补全，也能让虚拟偶像在人物逻辑与整体形象方面得到积极、正面的提升。然而，这种优秀的设定是相对较少的，大部分的"二次设定"只是产消者的某种提议，是一种参考，不一定能够引起受众的共鸣与支持。因此，优秀"二次设定"的提出的确在某种程度上会对虚拟偶像的认识建构产生深远的影响，但这不仅依靠提议者自身对原有设定的高度理解，也需要得到达到一定基数的粉丝群体的认可与共鸣。其余的则很容易停留在提议层面，对虚拟偶像的认识建构影响较少。

第四，采取拓展个人内容合作网络，有助于产消者在下一时期提升其活跃度和经纪性。该策略的度数中心度和网络约束度均在小于 0.01 的水平下显著，其相关系数分别是 0.337\*\* 和 −0.284\*\*，说明采取拓展个人内容合作网络有助于产消者在下一时期在场域中保持活跃度，也有助于通过异质社群合作，得到不同类型的资源和信息，获得更多的创新机会和经纪利益。拓展个人内容合作网络的其他中心度指标并不显著。与既有掌权者官方团队及其合作者相比，产消者拓宽个人合作网络的收效相对更少，可能是因为产消者自身具备一定的生产能力，其合作主要是产消者之间的合作，拥有的资本相似，并不能换取其相对弱势的经济资本和政治资本，而官方团队及其合作者可以通过与场域中具有影响力和文化资源的产消者进行合作，弥补其在文化资本和社会资本方面的弱势。因此，相较而言，官方团队及其合作者通过拓展个人合作网络争夺优势位置的收益会相对更大一些。

综上，产消者在具体运演时期（2017 年）获得的优势地位，与采取的加强自身优势资本策略存在正向相关关系，其中与受众互动的相关系数比通过创新与合作提高场内影响力策略相对更高，即对产消者争夺场域中的中心位置相对更加有利。

表 7-14　采取增强自身优势资本策略与改善权力位置的关系（具体运演时期）

| 位置指标 | | 公开其他社交平台用户名 | 在社交平台中宣传其生产的内容 | 提出或继承"二次设定" | 拓宽个人内容合作网络 |
|---|---|---|---|---|---|
| 度数中心度 | 相关系数 | 0.176\* | 0.098 | 0.159 | 0.337\*\* |
| | 显著性 | 0.043 | 0.169 | 0.059 | 0.000 |
| 中介中心度 | 相关系数 | 0.424\*\* | 0.354\*\* | 0.361\*\* | 0.156 |
| | 显著性 | 0.000 | 0.000 | 0.000 | 0.063 |
| 接近中心度 | 相关系数 | 0.229\* | 0.256\*\* | 0.193\* | 0.040 |
| | 显著性 | 0.012 | 0.006 | 0.029 | 0.349 |
| 特殊向量中心度 | 相关系数 | 0.221\* | 0.247\*\* | 0.213\* | 0.097 |
| | 显著性 | 0.015 | 0.007 | 0.018 | 0.173 |
| 网络约束度 | 相关系数 | −0.194\* | −0.132 | −0.181\* | −0.284\*\* |
| | 显著性 | 0.029 | 0.099 | 0.038 | 0.002 |

## 七、挑战者的"避短"策略：降低依赖与权力格局的改变

根据权力依赖理论，降低对对方优势资本的依赖策略有助于挑战者提高自身在场域中的权力位置。在虚拟偶像内容生产场域中，产消者作为挑战者，在建构虚拟偶像层面与官方团队相比天然处于弱势，内容生产活动是产消者参与虚拟偶像建构的主要途径，优秀且具有影响力和号召力的作品能够迅速拓宽虚拟偶像的传播范围，达到"破圈"的效果。但是，虚拟偶像的所有权不归属于产消者，使用虚拟偶像的形象进行内容创作都有可能引起版权纠纷。因此，站在产消者的立场上，产消者对虚拟偶像生态的影响越大，与官方团队的合作越融洽，对自身作品的推广与个人发展就越有助益。在日本，许多产消者通过使用虚拟偶像初音未来进行内容生产而逐渐走向专业音乐制作人之路；在中国，也有优秀产消者的歌曲通过被虚拟偶像洛天依传唱的方式而知名，实现"破圈"，被当红明星翻唱。

然而，长期使用特定虚拟偶像也会导致产消者对特定虚拟偶像的依赖，而且使用虚拟偶像也可能面临官方团队运营问题和内容作品版权问题。虚拟偶像的运营需要公司和受众的共同支持，而由于虚拟偶像的技术开发和市场运营分属不同公司负责，如果运营公司旗下的虚拟偶像版权过期而又未顺利完成版权交接，市场将不会再有关于该虚拟偶像的活动和官方内容，这对于虚拟偶像而言是致命的。例如，网易和上海禾念共同推出的虚拟偶像"战音lorra"就因为缺乏资金和版权归属问题而被资本舍弃，当时依靠创作虚拟偶像"战音lorra"相关内容而赢得受众和影响力的产消者最终面临粉丝流失的问题。因此，对于产消者来说，创作不同虚拟偶像的内容一方面能够满足不同类型受众的内容需求，尤其是生产新出道（发售）的虚拟偶像的内容，不仅能抢占新兴市场，同时还能规避过度依赖某一位虚拟偶像而带来的风险。另外，"有好的想法和歌曲，但缺乏资金以致无法聘请专业人才提升内容质量"是很多虚拟偶像产消者面临的问题，很多虚拟偶像内容生产民间社团会选择推出专辑和内容周边来保证后续内

容生产的顺利进行。因此，这些潜在风险都会让产消者积极降低对某一虚拟偶像的依赖，采取"不要把鸡蛋放在同一个箩筐里"的策略。减轻对同一公司旗下的特定虚拟偶像的依赖，即减轻对官方团队的依赖的具体策略有两种：一是抢占新兴虚拟偶像的内容市场，培养受众的爱好，也可以规避某一虚拟偶像无法运营或被封杀时所面临的风险；二是降低对官方销售渠道的依赖，以非官方渠道销售虚拟偶像相关产品（专辑或周边）。例如，有很多产消者会在同人交流会或通过个人社交网络账号宣传，在淘宝等电商平台销售自己设计的周边产品。

因此，本书将验证以下 3 个关于产消者降低对对方优势资本依赖的操作化假设：

H2.2.4 挑战者在 2017 年（具体运演时期）虚拟偶像内容生产场域中的权力位置，与其在 2015 年（上一时期）降低对对方优势资本的依赖呈正相关。

H2.2.4a 挑战者在 2017 年（具体运演时期）虚拟偶像内容生产场域中的权力位置，与其在 2015 年（上一时期）抢占新兴虚拟偶像内容市场呈正相关。

H2.2.4b 挑战者在 2017 年（具体运演时期）虚拟偶像内容生产场域中的权力位置，与其在 2012 年至 2015 年期间（上一时期）以非官方途径销售虚拟偶像相关产品（专辑或周边）呈正相关。

## （一）总览：变量的描述性统计分析

本书将"降低对对方优势资本的依赖"的策略细分为"负责的内容涉及两家或以上公司旗下的虚拟偶像"①和"以非官方途径销售虚拟偶像相

---

① 变量"抢占新兴虚拟偶像内容市场"的测量方法：在哔哩哔哩弹幕视频网站中搜索该创作者在 2015 年参与的所有内容是否使用 2015 年新出道的虚拟偶像（心华或乐正绫），是则编码为 1，否则编码为 0。

关产品（专辑或周边）"①2个分项变量，并对每个分项变量采用哑变量的方法进行量化编码，存在此类行为则编码为1，不存在则编码为0。接着，将分项变量相加求和得到"采取增强自身优势资本的策略"这一总指标的赋值。"降低对对方优势资本的依赖"为定序变量，取值范围为0~2，当取值为0时，代表产消者没有采取增强自身优势资本的行为，当取值为1~2时，数值越大，代表既有掌权者采取该类策略相关的行为措施越多。

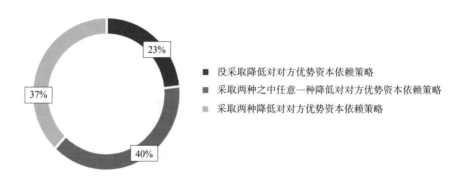

**图 7-4　产消者在 2015 年采取降低对对方优势资本的依赖的比例**

通过对编码结果统计与分析，如图 7-4 所示，大部分产消者都至少采取了一种策略降低对对方优势资本依赖（77%），没有采取该策略的产消者占23%。具体来看，降低对对方优势资本依赖两类策略方面，样本中，采取抢占新出道（发售）虚拟偶像内容市场的产消者占32.99%，比选择以非官方途径销售其内容（24.74%）的产消者数量上略高。相对而言，采取降低对对方优势资本依赖策略的产消者数量总体相对较少，这与其降低对对方优势资本的成本相关，以非官方途径售卖内容需要付出较多的时间成本和较大的经济风险，这种同人艺术作品（fanart）的销量也相对有限，

---

① 变量"以非官方途径销售虚拟偶像相关产品"的测量方法：由于专辑涵盖的歌曲也可能是早年间的曲目，制作周期经常出现跨年的情况，因此，本书将以产消者是否在前思维运演时期2012年至2015年之间发售专辑和周边作为判断依据，是则编码为1，否则编码为0。

基本很难获得较大盈利。同时，占领新出售的虚拟偶像市场同样需要购买其正版软件，正版 VOCALOID 软件售价在人民币 500 元左右，使用软件还需要配套电脑和音乐设备，早期都需要一定的经济投入。由此可见，对于在经济资本上不占优势的产消者而言，降低对对方优势资源依赖策略可能并不是所有产消者的首选。

## （二）"避短"策略可行：有效高投资有回报

如表 7-15 所示，在斯皮尔曼统计量进行相关性检验的结果可知，在 0.01 的显著性水平下，在 2017 年场域中参与度和经纪性越高的产消者，越有可能在上一时期（2015 年）采取了降低对对方优势资本的依赖策略。2017 年场域中位置指标度数中心度（0.391**）和特殊向量中心度（0.172*）与产消者在上一时期采取降低对方优势资本策略呈正向相关，而网络约束度（–0.326**）则与之呈负相关。但是，中介中心度和接近中心度则与之并不相关。因此，假设 H2.2.4 得到部分证实，降低对对方优势资本的依赖与其在下一时期的度数中心度和网络约束度之间存在相关关系。

从数据来看，"避短"策略相对而言是高投资，但也是有回报的，其回报主要体现在经纪性和度数中心度。经纪性的正向相关（与网络约束度负相关）拓宽了产消者个人的内容生产合作圈，选择新的虚拟偶像进行创作是一种跳出舒适圈的选择，自然也能和舒适圈以外的优秀创作者相遇与合作，这都带来了个人的独立性。如果产消者能够在非官方途径售卖自制音乐专辑和专辑封面周边中收支持平或盈利，该策略的成功能大幅提升产消者个人对作品的信心、对基于人声合成技术的虚拟偶像的信心，同时带来的盈利也能为其后期作品的生产与宣传奠定良好的经济基础，更有利于其在下一阶段的内容生产场域中获得更有利的权力位置，拥有更多的影响力与话语权。

表 7-15 采取降低对对方优势资本的依赖策略与改善权力位置的关系

| 位置指标 | | 降低对对方优势资本的依赖 |
|---|---|---|
| 度数中心度 | 相关系数 | 0.391** |
| | 显著性（单尾） | 0.000 |
| 中介中心度 | 相关系数 | 0.168 |
| | 显著性（单尾） | 0.050 |
| 接近中心度 | 相关系数 | 0.132 |
| | 显著性（单尾） | 0.099 |
| 特殊向量中心度 | 相关系数 | 0.172* |
| | 显著性（单尾） | 0.046 |
| 网络约束度 | 相关系数 | −0.326** |
| | 显著性（单尾） | 0.001 |

**.P 值在 0.01 水平下，相关性显著。

## （三）抢占新内容市场和拓宽销售渠道：提升经纪性与度数中心度

由上文可知，抢占新兴虚拟偶像内容市场和以非官方途径销售内容有助于提高度数中心度、特殊向量中心度和经纪性，但与下一时期的中介中心度和接近中心度的关系并不密切。如表 7-16 所示，降低对对方优势资本的依赖策略的两个分项变量均与度数中心度和网络约束度两项位置指标在 0.01 的水平下显著，采取抢占新兴虚拟偶像内容市场的策略与下一时期场域中的度数中心度（0.355**）和网络约束度（−0.298**）关系更为密切，比非官方途径销售内容的度数中心度（0.294**）和网络约束度（−0.244**）相关系数更高，但相关系数均徘徊在 0.3 附近，效应量达到中度。这可能是因为采取降低对方优势资本的策略对产消者的经济实力和时间精力都具有一定要求，只有一部分产消者有实力且有精力实施该类策略。产消者积极启用新的虚拟偶像，并通过非官方渠道售卖自制音乐专辑和周边产品能开拓新的传播渠道，也能积累一定的经济资本，但同时也面临一些现实问题。新的虚拟偶像处于新兴阶段，粉丝群体较少，使用他们进行内容创作有一定的风险性，可能会失去部分老粉丝的关注，因此作品的传播力和影响力受损，继续进入年度榜单的可能性也减少。部分有了作品积累的产消者会通过非官方途径贩卖自制音乐专辑和专辑封面周边，这些都需要早期投入经济资本和劳动力。另外，还需要面对粉丝市场判断有误和宣传营销不足导致亏损的风险，各种生产投入成本甚至会上万，在原有的成本和精力付出不一定有明朗的前景和回报的前提下，大部分产消者都会望而却步。

综上，"避短"策略在提升经纪性和度数中心度方面是有一定效果的，产消者在具体运演时期（2017 年）虚拟偶像内容生产场域中的活跃度和经纪性，与采取降低对对方优势资本的依赖策略存在正向相关关系。然而，中介中心度、接近中心度和特殊向量中心度与该两项分项变量之间存在的关系相对较弱或不显著。

表 7-16　降低对对方优势资本的依赖策略与改善权力位置的关系

| 位置指标 | | 抢占新兴虚拟偶像内容市场 | 非官方途径销售内容 |
|---|---|---|---|
| 度数中心度 | 相关系数 | 0.355** | 0.294** |
| | 显著性（单尾） | 0.000 | 0.002 |
| 中介中心度 | 相关系数 | 0.213* | 0.08 |
| | 显著性（单尾） | 0.018 | 0.219 |
| 接近中心度 | 相关系数 | 0.091 | 0.124 |
| | 显著性（单尾） | 0.188 | 0.112 |
| 特殊向量中心度 | 相关系数 | 0.107 | 0.169* |
| | 显著性（单尾） | 0.149 | 0.049 |
| 网络约束度 | 相关系数 | −0.298** | −0.244** |
| | 显著性（单尾） | 0.001 | 0.008 |

*.P 值在 0.05 水平下，相关性显著。

**.P 值在 0.01 水平下，相关性显著。

## 小 结

本章从客观建构角度聚焦结构变迁与行动者策略之间的关系，探讨既有掌权者和挑战者分别采取的保守策略和颠覆策略，是否有助于他们争夺场域中的优势位置（RQ2.2）。从客观结构出发，分别从既有掌权者和挑战者两个方面进行阐述。

首先，回答既有掌权者（官方团队及其合作者）采取的保守策略是否有助于维持既有的权力依赖关系。通过量化分析发现，既有掌权者在当前场域（2019 年）的优势位置与其在上一时期（2017 年）的策略选择密切相关。既有掌权者改变资源依赖关系策略包括两个方向：

第一个方向是"扬长"策略——官方团队及其合作者通过增强己方优势资本，增加产消者中对自身优势资源的依赖。相关性结果表明，通过举办或参加官方商业活动和正面宣传虚拟偶像的方式增强己方优势资本的既有掌权者（官方团队及其合作者）更可能占据场域中的优势位置。其中，举办或参加官方商业活动与各项位置指标均存在一定的相关关系，而发表或传播符合虚拟偶像正面形象的内容则与接近中心度、特殊向量中心度和网络约束度之间存在相关关系。

第二个方向是"招贤"策略——官方团队及其合作者通过加强其他行动者对其优势资源的依赖，加深彼此合作程度和提高竞争门槛。相关性分析结果表明，五项位置指标与该类策略存在相关关系，因此，通过提高参与建构虚拟偶像的技术门槛和制作成本，与场域内影响力大的内容生产者进行合作等方式加强其他行动者对其优势资本的依赖，有助于官方团队及其合作者在场域中争得优势位置。该策略的分项变量"与场域中影响力高的内容合作者合作"与下一时期场域各项位置指标显著相关，而变量"提高建构虚拟偶像及其内容的技术门槛和制作成本"则与下一时期的度数中心度、中介中心度和经纪性存在正相关关系。

接着，回答挑战者（产消者）采取的颠覆策略是否有助于改变既有的权力依赖关系。通过量化分析发现，挑战者在具体运演时期的虚拟偶像内容生产场域（2017 年）的优势地位与其上一时期（2015 年）策略选择存在一定的相关关系。挑战者（产消者）改变资源依赖关系的策略包括两个方向：

第一个方向是"扩列"策略——产消者采取加强自身优势资本策略。相关性分析结果表明，五项位置指标均与采取该类策略存在相关关系，采取加深自身优势资本策略有助于改善产消者在场域中的权力位置。其中，采取公开其他社交平台账号或提出或继承"二次设定"的产消者在场域中更易争得优势位置。

第二个方向是"避短"策略——产消者降低对对方优势资本的依赖策略。相关性分析结果表明，降低对对方优势资本的依赖对改善产消者的度数中心度和经纪性有一定的助益效果，而与其他中心度指标则相关性较弱或不存在相关关系，这可能是因为抢占新兴虚拟偶像内容市场和非官方途径销售内容等方式需要的资金支持和时间成本较高，而在经济资本方面的弱势导致部分产消者没有条件选择该类策略。

# 第八章　深耕的回报：场域中行动者"强者愈强"的趋势

在上两章中，笔者探讨了行动者的策略是否会影响虚拟偶像的认识建构，发现行动者的策略会对在场域中的位置产生直接影响，即内容生产可以通过生产虚拟偶像相关的内容并采取一系列的策略扩大自身作品的影响力，来引导虚拟偶像朝着自己理想的方向建构，影响公众对虚拟偶像整体形象的认识。通过观察虚拟偶像内容生产场域的演变可知，行动者在虚拟偶像内容生产场域中的影响力处于变动状态，其对虚拟偶像的影响力也会随着其在场域中的位置而变动。参与生产的行动者会积极采取策略增强作品的影响力，从而增强其在虚拟偶像认识建构层面的话语权，让虚拟偶像朝着符合自身利益的方向发展，朝着自己心中的"理想偶像"发展。那么，虚拟偶像内容生产场域是否值得内容生产者深耕？换句话说，行动者在虚拟偶像内容创作中的早期积累是否能够为后期发展奠定基础？虚拟偶像内容生产场域中的行动者是否会出现"强者愈强，弱者愈弱"的趋势？

本章将在前两章的基础上，聚焦虚拟偶像内容生产的持续与积累问题，探讨"虚拟偶像认识建构发展的过程中，场域中权力位置的变化与参与虚拟偶像的内容收益的双向关系"（RQ3），即思考行动者早期在虚拟偶像内容领域积攒的影响力是否与后期收益呈正相关关系。

## 一、马太效应：虚拟偶像认识建构权与收益之间的关系

实际掌权者凭借自身在场域中的优势，向其他行动者施加权力，对部

分内容的生产与传播造成影响，可以被视为某种"实实在在的力量"（布迪厄、华康德，1992/2004：138）。在虚拟偶像的认识建构权中，随着虚拟偶像相关内容蓬勃涌现，虚拟偶像的形象也在不断发展与推进，谁能在场域中占据优势地位、掌控虚拟偶像的认识建构权，谁就能在虚拟偶像的内容生产场域中更具影响力和优势，也就意味着谁能让虚拟偶像朝着更符合自身利益的方向发展。

　　如果媒介实体是虚拟偶像的躯壳，衍生内容则承载着虚拟偶像的历史，寄宿着虚拟偶像的灵魂。过去是存在的证明，历史是回答"我是谁"的依据，建构虚拟偶像就是为其"著书立传"，每一首为其创作的歌曲诞生，每一次为其创作的视频播放，都是建构虚拟偶像的过程，这种参与内容创作的行为是必不可少的。因此，官方团队和产消者双方行动者都不会否认虚拟偶像内容生产的重要性，内容生产实践是必需的，是构建理想虚拟偶像的重要途径。无论出于何种动机或目的，想要参与以虚拟偶像为中心的内容生产实践的前提就是默认虚拟偶像相关版权协议，是同意版权相关的"契约"，这种同意建立在他们参与内容生产实践的行为本身，而非某种明确的"契约"（如进行创作前先签署特定合同或协议）。官方团队需要针对旗下虚拟偶像的版权问题提出明确的使用规范，保留和让渡的权利需要一一阐明，而产消者则可以选择同意或放弃，如果执意侵权创作，则会导致自身陷入法律泥潭，这对于个体为主的产消者而言是非常消耗时间成本和经济成本的。因此，同样作为虚拟偶像内容创作的行动者，官方团队与产消者之间关于版权的共识是两者能够同台竞技、共塑神话的基础，既是保障产消者的安全参与，也是激活虚拟偶像内容创作热情和良性发展的关键。例如，中国某知名漫画的官方团队曾宣布限制同人作品的创作，同人作品销售额超过1000元就被视为侵权行为，官方将追究责任，这种限制同人作品创作的策略虽然在短时间内维护了官方团队的版权权益，但过于苛刻的限制策略也杜绝了产消者的参与，长期来看，不利于知识产权的良性发展，随后该公司适时调整策略，修改并更新了同人创作指引。

在得到官方团队在版权方面的保障后，行动者通过内容生产获得的收益是不均等的，也是不恒定的，随着虚拟偶像内容生产场域的变迁，不同的行动者拥有的权力也在变化，这就意味着场域中的客观位置存在差异，也意味着接近资源机会的差异和利用权力影响其他行动者的能力大小不同。从前面的章节可知，虚拟数字人洛天依在建构的过程中面临"歌手"和"偶像"的双重身份，着重发展"偶像"的设定能够提升其商业价值，而着重发展"歌手"的设定则更强调内容创作者的价值（作词、作曲、编曲和视频制作等），占有虚拟偶像认识建构的权力就意味着把持着内容生产场域中利害攸关的特殊收益（special profit）。因此，虚拟偶像建构权既是场域中的武器，也是行动者争夺的关键。

虚拟偶像内容生产除了可以增加自身影响力外，与他人进行内容生产合作，嵌入虚拟偶像内容生产合作网络会为其带来一定数量的社会资本。与优秀、影响力大的内容生产者进行合作，一方面为内容生产的质量与曝光度提供了保障，另一方面也可以通过合作获取新的灵感与构思，组成内容生产团队也能加强内容生产的效率与专业度，而这些增值的社会资本也能够转换为经济资本，为场域中的行动者带来实际的经济效益（皮埃尔·布迪厄，1992/2004）。一方面，公司会为旗下的虚拟偶像开展各种线上线下活动，举办各种内容创作大赛以期宣传旗下的虚拟偶像，赢得比赛将获得一定的奖金和荣誉，这种官方主导与产消者参与的合作生产行为无疑可以增加行动者的经济资本。例如，为了宣传虚拟偶像洛天依，从2016 年起，虚拟偶像洛天依的官方团队就有意和内容影响力高、掌握虚拟偶像认识建构权的创作者合作，购买影响力高的歌曲的使用权，同时举办各种内容创作比赛。另一方面，在各大视频网站投放作品能够获得一定程度上的经济回报。通过平台内容生产奖励机制，内容播放相关的互动行为数据可以实际转换为经济收益，虚拟偶像相关的内容生产为内容创作者带来经济回报，这些前期的资本积累会影响该行动者在下一时期占有的社会资本。以虚拟偶像中文 VOCALOID 主要的投放平台哔哩哔哩弹幕视频网站为例，哔哩哔哩在 2019 年推出"bilibili 创作激励计划"，根据原创视频的播放量等互动行为数据进行综合计算，对满足条件的创作者提供资金补助。

本章将分析行动者内容生产活动带来的社会资本是如何积累与转换的，早期通过内容生产得到的经济收益能否为后期发展提供帮助，让其在后期的场域中获得更有利的权力位置。具体研究问题可细分为：第一，行动者在现阶段虚拟偶像内容生产场域中的权力位置与其在同一时期内参与虚拟偶像认识建构的内容收益有何关系？（RQ3.1）第二，行动者在现阶段场域参与虚拟偶像认识建构的内容收益与其在下一时期行动者在场域中的权力位置之间的关系？（RQ3.2）

## 二、深耕的良性循环：场域位置与经济资本之间的转化

以产消者为主体的内容生产主要依靠粉丝群体的自组织式生产活动，"为爱发电"是一种自愿为喜爱的主体进行的非营利性营销活动，这种营销活动包括文字、图片、影像等形式的内容生产。虚拟偶像粉丝群体的自组织式内容生产活动主要以非营利性为主，尤其是影视作品的生产——主要依靠产消者在视频网站中自主上传、用户免费播放，依靠播放数据获得直接收益（如播放量、评论量、转发量和投币量等）。除了平台的直接回报，影视内容生产制作还能通过参与比赛和用户打赏获得一定的收益，相对而言，都具有一定的随机性和不稳定性，只有极少部分优秀的产消者可以完全通过视频类内容生产获得稳定的收入。根据 Lin（2002）提出的增加社会实践的收益的四种机制，行动者可以通过以下四种方式增加其参与虚拟偶像内容生产的收益：其一，社会资本为场域中的个体提供信息流，机会和选择方面的信息优势能够让行动者降低内容生产成本和获取更优质的合作者和资源。其二，一些关键的社会连接关系可以为行动者带来位置

优势，例如，产消者通过优质内容建立的粉丝社会网络，承载着具有价值的资源和权力，"粉丝赋权"下的部分产消者能够凭借其对其他行动者的控制权力与既有掌权者博弈。其三，社会资本能为产消者带来社会认证（social credentials）。产消者在虚拟偶像内容生产场域中获得的社会资本为其后续的内容合法性的争取和传播加上关系属性，为其内容加上社会关系的"附加价值"。其四，社会关系强化了行动者对彼此的身份和爱好的认同，基于对虚拟偶像的某个"二次设定"的喜好及其相关内容的喜爱，产消者能够通过内容对虚拟偶像进行二次创作，参与虚拟偶像认识建构的行为能够得到有共同爱好的行动者的情感和经济上的支持。

产消者"为爱发电"自组织式内容生产活动的经济资本总体上是非营利性且不稳定的，同时，音乐类影视作品制作及其传播往往是团队合作完成的，由于影视制作需要视频、美术、音乐等方面的专业能力、大量的时间成本和劳动力成本，可见，产消者的虚拟偶像音乐类影视作品制作是需要符合团队集体利益的，这种利益不仅限于直接的经济资本，还有社会资本、文化资本和符号资本[①]。虚拟偶像是一种具有强关系的新型媒介，拥有一定的粉丝基础，广义层面来说，个体能够通过虚拟偶像对特定群体进行定向的内容传播，通过音乐类的影视作品生产，团队和个体能获得特定群体的额外关注，这种关注可以转化为个体或团队的喜爱、荣誉和对自身更深的信心，增强其符号资本。团队间的合作也能加深个体和个体之间的合作关系，优秀的人才在内容作品生产中凸显，资源通过个体与个体之间的合作有所传递。例如，早期使用人声合成技术为基础的虚拟偶像进行创作的《九九八十一》《权御天下》《达拉崩吧》等作品，在二次元小众群体中得到认可后逐渐进入大众的视野，通过登上主流媒体平台和与明星合作被

---

① 虚拟偶像的符号资本包括但不限于人物设定、二次设定、服装服饰风格及其背后意象等。例如，洛天依拥有吃货、国风和科技感相关设定，拥有这些设定能够帮助洛天依更好地展现中华文化的精神，融入社会主义主流价值观，更有利于其传播中华文化，而吃货设定也能为其带来很多饮食行业的代言活动。符号资本的积累是循序渐进的，需要长期的培养与维护，是否拥有与政治、经济和文化契合的符号资本，在一定程度上影响虚拟偶像的未来发展与商业应用的可能性。

大众接受，实现了团队作品的"破圈"，参与作品生产的个人也能通过合作显现其个人能力和价值。早期的积累能够得到相应的正向回报是持续创作的动力之一，也是推动产消者在缺少稳定且明确的回报前提下仍然愿意参与生产的动机。因此，在分析如何让产消者持续创作，如何让虚拟数字人的内容生产生态良性可持续发展时，谈论社会资本在其中的作用在所难免。内容生产合作需要信任的达成与关系的建立，依靠个人信用和成果累积而逐渐形成的合作关系是否能够转化为实际收益，经济层面的收益能否带来新的合作优势、带来在虚拟偶像认识建构上的话语优势，这些是本章最核心的问题。

本书中行动者的社会资本特指其以人声合成技术为基础的虚拟偶像相关内容生产的合作关系，即其在合作网络关系中占据的位置；经济资本则特指内容生产所需的成本及其带来的利润。分析虚拟偶像内容生产场域中的社会资本与经济资本之间的变化之前，本书需要探讨一个理论前提，就是在虚拟偶像内容合作网络中占据优势位置的行动者展现的虚拟偶像更容易得到传播与认可，即场域中的权力结构在某种程度上反映了虚拟偶像的认识建构权。

首先，虚拟偶像内容生产场域属于文化场，而在文化的权力场中，技术型虚拟偶像是以人声合成技术为核心的，官方团队只提供了基本的形象与设定，虚拟偶像的个性和整体形象是在相关衍生内容的生产与传播中形成的，是官方与粉丝群体共同建构的结果。在各种内容形式中，音乐类视频是影响力最大的，因为人工合成技术是技术型虚拟偶像的核心，是对虚拟偶像的形象建构影响较大的内容形式。技术型虚拟偶像在法律层面上是官方团队的知识产权，其带来的所有实质权益都牢牢掌管在官方团队的手中，产消者处于"支配阶级中的被支配集团"（布迪厄、华康德，1992/2004：145）。虚拟偶像的认识建构权是被其法定所属方（官方团队）所掌控的，虚拟偶像的官方团队处于支配地位，而其余行动者均处于被支配地位。但是，虚拟偶像内容生产场域能够为产消者提供机会结构

（opportunity structure），产消者可以通过进入虚拟偶像内容生产场域获得社会资本（Van der Gaag & Snijders，2004）。Van der Gaag 整合众多社会学家对社会资本的定义，认为社会资本是在行动者个体的社会网络中被转化为资源的历史社会关系积累。场域内的客观位置与主观态度（prises de position）是密不可分，行动者的实践和场域结构形塑的系统密不可分（布迪厄、华康德，1992/2004：145）。在技术型虚拟偶像内容生产场域中，官方团队与产消者共建偶像，官方团队在版权方面放权是为了激活产消者参与内容生产的动力，繁荣的内容生态是维持虚拟偶像"活力"的保证，而产消者自愿参与非营利性内容生产，自组织式内容生产关系将零散的产消者缔结，逐渐形成群体诉求与理念，引导虚拟偶像按照自己的理念和利益发展，借此改变虚拟偶像内容生产场域结构，在与官方团队合作的过程中博弈，尽可能占据更多优势。例如，"偶像"与"歌手"职业之辩是官方与产消者对技术型虚拟偶像定位的博弈，是产消者个体直接参与虚拟偶像认识建构的方式之一。

其次，虚拟偶像的认识建构是传播者与接受者的"合意"，传播者的身份具有信任背书效果，但接受者仍有选择性接触的自主性，内容生产场域中行动者均能通过作品影响虚拟偶像的认识建构。无论是官方团队还是产消者进行的内容生产，作为内容生产者与传播者，行动者都能利用虚拟偶像内容生产场域提供的机会结构，通过关键节点（个体）在场域中占据关键性位置，这些个体都拥有丰富的人脉资源，连接内容生产与传播各个环节的人才，是宝贵的社会资本，为行动者在往后的内容生产中获得更多的资源和信息，其参与虚拟偶像建构的内容更容易获得更高的收益，广阔的人脉在内容传播时会得到更多群体的关注与支持，虚拟偶像的形象在内容的传播与接受中逐渐发展与完善。

## 三、社会资本与经济资本的相关性：问题提出与方法验证

本节通过实证研究探讨虚拟偶像内容生产场域中经济资本与社会资本之间的转化，研究主要分为两个部分，分别是同时期个体的社会资本与经济资本之间的相关性和前后相继发展阶段个体的社会资本与经济资本之间的相关性。

### （一）同时期个体的社会资本与经济资本之间的相关性

本章第一部分探讨同时期社会资本与经济资本的相关性，拥有较高社会资本的行动者是否也会在经济资本上占据一定优势，或者拥有较高经济资本的行动者是否也会在社会资本上占据一定优势，探讨两者相互之间的关系。简而言之，这部分是对行动者在场域中的权力位置（或合作团队的结构特性）与其同一时间段的内容收益之间的关系进行静态分析。

本书运用社会网络分析方法从社会关系视角对"虚拟偶像认识建构权力"进行量化研究，制定量化指标。借鉴已有文献（曹璞，2018）对电影生产场域研究中在测量社会资本和经济资本的关系变量时的选取经验，本书将以"节点中心度"（centrality）和"跨越的结构洞"两类变量对虚拟偶像内容生产场域中社会资本与经济资本进行量化。虚拟偶像认识建构的收益可以通过将内容的播放量、评论量和收藏量等用户数据信息进行公式计算，以各项用户数据整合得出的总分来衡量该内容在虚拟偶像内容生产场域中的影响力，内容在场域中的位置可以通过将各个内容的总得分进行排序获得。

表 8-1 同一时期行动者在场域中的位置→内容收益变量测量方法

| 研究假设 | 次级研究假设 | 自变量 | 因变量 | 控制变量及其测量 |
|---|---|---|---|---|
| 中心度→内容收益 | 度数中心度与内容收益 | 度数中心度 | 个体参与的内容得分 | 1. 社会资本：成员影响力。2. 市场竞争：内容发布时间段和竞争强度 [①] |
|  | 中介中心度与内容收益 | 中介中心度 |  |  |
|  | 接近中心度与内容收益 | 接近中心度 |  |  |
|  | 特殊向量中心度与内容收益 | 特殊向量中心度 |  |  |
| 结构洞→内容收益 | 跨越结构洞数量与内容收益 | 网络约束度 |  |  |

1.同时期中心度与内容收益的相关性问题提出

作为社会网络分析研究中被广泛运用的概念，节点中心度被用于测量某节点在社会关系中的位置。处于网络的中心位置意味着该节点能够调动更多的资源，获取信息速度更快（诺伊，姆尔瓦，巴塔盖尔吉，2005/2012：125）。中心度对虚拟偶像认识建构的影响机制为：某一行动者在虚拟偶像合作生产的网络中的连接性越强，其可支配的社会资本则越多，资源渠道越丰富，那么个体在合作生产网络中的影响则越大，此行动者通过参与虚拟偶像内容生产而获得的收益和绩效则越高。

对四种不同类型的中心度进行概念性区分：其一，度数中心度测量一位行动者与其他行动者直接联系的程度，可以用于描述场域中的某个行动者的社会活跃度（Freeman，2002）。度数中心度高则意味着该行动者处于网络中的中心位置，是信息和资源流动的关键节点。具体体现在场域中，则意味着该行动者拥有较高的社会地位，处于主导地位（Coleman，

---

① 根据前人研究经验（Baker & Faulkner，1991；Faulkner & Anderson，1987；Lazer，2001；Uzzi & Spiro，2005），控制变量的测量方法如下：1. 成员影响力（influence），即测量团队成员中进入前 200 名榜的所有内容的得分均值；2. 内容发布时间段（seasonality），以半年划分的内容发布时间段，由于年榜的数据统计在 12 月 31 日，发布在上半年的内容得分时间更长，比下半年发布的内容更有优势。本书采用哑变量的编码方法，对进入年榜的内容发布时间进行归档整理，若为上半年则编码为 1，否则编码为 0；3. 竞争强度（competition），以半年为计算单位同时间段进入年榜的内容数量；4. 团队规模（size），团队成员数量。

Katz & Menzel，1957）。其二，中介中心度关注在两个节点之间起连接作用的行动者，它是衡量节点在网络中控制信息和资源流动能力的重要指标，中介中心度高的行动者在场域中具有桥梁作用，是网络中资源流动的把关人（Fowler，2006）。其三，接近中心度以行动者与其他所有相连行动者的距离的总和作为基础，接近中心度越高，该行动者则越独立，不容易被其他行动者制约，连接的"距离"较短，资源流动效率会增高，更容易降低成本提高效率。其四，特殊向量中心度是以行动者的邻居的中心度为基础，邻居的中心度越高，其特殊向量中心度也越高。特殊向量中心度高意味着该行动者能够在场域中借助相连的其他行动者提升权力（Bonacich，1972）。

按照上述方法对中心度进行划分，本书提出以下假设：

H3.1.1a 行动者在虚拟偶像内容合作生产网络中的度数中心度越高，其对该行动者建构虚拟偶像内容收益越高。

H3.1.1b 行动者在虚拟偶像内容合作生产网络中的中介中心度越高，其对该行动者建构虚拟偶像内容收益越高。

H3.1.1c 行动者在虚拟偶像内容合作生产网络中的接近中心度越高，其对该行动者建构虚拟偶像内容收益越高。

H3.1.1d 行动者在虚拟偶像内容合作生产网络中的特殊向量中心度越高，其对该行动者建构虚拟偶像内容收益越高。

2. 同时期网络约束度与内容收益的相关性问题提出

结构洞理论由罗纳德·伯特提出，他认为结构洞是两个关系人之间的非重复关系（1992/2008：18）。社会网络中，如果某位行动者将两位没有直接联系的行动者连接在一起，则伯特将该节点所在的网络位置称为"结构洞"，跨越结构洞意味着该节点连接着异质群体，在不同类型的社群中搭建"桥梁"，起到连接的作用。占据结构洞位置的行动者会额外获知报酬最高的机会，更有利于他们第一时间争取，因为处于结构洞位置的节点类似于信息流通的"关卡"，能够对信息的流动进行把控，因此不仅获取信息速度快，还能享有控制信息流动的权益，信息方面的优势让该节点在关系谈判中更容易胜出（罗纳德·伯特，1992/2008：30）。

跨越结构洞为行动者带来两种类型的收益：其一，信息收益，或被称为信息利益。信息利益的本质是信息渠道、占据先机和举荐他人。其二，控制利益，或被称为经纪利益。控制利益让该行动者成为"渔翁得利的第三方"，通过掌控信息流和资源流的走向，利用被连接的两方聚簇的排他性，让一方行动者无法获得另一方聚簇的资源，形成网络约束（Burt，2015）。信息利益和控制利益两者相辅相成，掌控信息的流动是跨越结构洞的关键。

因此，根据理论，行动者如果能够跨域结构洞，则在虚拟偶像内容生产场域中更容易获得信息收益和经纪收益，因此，本书假设：

H3.1.1e 行动者在虚拟偶像内容生产网络中的网络约束度越低（即经纪性越高），其对该行动者建构虚拟偶像内容收益越高。

3. 数据具体采集方法

这部分将以 2019 年作为研究时段，社会资本将操作化为在第五章中社会网络分析得到的位置变量，其中包括度数中心度、中介中心度、接近中心度和特殊向量中心度四类中心度指标和经纪性的指标网络中心度；经济资本操作化为内容生产产品——某个视频内容在"周刊中文 VOCALOID 排行榜"2019 年榜中的内容得分。内容得分的高低会直接影响行动者的经济收益，其中包括通过"bilibili 创作激励计划"带来的直接经济收益，也包括这种收益中的互动行为数据内容（包括播放量、收藏量、点赞量和评论量等）对虚拟偶像认识建构的权力的掌控带来的间接经济收益。

## （二）相继发展阶段个体的社会资本与经济资本之间的相关性

本章第二部分探讨当前虚拟偶像认识建构权力为行动者带来的收益是否会对下一时期的内容生产场域结构带来影响。本书在这部分采取动态分析，研究在虚拟偶像认识建构的发展过程中，行动者在场域中的位置与其内容收益之间的关系，研究行动者的社会资本能否转化为下一阶段的经济资本，早期是否能相互转化，是否会出现在场域中早期进行原始积累的行动者会在后期的发展中更具优势，最终逐渐形成马太效应。

虚拟偶像的建构是分阶段的，行动者的诉求在不同阶段有差异，且阶段性发展的任务也有不同。第二部分将会在前后连续的两个阶段中分别选取一个时期，分析前期的社会资本的积累是否会与下一阶段的经济资本存在联系，同时，前期的经济资本优势是否与下一阶段的社会资本存在联系，即对两个问题进行静态分析，其一是行动者在场域中的权力位置（或合作团队的结构特性）与其下一时间段的内容收益的关系，其二是行动者在场域中的内容收益与其下一时间段的权力位置的关系。假设检验首先进行相关性分析，数据来源与上文相同。根据现有文献（Uzzi & Spiro，2005；Zaheer & Soda，2009）的测量方案，本部分各变量测量方法如表 8-2 所示。

表 8-2　研究 3（内容收益→客观结构）变量测量方法

| 研究假设 | 次级研究假设 | 因变量 | 自变量 | 控制变量 |
|---|---|---|---|---|
| 行动者上一时期最高内容收益 & 其后时期场域中的权力位置 | 时期 3：内容收益→时期 4：中心度 | 度数中心度 | 时期 3：年度榜单中的最高内容收益（排名得分） | 行动者在时期 3 的中心度 |
| | | 中介中心度 | | |
| | | 接近中心度 | | |
| | | 特殊向量中心度 | | |
| | 时期 3：内容收益→时期 4：结构洞 | 网络约束度 | | 行动者在时期 3 的网络约束度 |

## 1. 相继发展阶段中心度与内容收益的相关性概念解析

场域中的行动者个体和群体凭借各种文化资源、社会资源和符号资源维持或改进其在社会秩序中的地位，当这些资源以"社会权力关系"的形式发挥作用时，它们将变成场域中被争夺的对象（Bourdieu，1989：375）。场域可被视为一个围绕特定资本形式或组合而组织的结构化空间

（戴维斯·沃茨斯，1997/2012：136），本书中，虚拟偶像的建构权力是以内容生产场域中行动者的社会资源、文化资源和符号资源为基础的，当行动者通过虚拟偶像二次创作的内容与其他行动者或组织建立联系，内容所蕴含的社会资本、文化资本、符号资本和政治资本以量化的形式呈现在排行榜时，行动者所拥有的特定资本越多，其在虚拟偶像认识建构方面的权力则越大，其在虚拟偶像内容场域越容易占据中心位置。因此，参与虚拟偶像认识建构的内容在排行榜中的排名越是靠前，该内容的创作者就越有可能积累更多的社会资本，包括与越多拥有优秀资源的其他行动者合作，在下一时期的关系网络中就越有可能占据中心位置，其中心度在下一时期将越高。

基于以上理论分析，本书认为，行动者在上一时期的内容收益越高，表明其拥有更多的虚拟偶像建构权力，在下一时期的合作生产关系中越有可能占据优势位置，其中心度会越高。据此提出以下假设：

H3.2.1a 行动者在虚拟偶像认识建构的上一时期参与建构虚拟偶像的内容收益越高，在其后的一个时期中的度数中心度越高。

H3.2.1b 行动者在虚拟偶像认识建构的上一时期参与建构虚拟偶像的内容收益越高，在其后的一个时期中的中介中心度越高。

H3.2.1c 行动者在虚拟偶像认识建构的上一时期参与建构虚拟偶像的内容收益越高，在其后的一个时期中的接近中心度越高。

H3.2.1d 行动者在虚拟偶像认识建构的上一时期参与建构虚拟偶像的内容收益越高，在其后的一个时期中的特殊向量中心度越高。

2. 相继发展阶段网络约束度与内容收益的相关性概念解析

网络约束度与节点的自由度成反比，网络约束度越高，节点就更容易受制于原有的合作团队，网络约束度越低，节点会有更多选择空间。在虚拟偶像内容生产场域中作为节点的行动者个体若能不受限于固有团队，勇于与不同类型的内容创作者进行合作，则可以拥有更多的创作自由度和选择权，尝试不同曲风和表达方式，也能通过与拥有不同资源的队员进行合作，弥补自身发展的缺陷。据此提出以下假设：

H3.2.1e 行动者在虚拟偶像认识建构的上一时期参与建构虚拟偶像的内容收益越高，在其后的一个时期中受到的约束度越低，跨越结构洞数量越多。

3. 数据采集方法

本书分别在虚拟偶像认识建构相继的具体运演时期和形式运演时期各选取一个时间点，分别为 2017 年（具体运演时期）和 2019 年（形式运演时期），关注这两个相继时期场域权力结构的变动。其中，经济收益主要依靠互动行为数据进行量化衡量（本书采用以哔哩哔哩数据中心的数据作为支撑的"周刊中文 VOCALOID 排行榜"的 2015—2019 年的基本公式得出的内容得分）。

## 四、个体深耕的回报：社会资本与经济资本的良性循环

行动者的权力位置变量分别用度数中心度、中介中心度、接近中心度、特殊向量中心度和网络约束度五个关系变量进行测量。量化内容收益的具体操作如下：首先对所有进入"周刊中文 VOCALOID 排行榜"2018 年年榜内容进行得分排序，将行动者参与的所有内容的得分进行排序，并将最高分设为该行动者的内容收益。代表权力位置的变量和内容收益的变量均为定距变量，描述性统计结果如表 8-3 所示。

数据显示，在表示行动者场域位置的关系变量中，度数中心度、中介中心度、接近中心度、特殊向量中心度和网络约束中心度的超峰度 ek 均大于 0，因此，各变量均偏离正态分布；属性变量个体行动者的所有内容得分中的最高值的内容得分也呈正偏态。从描述性统计可以发现，场域中的行动者的最高内容得分差异大，2019 年年榜前 200 名的内容得分最大值为 9359327，而最小值为 291521，最大值是最小值的 32 倍。从表 8-3 可以看出，2019 年行动者参与的音乐类视频在内容得分上差异较大，头

部与尾部的音乐类视频的内容得分差异较大，头部作品赢得的关注度和影响力远远高于尾部视频。在 2019 年进入前 100 名音乐类视频中，部分视频的发布时间是 2017 年和 2018 年，证明一部优秀作品的生命力是非常旺盛的，具有稳定且长久的用户反馈。内容得分越高，证明作品本身的质量、持久力和影响力都得到受众的认可，同时也可根据平台奖励政策转换为经济回报，可以看出优秀的作品能够在虚拟偶像粉丝圈层中获得稳定的数据支持与经济回报。

表 8-3 2019 年行动者关系变量和内容得分变量的描述性统计

| | 最小值 | 最大值 | 均值 | 标准差 | 偏态系数 | 峰态系数 |
|---|---|---|---|---|---|---|
| 度数中心度 | 0.001333 | 0.146667 | 0.026542 | 0.00096 | 1.414691 | 1.096015 |
| 中介中心度 | 0.000000 | 0.131706 | 0.002542 | 0.00036 | 7.144388 | 66.488747 |
| 接近中心度 | 0.001333 | 0.017552 | 0.016063 | 0.00015 | −3.277716 | 8.779577 |
| 特殊向量中心度 | 0.000000 | 1.000000 | 0.085260 | 0.01004 | 3.006348 | 7.060938 |
| 网络约束度 | 0.028961 | 1.125000 | 0.283881 | 0.00832 | 1.646512 | 2.935238 |
| 最高内容得分 | 291521 | 9359327 | 1183524 | 55595 | 4.027647 | 17.907700 |

在得出 2019 年度行动者整体基本状况后，本节从行动者个体维度出发，研究行动者的权力位置与其内容收益的关系。通过解释性分析，需要验证以下 5 个假设：

H3.1.1a 行动者在虚拟偶像内容生产网络中的度数中心度越高，其对该行动者建构虚拟偶像内容收益越高。

H3.1.1b 行动者在虚拟偶像内容生产网络中的中介中心度越高，其对该行动者建构虚拟偶像内容收益越高。

H3.1.1c 行动者在虚拟偶像内容生产网络中的接近中心度越高，其对该行动者建构虚拟偶像内容收益越高。

H3.1.1d 行动者在虚拟偶像内容生产网络中的特殊向量中心度越高，其对该行动者建构虚拟偶像内容收益越高。

H3.1.1e 行动者在虚拟偶像内容生产网络中的网络约束度越低（即经纪性越高），其对该行动者建构虚拟偶像内容收益越高。

由于在相关性分析中，定距变量需要符合正态分布，根据表 8-3 可知，2019 年虚拟偶像中文 VOCALOID 内容前 200 名内容生产场域中的行动者的两类变量均不符合正态分布，因此不能采用皮尔森相关系数（Pearson）检验假设的统计量。本小节将依照同行做法，通过将其设置为定序变量降低该变量的测量水平，并采用斯皮尔曼等级相关系数（Spearman）对统计量进行假设检验。

对 2019 年的数据进行相关性检验发现，结果支持假设 H3.1.1a~H3.1.1e。在 P<0.01 的相关性水平的显著标准下，行动者在场域中的位置与其内容收益之间呈现显著的相关关系，中心度与内容收益（最高内容得分）为正相关，网络约束度与内容收益（最高内容得分）为负相关。就相关关系而言，2019 年在场域中的位置与其内容收益之间呈现中度显著相关（科恩准则），相关系数绝对值在 0.300~0.491 之间，其中特殊向量中心度呈现非常显著的相关关系，相关系数分别为 0.491**，而与内容收益关系最弱的是中介中心度。

表 8-4 行动者权力位置与其收益之间的关系（2019 年）

| 属性变量 | 关系变量 | 相关系数 | 显著性（单尾） |
|---|---|---|---|
| 最高<br>内容得分 | 度数中心度 | 0.455** | 0.000 |
| | 中介中心度 | 0.300** | 0.000 |
| | 接近中心度 | 0.361** | 0.000 |
| | 特殊向量中心度 | 0.491** | 0.000 |
| | 网络约束度 | −0.465** | 0.000 |

**.p 值在 0.01 水平下显著相关（单尾检验）。

由此可以看出，在 2019 年虚拟偶像内容生产场域中，内容生产者的作品能够在以年为单位的周期内得到积极反馈，由合作关系获得的社会资本也能在短期内以内容得分的形式转化为经济资本。由此可以认为，积极与场域中具有高影响度或丰富资源的行动者进行合作，由此获得的关注度、专业技能支撑、劳动力补充和政治文化资本的背书都能以合作关系的形式直接反映到作品的得分上，获得一定的市场反馈与经济回报。

2019年虚拟偶像内容生产场域中存在"强个体"，他们往往拥有多部作品进入2019年年度榜单，依靠持续数年的稳定创作不断推陈出新，积极与不同的创作者进行合作，积累人脉与完善作品的专业程度，依靠多部作品形成矩阵，旧作品的生命力维系着已有的粉丝社群，并通过较为稳定且持续的新作品保持着自身在场域中的影响力。在场域中享有较高的影响力。部分具有"强个体"特征的行动者的优秀音乐创作视频经历了时间的洗涤，仍然具有旺盛的活力，具有较长的生命线。这些作品拥有较为稳定的粉丝群体，该类视频会作为背景音乐被粉丝反复播放，粉丝群体会以年或月为单位对视频进行反复、持续播放。同时，一首曲子可能会由于后期被知名人士翻唱或作为短视频背景音乐而翻红。例如，2015年发布的作品《普通Disco》和2017年发布的作品《达拉崩吧》，其播放量在2019年依旧有较高增长，这与两首曲子被广泛翻唱、重新得到热度有着密切关系。以往作品的翻红也会为创作者的新作品带来"流量"和新的发展机遇。

## 五、长期优势：上一时期的权力结构与行动者的内容收益

通过本章上一节的静态分析可知，在同一虚拟偶像认识建构时期，行动者在场域中的权力位置与内容收益之间的关系相关性研究结果表明：现阶段行动者在场域中的位置（社会资本）能够转化为同一时间段的内容收益（经济资本），占据优势位置的行动者，其内容收益也会越高。本节将承接上一节的研究，在此理论上进一步探讨行动者在虚拟偶像认识建构上一时期的内容收益（即上一时期的经济资本）与行动者在本时期的位置

（现阶段的社会资本）有何关系。

本节分析是动态分析，涉及虚拟偶像认识建构的两个发展时期，分别是具体运演时期的 2017 年和形式运演时期的 2019 年。变量一为行动者在具体运演时期的 2017 年内虚拟偶像中文 VOCALOID 年榜前 200 名内容生产场域中通过团队合作生产方式获得的内容收益，即上文所述的行动者的最高内容得分，为属性变量；变量二为行动者在形式运演时期的 2019 年虚拟偶像中文 VOCALOID 年榜前 200 名内容生产场域中占据的权力位置，即行动者的度数中心度、中介中心度、接近中心度、特殊向量中心度和网络约束度 5 个关系变量。由于在 2017 年（具体运演时期）场域中的行动者不一定出现在 2019 年（形式运演时期）的场域中，因此本节仅选择两个时期共同出现的行动者进行动态关系研究。

## （一）变量的描述性统计结果

根据描述性统计结果，在 2017 年和 2019 年两个时间段共同出现的行动者共 158 位。各关系变量的范围如下：度数中心度为 0.0013~0.1467，中介中心度为 0~0.1317，接近中心度为 0.0013~0.0176，特殊向量中心度为 0~0.0386，网络约束度为 0.029~1.125。属性变量是行动者参与创作的内容中的得分最高内容的分数，其均值为 1104703。除了接近中心度以外，其他变量均为正偏态。

表 8-5　2017 年和 2019 年行动者属性变量和关系变量的描述性统计

| | 最小值 | 最大值 | 均值 | 标准差 | 偏态系数 | 峰态系数 |
|---|---|---|---|---|---|---|
| 度数中心度 | 0.0013 | 0.1467 | 0.0251 | 0.0020 | 2.3064 | 6.4773 |
| 中介中心度 | 0.0000 | 0.1317 | 0.0072 | 0.0015 | 4.1146 | 19.6571 |
| 接近中心度 | 0.0013 | 0.0176 | 0.0160 | 0.0003 | −3.2266 | 8.5327 |
| 特殊向量中心度 | 0.0000 | 0.0386 | 0.0037 | 0.0006 | 2.4084 | 5.2427 |
| 网络约束度 | 0.0290 | 1.1250 | 0.2877 | 0.0198 | 1.6050 | 2.1644 |
| 最高内容得分 | 253091 | 7272176 | 1104703 | 92714 | 2.8878 | 9.6222 |

## （二）相关性分析结果

通过对同时进入 2017 年和 2019 年场域的行动者的关系变量与最高内容得分进行斯皮尔曼等级相关性分析，结果表明，行动者在 2017 年场域中合作生产获得的内容收益（上一时期获得的经济资本）与其在 2019 年在场域中占据的权力位置（后一时期获得的社会资本）之间存在 P 值在 0.5 水平下的显著相关关系。2017 年的内容收益与 2019 年行动者的中心度呈正相关，与网络约束度呈负相关。从表 8-6 可知，研究结果支持假设 H3.2.1a~H3.2.1e。

就关系强度而言，2017 年内容收益与 2019 年社会资本的关系强度较强，绝对值在 0.18~0.40 之间。行动者在上一时期的内容收益与其在下一时期的中介中心度关系最为密切，相关系数为 0.40**，说明行动者参与的影响力最大的内容得分越高，其在下一时期场域中在网络中桥梁的作用越为重要。内容收益与下一时期的度数中心度关系最弱，仅为 0.18*。

表 8-6　行动者 2017 年的内容收益与 2019 年占有位置之间的关系

| 属性变量 | 关系变量 | 相关系数 | 显著性（单尾） |
|---|---|---|---|
| 最高内容得分 | 度数中心度 | 0.18* | 0.024 |
| | 中介中心度 | 0.40** | 0.000 |
| | 接近中心度 | 0.19** | 0.016 |
| | 特殊向量中心度 | 0.19** | 0.015 |
| | 网络约束度 | −0.23** | 0.004 |

*.P 值在 0.05 水平下显著相关（单尾检验）。

**.P 值在 0.01 水平下显著相关（单尾检验）。

在虚拟偶像内容生产场域中，行动者在 2017 年通过优质内容获得的收益与 2019 年行动者的社会资本具有一定的相关性。相关性并不代表两者存在因果关系，但可以证明两者之间有一定的正向或负向联系。本小结的研究着重考察同时在 2017 年和 2019 年均能推出高影响力内容的行动者，这些行动者都有一定的创作经验，并保持着创作热情，在时隔一年的内容生产中仍保持着高影响力的内容输出，没有因为经济、文化和劳动力等各因素影响创作的动力和质量。从数据可以看出，2017年推出的优质内容与行动者后期获得更多的合作机会有很大的相关度，如两者之间的中介中心度为0.40**，证明从早期优秀作品中获得的内容收益也能转化为后期作品合作的基础，作品在圈内的高影响度能够吸引更多拥有资金、高技能和拥有政治资本和文化资本的人与之合作，这对于拥有持久创作力的行动者而言是如虎添翼的。

2017年至2019年中间时隔一年，在这个时间间隙中，虚拟偶像的建构有了进一步发展，以洛天依为首的虚拟歌手也有了更高的知名度，陆续开始"破圈"，与知名歌手合作，并尝试登上主流媒体平台。音乐的魅力是经久不衰的，好的曲子能够历经潮流而不衰，同样，在虚拟偶像生成与接受的过程中，音乐也能在不同的虚拟偶像认识建构阶段满足其不同的发展需求，一部优秀音乐视频作品能满足不同时期虚拟偶像的发展需求，其影响力是可以跨越阶段的。因此，优秀作品带来的收益在虚拟偶像内容生产群体中是较为持久且稳定的。优秀作品能成为创作者最好的实力背书，为新作品起到推广和宣传的作用。

### （三）回归结果分析

为了进一步探讨行动者在上一时期内场域中合作生产的内容收益（具体运演时期2017年获得的内容收益）与其下一时期（形式运演时期2019年获得的场域中的位置）之间的关系，本研究在以上两者相关性分析的基础上进行多元回归分析。

由于2019年的位置指标不符合正态分布，本书将对2019年的各项位置变量通过软件SPSS 26中的个案排秩（rank cases）中对位置变量的数据进行正态化处理。各项位置变量均采用秩转换（rankit）公式进行转换，并通过K-S检验和S-W检验对数据正态分布情况进行检验。结果显示，转换后的接近中心度仍不符合正态分布，因此，本书将对其他转换后符合正态分布的四项位置变量构建回归方程。

本部分回归分析主要是证实性分析，目的在于验证因变量"行动者在2019年场域中的位置"与自变量"行动者在2017年的内容收益"之间的因果关系。根据Zaheer和Soda对回归模型的处理（2009），本书在回归模型中纳入控制变量"行动者在2017年的位置"。控制变量将细分为5个位置变量，分别为2017年度数中心度、2017年中介中心度、2017年接近中心度、2017年特殊向量中心度和2017年网络约束度。由于5个控制变量之间的相关性较强，为了避免共线性问题，本书将5个控制变量逐个纳入模型。本节将以经过秩转换算法处理后的度数中心度、中介中心度、接近中心度、特殊向量中心度和网络约束度建立以下两类回归方程用于检验假设：

度数中心度2019=β0+β1（内容最高得分2017）+β2（一个2017社交网络位置变量）

中介中心度2019=β0+β1（内容最高得分2017）+β2（一个2017社交网络位置变量）

特殊向量中心度2019=β0+β1（内容最高得分2017）+β2（一个2017社交网络位置变量）

网络约束度2019=β0+β1（内容最高得分2017）+β2（一个2017社交网络位置变量）

1.高内容收益让行动者在下一时期的场域中更加活跃

本书验证行动者在2017年的经济收益与其在2019年的度数中心度之间的关系。本节将在回归方程"度数中心度2019=β0+β1（内容最高得分2017）+β2（一个2017社交网络位置变量）"中代入5个中心度的控制变量"度数中心度2017""中介中心度2017""接近中心度2017""特殊向量中心度2017"和"网络约束度2017"，回归结果如表8-7所示。

表 8-7 2017 年内容收益与 2019 年度数中心度的影响关系

| | 模型 1 | 模型 2 | 模型 3 | 模型 4 | 模型 5 |
|---|---|---|---|---|---|
| 最高内容得分 2017 | 0.228** | 0.228** | 0.228** | 0.228** | 0.228** |
| 度数中心度 2017 | 0.470** | | | | |
| 中介中心度 2017 | | 0.304** | | | |
| 接近中心度 2017 | | | 0.216** | | |
| 特殊向量中心度 2017 | | | | 0.291** | |
| 网络约束度 2017 | | | | | −0.461** |
| 调整后 $R^2$ | 0.219 | 0.108 | 0.091 | 0.099 | 0.214 |

**.P 值在 0.01 的水平下显著相关。

因变量：度数中心度 2019。

在表 8-7 的模型 1~5 中，方差分析的显著水平均为 0.000，表示 5 个模型均具有统计学意义。5 个模型中，因变量和自变量在 P 值 <0.01 的水平下均存在显著的正向关系，调整后 $R^2$ 的值在 0.091~0.219 之间，根据科恩准则（Cohen，2013；Cohn，1988），$R^2$ 的值在 0.09 以上表示回归方程的效应量为中度，说明行动者在上一时期获得的高内容收益能够使行动者在其下一时期的场域中更加活跃，使其内容更容易具有影响力，更多的作品出现在内容排行榜中。

由上可知，2017 年的经济资本与社会资本都与 2019 年创作者在虚拟偶像内容生产合作网络中的影响力有着正向关系。创作者在虚拟偶像认识建构早期积累的经济资本与社会资本能通过影响力在虚拟偶像内容生产场域中得以延续，对创作者在下一阶段参与的作品呈正向影响。

2. 高内容收益让行动者在下一时期的场域中起到更为重要的桥梁作用

本书验证行动者在 2017 年的经济收益与其在 2019 年的中介中心度之间的关系。本节将在回归方程"中介中心度 2019=β0+β1（内容最高得分 2017）+β2（一个 2017 社交网络位置变量）"中依次代入 5 个 2017 年的中心度的控制变量，回归结果如表 8-8 所示。

表 8-8　2017 年内容收益与 2019 年中介中心度的影响关系

| | 模型 1 | 模型 2 | 模型 3 | 模型 4 | 模型 5 |
|---|---|---|---|---|---|
| 最高内容得分 2017 | 0.193** | 0.193** | 0.193** | 0.193** | 0.193** |
| 度数中心度 2017 | 0.403** | | | | |
| 中介中心度 2017 | | 0.309** | | | |
| 接近中心度 2017 | | | 0.312** | | |
| 特殊向量中心度 2017 | | | | 0.293** | |
| 网络约束度 2017 | | | | | −0.409** |
| 调整后 $R^2$ | 0.157 | 0.100 | 0.127 | 0.090 | 0.164 |

**.P 值在 0.01 的水平下显著相关。

因变量：中介中心度 2019。

在表 8-8 的模型 1~5 中，方差分析的显著水平均为 0.000，表示 5 个模型均具有统计学意义。5 个模型中，因变量和自变量在 P 值 <0.01 的水平下均存在显著的正向关系，调整后 $R^2$ 的值在 0.090~0.164 之间，效应量为中度（科恩准则），行动者在上一时期获得的内容收益越高，行动者在下一时期起到的桥梁作用越重要，使其在内容生产网络起到信息传递的作用，更容易成为"咽喉要道"，对信息流通的作用越大。

在虚拟偶像内容生产场域中，具有持续影响力和创造力的创作者往往都有自己的创作团队，稳定的团队能够带来稳定的内容质量保证，同时团队成员是否拥有较强的社交能力，能否找到合适成员弥补团队的短板也是重要的影响因素。由表 8-8 可以看出，时隔一年，内容生产者在 2017 年的内容收益依旧能在 2019 年发挥一定的余温，为行动者寻找合作者提供一定的积极支持，尤其是突破已有合作圈，提高与其他团体中优秀创作者合作的可能性。

3. 高内容收益让行动者在下一时期的场域中更容易实现"强强联手"

本书验证行动者在 2017 年的经济收益与其在 2019 年的度数中心度之间的关系。本节将在回归方程"特殊向量中心度 2019=β0+β1（内容最高得分 2017）+β2（一个 2017 社交网络位置变量）"中依次代入 5 个 2017 年中心度的控制变量，回归结果如表 8-9 所示：

表 8-9　2017 年内容收益与 2019 年特征向量中心度的影响关系

|  | 模型 1 | 模型 2 | 模型 3 | 模型 4 | 模型 5 |
|---|---|---|---|---|---|
| 最高内容得分 2017 | 0.189** | 0.189** | 0.189** | 0.189** | 0.189** |
| 度数中心度 2017 | 0.323** |  |  |  |  |
| 中介中心度 2017 |  | 0.251** |  |  |  |
| 接近中心度 2017 |  |  | 0.263** |  |  |
| 特殊向量中心度 2017 |  |  |  | 0.215** |  |
| 网络约束度 2017 |  |  |  |  | −0.352 |
| 调整后 $R^2$ | 0.102 | 0.069 | 0.097 | 0.064 | 0.122 |

**.P 值在 0.01 的水平下显著相关。
因变量：特殊向量中心度 2019。

在表 8-9 的模型 1~5 中，方差分析的显著水平均为 0.000，表示接近中心度的 5 个模型均有统计学意义。5 个模型中，因变量和自变量在 P 值 <0.01 的水平上均存在显著的正向关系，调整后 $R^2$ 的值在 0.064~0.122 之间，效应量基本在中度（科恩准则）上下浮动，大于 0.01（小效应量），行动者在上一时期获得的内容收益越高，行动者在下一时期越容易与内容生产场域中有影响力的行动者合作，内容的生产更容易实现"强强联手"的模式。

特殊向量中心度着重考查节点与网络中重要节点的连接情况。在虚拟偶像内容生产场域中，2019 年特征向量中心度较高就意味着该行动者与场域中的重要节点存在更密切的联系，场域中处于重要节点位置的行动者往往参与了更多的优秀作品，在圈子里的"人脉含金量"更高，作品就是最好的名片。这也意味着，场域中的重要行动者也同样倾向于与早期拥有好作品的人合作，呈现出强者愈强的圈子文化。

4.高内容收益让行动者在下一时期的场域中获得更高的经纪性

本书验证行动者在 2017 年的经纪收益与其在 2019 年的网络约束度之间的关系。本节将在回归方程"网络约束度2019=β0+β1（内容最高得分2017）+β2（一个2017社交网络位置变量）"中依次代入 5 个中心度的控制变量"度数中心度2017""中介中心度2017""接近中心度2017""特殊向量中心度2017"和"网络约束度2017"，回归结果如表 8-10 所示：

表 8-10　2017 年内容收益与 2019 年网络约束度的影响关系

|  | 模型 1 | 模型 2 | 模型 3 | 模型 4 | 模型 5 |
|---|---|---|---|---|---|
| 最高内容得分 2017 | −0.242** | −0.242** | −0.242** | −0.242** | −0.242** |
| 度数中心度 2017 | −0.481** |  |  |  |  |
| 中介中心度 2017 |  | −0.334* |  |  |  |
| 接近中心度 2017 |  |  | −0.281** |  |  |
| 特殊向量中心度 2017 |  |  |  | −0.325** |  |
| 网络约束度 2017 |  |  |  |  | 0.479** |
| 调整后 $R^2$ | 0.232 | 0.129 | 0.131 | 0.122 | 0.233 |

**.P 值在 0.01 的水平下显著相关。

因变量：网络约束度 2019。

在表 8-10 的模型 1~5 中，方差分析的显著水平均为 0.000，因变量和自变量在 P 值 <0.01 的水平下均存在显著的反向关系，由于网络约束度越低代表该行动者的经纪性越高，跨越结构洞获取的利益越大，调整后 $R^2$ 的值在 0.122~0.233 之间，$R^2$ 均小于 0.24 且大于 0.09，效应量在中度（科恩准则），因此说明行动者在上一时期获得的高内容收益能够为其带来下一时期的高经纪性，能够跨越更多的结构洞，并在此基础上带来信息优势和经纪利益。

2019 年的网络约束度与 2017 年的内容收益成反比，这意味着在虚拟偶像内容生产场域中，行动者在前期的作品积累能够让其在后期发展中更不受圈层限制，他们能够通过作品突破自身圈层，在与其他团队的接触中接受更多的新技术、新事物和新理念，这让内容创作上更加不受局限，允许更多新鲜元素的融入，也更有可能找到自己社群中缺乏的各种资源，让后期创作得到更多的支持与帮助。

## 小 结

本章回答的研究问题为"虚拟偶像认识建构发展的过程中，场域中权力位置的变化（社会资本）与参与虚拟偶像的内容收益（经济资本）的双向关系"（RQ3）。这一问题可以细分为两个部分：其一，行动者在现阶段虚拟偶像内容生产场域中的权力位置与其在同一时期内参与虚拟偶像认识建构的内容收益有何关系？（RQ3.1）其二，行动者在现阶段场域参与虚拟偶像认识建构的内容收益与其在下一时期行动者在场域中的权力位置之间的关系？（RQ3.2）

从个体角度对虚拟偶像中文 VOCALOID 内容生产场域进行静态分析，可以得出：行动者在现阶段场域中通过争夺虚拟偶像内容生产场域中的权力位置而获得的社会资本，与行动者个体在同一时间段的内容收益之间存在正向相关关系。占据优势位置的掌权者（尤其是经纪性强和与影响力高的行动者强强联手的行动者）在现阶段场域的内容收益更高。

第一部分以 2019 年作为"现阶段场域"，探讨行动者在 2019 年虚拟偶像中文 VOCALOID 内容生产网络中的关系变量与属性变量之间的关系，是虚拟偶像认识建构同一时期内的静态分析。个体视角的研究对象是在虚拟偶像内容生产网络中的个体行动者（节点）。相关性分析结果表明，行动者的节点中心度和经纪性与其参与虚拟偶像认识建构的最高内容收益之间存在显著相关关系（P<0.01），结果支持假设 H3.1.1a~H3.1.1e。其中，特殊向量中心度、网络约束度和度数中心度与行动者个体的最高内容收益关系密切，相关系数均约为 0.5，效应量大，其次是中介中心度和接近中心度，两者与行动者个体的最高内容收益的相关系数均大于 0.3，效应量

中。行动者参与虚拟偶像认识建构的内容收益（经济资本）向场域中占据的权力位置（社会资本）转换，是虚拟偶像认识建构的相邻发展时期的动态分析。

第二部分则进一步探讨行动者在上一时期参与虚拟偶像认识建构获得的内容收益（经济资本）与下一时期中场域的位置（社会资本）有何关系。为回答此问题，本书需要检验的假设是行动者在具体运演时期（2017年）的内容收益与其在形式运演时期（2019年）占据的场域位置之间是否存在显著关系。通过将两者进行相关关系分析得出，行动者在2017年参与虚拟偶像认识建构的内容收益越高，在2019年场域中的位置越具有优势，主要的测量变量是节点中心度和经纪性，结果支持假设H3.2a~H3.2e。行动者在上一时期的内容收益与下一时期的中介中心度关系最为密切，与网络约束度、接近中心度、特殊向量中心度和度数中心度的关系相对较弱。为了进一步检验行动者在上一时期的内容收益能否影响下一时期的场域中的位置，本书将2017年表示行动者在场域中的位置变量作为控制变量建构多元回归模型，结果显示，行动者在上一时期的内容收益与其在其后时期的度数中心度、中介中心度和特殊向量中心度之间存在显著的正向影响，而与其后时期的网络约束度存在显著的负向影响，说明上一时期的内容收益能够转换为行动者在下一时期的场域中占据更具优势的位置。

本章在此基础上，通过回答"虚拟偶像认识建构的不同时期，权力格局的改变有何影响"这一问题，论证了虚拟偶像认识结构的建构过程中，行动者可以通过在虚拟偶像内容场域中占据优势位置（社会资本），将其转化为内容收益，扩大其在虚拟偶像用户群体中的影响力，并通过直接或间接的方式转换为经济资本。同时，通过参与虚拟偶像的内容生产获得的内容收益又可以在下一时期中转换为社会资本，让行动者在下一时期的内容生产场域中占据更为优势的位置，从而主导虚拟偶像认识建构的发展方向。

总而言之，结合第七章内容，本章证明了两个问题：其一，官方团队为了在形式运演时期夺回虚拟偶像认识建构的主导权，与具有影响力的行动者"强强联合"，以经济资本和政治资本的优势与其建立合作关系，尝试与场域中不同类型的内容生产者进行合作的策略是行之有效的；其二，在场域格局的动态发展中，早期的优秀作品积累有助于行动者在场域中占据优势地位，优质"老作品"的影响力是持久且稳定的，虚拟偶像在建构方面的发展不会中断行动者的早期资本积累，为创作者合作网络中呈现"强者愈强"的基本局面奠定基础。行动者在具体运演时期的场域中占据的优势地位，会为其带来直接或间接的经纪收益，使其拥有更多的信息和资源，进而有助于他们在其后时期的场域结构中争夺到更中心的位置，从而获得更多的内容收益。根据研究推断虚拟偶像认识建构权力格局中，随着动态发展，行动者可能会逐渐出现两极化趋势，趋于"强者愈强，弱者愈弱"。因此，我们可以认为虚拟偶像内容生产场域中的权力是能够通过内容生产参与虚拟偶像的认识建构，这种权力是可以保持和延续的，逐渐有可能会出现分布不平衡的情况，网络中的资源和信息向场域中的掌权者集中的趋势将在下一时期中持续。

# 第九章 强强联合的"海星"：
## 个体与群体的互利路径

上一章从个体角度探讨行动者在内容生产场域中的权力位置与其参与虚拟偶像认识建构（内容生产）的收益关系，即以虚拟偶像中文VOCALOID 前 200 名内容生产合作网络中的节点（场域中的行动者）作为研究单位，探讨行动者个体在现阶段结构中获得的社会资本与其内容收益之间的关系。与之相对应，本章则以团队角度在社群视角上探讨场域的结构变化后，合作生产内容的团队，其团队特性如何影响他们合作生产内容所产生的集体收益，即以合作团队作为研究单位，分析当个体将自身携带的社会资本带入合作团队时，会给合作团队的内容收益带来怎样的影响。

本部分探讨虚拟偶像内容生产场域中，拥有不同资源的行动者根据发展需求组成不同的内容生产团队。个体为了获得生产资料、专业技能、劳动力和情感支持等各个方面的资源而选择加入团队，而团队也会因为优秀个体的加入而获得专业支持、影响力和劳动力等。团队在整个虚拟偶像内容生产场域中的位置由其团队成员的共同位置决定，优秀的行动者个体能为团队带来更优质的资源，也能让团队在场域中占据更有优势的位置。创作团队中的个体行动者在场域结构中的位置会对该团队最终受益产生影响（曹璞，2018），尤其是在形式运演时期，虚拟偶像的官方团队开始与场域内有影响力的产消者合作，官方将有影响力的个体创作者纳入团队，增加官方团队的专业技术、曝光度和影响力，得到个体的社会资本和文化资本，个体也能在官方团队中获得经济资本和政治资本的支持。例如，作品获得更广阔的舞台，融入主流媒体的节目和演出之中，同时也会被官方团队约束，官方会对内容的生产与传播进行一定的规制，引导虚拟偶像的认识建构朝着其认可的方向发展。官方与产消者个体或团队的合作是否能够让双方在虚拟偶像建构方面获得更高的收益，成为一个值得探讨的问题。

## 一、"海星"式内容生产组织：去中心化的互利模式

去中心化（decentralized）是互联网时代的重要特征。为了更好地理解去中心化组织的概念，两位商业和管理学方向的学者将传统商业组织比喻成"蜘蛛"式层级组织，而将去中心化的商业组织比喻成"海星"组织（Brafman & Rod Beckstrom，2006）。虽然两者都具有较多触手覆盖和管理组织，但"蜘蛛"式的传统层级组织会有明显的领袖——就像蜘蛛的头部，一旦失去腿脚就陷入瘫痪，而与之相对应的是互联网时代"海星"式去中心化商业组织——此类组织就像海星般没有明确的头部，即便失去某个部分也能继续存活，有较强的断肢再生能力，此类海星式的组织被称为分布式自治组织（Distributed Autonomous Organization，DAO）。

在技术型虚拟偶像内容生产场域中，官方会有明确的基本指导意见，产消者则是活跃在内容生产场域中最主要的创作主体。因此，虚拟偶像的认识建构过程没有一个能够统一大部分产消者的内容创作、对虚拟偶像的认识建构进行完整且详细的规划与统筹的明确的中枢智库，这种认识建构是某种合意，这种建构中的智慧与创意分散在整个内容场域中，其发展不会因为某一位创作者或某个创作团队的离开而停止。

参与虚拟偶像内容生产活动对个体的门槛不高，只要喜欢该虚拟偶像，任何组织和个人都能参与到其认识建构之中，这让其有别于普通传统技术应用慢慢聚集力量的普及模式，其推广的速度是非常迅速的，能够在非常短的时间快速成长，掌管整个内容生产场域。例如，初音未来诞生于2007年8月31日，其承载的人声合成技术VOCALOID也几乎在一夜之间被大众接受，该年9月至12月期间，以虚拟偶像初音未来为主角发布在

互联网平台的原创歌曲已超一千首，相对于传统偶像和明星而言，其在诞生之初的短时间内就拥有的影响力和作品数量，映射出强大的生产力与创造力。

在为传统明星打造形象与作品时，团队的分工是严格且明确的，由经纪公司和制作人共同进行统一规划与管理，有着较为充足的资金，策划、作词、作曲、编曲、混音、影视制作等每位参与者的角色与责任是较为固定的，内容生产也有着明确的时间点，安排是较为刚性的，有着清晰、具体的时间表，团队成员各司其职，共同完成内容生产。即便团队中有全能型成员，身兼数职，但也是有明确的领航人的，权力较为集中。与之相对应地，在虚拟偶像内容生产中，从策划开始就无须得到官方的同意，整个内容生产过程中，不需要报备和汇报，完全由产消者自由创作。他们只需要为自己心爱的虚拟偶像进行内容创作，塑造自己心中理想的虚拟偶像即可，无须为除了自己以外的人负责。生产团队本身也是可有可无的，可以单枪匹马地进行独狼式创作，也可以团队形式协作完成，组织较为灵活，时间安排上也是弹性的，根据每一位成员的时间自由安排，而内容生产也是非营利性的，资金是自行筹集的。

技术型虚拟偶像的定位是以业余爱好者为主的内容生产创作模式，人声合成技术的目标受众也从最初的专业音乐制作群体转变为二次元文化受众群体。对于零基础的人而言，音乐类视频的制作是复杂且烦琐的，需要作词、作曲、合成人声调音、视频制作、音乐封面图制作等，需要学习基本的乐理知识和软件操作方法，另外作品的完成也需要耗费一定的时间和精力，最终作品完成发布在视频平台。了解到是由业余爱好者组成的创作团队，视频的数量以指数级速度增加，使用其创作的用户遍布全世界后，有不少人可能会认为难有精品。但事实上，结果却出人意料。

由产消者创作的技术型虚拟偶像内容作品质量虽良莠不齐，但大部分都是有欣赏价值的，其中不乏超过专业音乐人一般制作水平的优秀作品，而且内容广泛、主题较多，对于社会热点潮流把握精准，反应速度非常快，可以看出大部分内容生产者是投入了心血完成的，是很用心的作品。虽然参与创作的产消者身处去中心化组织，他们并没有被发配任务和资金支持，但依旧在无拘束和无直接外力驱使下完成了内容生产的工作，主动为虚拟偶像的认识建构贡献自己的力量。

## 二、五要素：虚拟偶像内容生产组织的五条腿

海星式组织中发挥作用的五大要素分别是圈子、触媒式人物、信念、平台和斗士。这五个元素就像去中心化组织的五条腿，即使丢失几条腿，只剩下一两条腿，该组织仍能存活，但只有这五个要素都能积极发挥作用时，去中心化组织才能发挥出原有实力（Brafman & Rod Beckstrom，2006）。那在虚拟偶像内容生产场域中，这五要素在业余粉丝为主的自组织式内容创作中发挥着怎样的作用？

### （一）圈子

二次元圈子文化是技术型虚拟偶像最重要的成长沃土。技术型虚拟偶像的创作者通过生产合作形成众多无等级结构的小团队，这些团队主要以线上的形式合作，成员分散在互联网能够企及的地方，他们可能是一个地区的，也可能分布在不同国家。在虚拟偶像内容生产场域中，他们拥有共同需求和爱好，沉浸在共同的二次元文化之中，每个团队都有自己共同的偏好与行为标准。每个小团队都是较为独立且自由的，同时有着共同的爱好与规则，在团队中自觉遵守团队中的文化习惯。例如，产消者对于虚拟偶像的发展拥有自己独特的观点与想法，同时也会对作品制作与传播有自己的要求与想法，会明确拒绝不尊重自己想法的人，在这个圈内，部分创作者不会因为某人对作品表现出关注或喜爱而选择妥协自己的原则。洛天依的内容创作者会对洛天依的未来发展方向有着自己明确的看法，对于二次创作自己的曲目也有着较为严格的要求，对于原作品的删除与改动也会

有自己的原则与规范。从规章制度层面看，不遵守规则只会被拉黑或在网上陷入骂战，这种规则并没有太多的约束力和限制，但这些规范也是团队的承诺与信任的基石，它关乎你是否还能待在这个团队之中。总体而言，虚拟偶像的圈子是具有自由度和灵活性的，内容的总负责人通过资金和情感等不同的回报方式搭建团队，依靠团队共同的爱好与价值观，遵守相应的规范，维系着合作生产的信任，团队成员并不需要随时随地联系，主要通过网上完成创作的协作，偶尔的线下见面也可以增进彼此的关系。

## （二）触媒式人物

技术型虚拟偶像的认识建构离不开触媒式人物。技术型虚拟偶像的诞生离不开"初音未来之父"伊藤博之，随后，在技术型虚拟偶像的中国化道路上得益于"洛天依之母"曹璞，另外两位虚拟偶像的音源也在虚拟偶像的传播过程中起到了非常重要的宣传推广作用，如洛天依的人声音源库配音者山新、初音未来的人声音源库配音者藤田咲。在虚拟偶像发展过程中同样出现了如催化剂般的人物，他们与传统的知识产权（IP）管理者放松了对旗下技术型虚拟偶像内容生产版权的管理，让更多的创作者放心参与创作，不用担心因为内容生产时使用了虚拟偶像形象而面临受到法律制裁的风险。技术型虚拟偶像的触媒式人物不直接参与内容生产活动，更像是内容生产圈子的发起人和管理者，他们倡导和孵化良好的内容生产环境，并主动提出对虚拟偶像认识建构有益的倡导和建议，也会跟进、贯彻和坚持其倡议，但并非要求每位创作者必须遵守。例如，曹璞在接手洛天依后，开始积极打造正向积极、符合主流价值观的青少年好榜样的形象，大力宣传此类好作品，如《权御天下》《万古生香》等，积极与主流媒体合作，登上主流媒体的晚会。这种倡导只是官方对于虚拟偶像发展的一种引导与支持，但并不强制要求每一位产消者都生产此类主题的作品，同时期有很多其他主题的优秀作品被宣传。技术型虚拟偶像的知识产权管理者从领导者转向倡导者，将内容生产的主人翁身份和相应的责任让渡给每支创作团队。

## （三）信念

表面上看，技术型虚拟偶像是人声合成技术借助虚拟偶像的知识产权完成商业应用的过程，而实际上初音未来和洛天依等虚拟偶像在世界范围内受到的关注与喜爱远远超过了一个软件的普及带来的影响力，数以万计的95后和00后参与到虚拟偶像的内容生产之中，以初音未来为代表的虚拟偶像在全球范围内获得关注与喜爱。去中心化组织往往是无法获得直接的利益回报的，绝大多数的虚拟偶像内容生产行为都无法直接带来经济回报，那究竟是什么样的力量促使他们花费时间和精力加入内容生产呢？因此，我们不能简单地将其看成软件售卖活动，软件技术只是载体，最有价值的是蕴含在虚拟偶像知识中的共同理想，甚至可以说是信念。

虚拟偶像内容生产场域中，产消者之间不仅有着群体归宿感和流通资源，更重要的是把他们凝聚在一起的信念——塑造自己心中理想的虚拟偶像，通过它唱出自己心中的歌。在技术型虚拟偶像出现以前，业余爱好者在作词作曲后很难找到合适的人来演唱，即便找到能够合作的人，也需要考虑合作人的唱功和风格，为其修改作品，而虚拟偶像则不需要，它能遵循创作者内心的旋律，无论什么风格和音域都能实现。产消者的信念就是：让虚拟偶像唱出我心中的旋律是一件值得做的事。

## （四）平台

初音未来活跃在日文弹幕视频网站 Niconico 动画，洛天依活跃于中文弹幕视频网站哔哩哔哩（Bilibili），搭乘着弹幕视频网站平台的东风，技术型虚拟偶像在二次元文化社群中发展。首先，Niconico 动画弹幕视频网站是第一个提供即时留言字幕的功能，而哔哩哔哩弹幕视频网站也是中国国内最早采用并主推弹幕功能的视频网站，这种弹幕的方式为网站的社群社交属性奠定了良好的基础——评价即时分享，在不同时空中留下话语，这无疑缩短了用户之间的距离。技术型虚拟偶像天然具备互联网基因，产消者的作品通过发布在视频网站中得到传播，Niconico 动画成立于 2006 年，次年初音未来诞生，其在日语环境中的相关视频主要发布在 Niconico 动画上。其次，Niconico 动画和哔哩哔哩弹幕视频网站都是二次元文化受众的聚集地，有别于同时代的 YouTube、土豆、优酷等视频网站，这两个网站在发迹之初就盯上了二次元文化受众，对目标受众有着比较精准的定位，努力为这部分用户提供服务，早期哔哩哔哩弹幕视频网站甚至会通过一系列考卷筛选用户，一般只有非常熟悉二次元文化、精通日本动画动漫产业的二次元文化研究群体"宅男"才能通过考试。这为虚拟偶像内容创作者提供了寻找精准用户的渠道，相关创作也为平台提供了内容与用户黏性，优秀的音乐作品往往能够吸引用户反复观看，平台与虚拟偶像内容生产者互相成就。

## （五）斗士

如果说触媒式人物是场域中具有感召力的倡议者，那斗士就是信念的推动者与执行者。在内容生产场域中，虚拟偶像的认识建构总是充满意料之外又情理之中的分岔路，例如，中文虚拟偶像洛天依在发展过程中主要以吃货、中国传统文化故事、未来感、说相声等二次设定出圈，同时由于曲风和内容的需求问题，洛天依也逐渐演变出"黑化"（指人物在性格上或精神上转变为黑暗人格）的设定。在一定程度上，这种设定的出现与创作者内容创作的实际需求相符，反派也是内容剧本中必不可少的组成部分，这也说明了虚拟偶像具有很高的可塑性，能够展现人的深度与广度。但是，随着认识建构的发展，部分涉及血腥、暴力等的内容随即浮现，甚至洛天依"涉黄"和"吸毒"的传闻也陆续出现，这与官方团队希望构建的形象逐渐背离。虽然这些歌曲和内容为洛天依带来了一些关注和热度，例如，"洛天依假唱吸毒"的词条最早可追溯到 2015 年，这个梗作为玩笑曾出现在各大互联网平台上，在了解洛天依的粉丝眼中是一个具有自嘲的调侃，但是很多不了解洛天依的普通大众却无法分辨其中的缘由而信以为真，尤其是洛天依在湖南卫视小年夜晚会与杨钰莹合唱后，大量网友在刷词条"洛天依吸毒"，让很多不明真相的网友信以为真，明显不利于洛天依在青少年群体中保持稳定且可持续发展的路线。针对这些情况，在官方团队主导下，虚拟偶像洛天依等很多线上社群纷纷倡议不要再玩"洛天依吸毒"的梗，众多洛天依的内容生产者在各大平台呼吁不要将吸毒这种涉及道德红线的标签与洛天依绑定，当年曾以此为玩笑的创作者也公开表示道歉。在抵制"洛天依吸毒"行动过程中，众多内容生产者和粉丝纷纷加入论战，化身洛天依的斗士"锦依卫"，斥责相关言论并维护洛天依的形象。"锦依卫"们在为洛天依发声，他们积极维护洛天依形象的行为并不是在为自己谋利，也不是为自己获取大众的关注与认可，这种维护洛天依的认识建构的斗士行为源于喜爱之情，并不计较个人投入与付出。

## 三、独立作战与团队协作：个体与团队间的互利路径

去中心化的海星式组织的盈利能力是非常有限的，但并不代表行动者在参与虚拟偶像内容生产的过程中完全没有任何回报，很显然，作品的传播与影响力能够为创作者提供较高的情绪价值和社会资本，顶尖作品还具有较高的经济回报。

在虚拟偶像内容生产合作网络中，去中心化的组织形式让行动者有很大的独立和自由空间，是成为包揽作曲、作词、视频制作等一系列生产工作的"独狼型"内容生产者，还是选择与拥有不同专业能力的其他行动者进行小团队协作，这是场域中每位行动者都需要思考的问题。据第五章对虚拟偶像内容生产者合作网络的社会网络分析和动态演化图，可以看出，就整体角度而言，虚拟偶像内容生产网络是趋于团队合作的，但团队的创作模式在虚拟偶像认识建构的过程中有哪些优势，哪些因素会影响团队作品的效果？这些问题尚未得到很好的解决。本小节将进一步探究这些问题。

## （一）群体视角下各变量与内容收益相关性问题提出

这部分研究以中心度和跨越结构洞理论作为变量，探讨合作团队的结构特性与虚拟偶像建构方面的收益关系，即团队成员在内容生产合作网络中的影响力均值与其参与的团队作品收益之间的关系。虚拟偶像建构权力越大的行动者在内容生产场域中的内容合法性越高，同样拥有更高的社会地位（status），意味着在抉择合作伙伴时拥有更多的主动权和先机。对于内容创作的合作团队而言，为了拥有更多信息利益，保证获取新资源和新信息的渠道，降低信息和资源的冗余度，也为了获得更多的控制利益（经纪利益），保证对现有团队的控制权，利用不同合作网络间的排他性，在合作和谈判关系中得到自己偏好的利益，虚拟偶像内容生产合作团队中的行动者会积极地跨越结构洞，拓宽自身的社交网络，与场域中的其他合作网络建立合作关系。

表 9-1　同一时期行动者在场域中的位置→团队内容收益变量测量方法

| 研究假设 | 次级研究假设 | 自变量 | 因变量 | 控制变量及其测量 |
|---|---|---|---|---|
| 中心度→内容收益 | 度数中心度与内容收益 | 度数中心度 | 团队合作生产的内容得分 | 1.社会资本：成员影响力。2.市场竞争：内容发布时间段和竞争强度。3.生产规模：团队成员人数[①] |
| | 中介中心度与内容收益 | 中介中心度 | | |
| | 接近中心度与内容收益 | 接近中心度 | | |
| | 特殊向量中心度与内容收益 | 特殊向量中心度 | | |
| 结构洞→内容收益 | 跨越结构洞数量与内容收益 | 网络约束度 | | |

[①]　根据前人研究经验（Baker & Faulkner, 1991；Faulkner & Anderson, 1987；Lazer, 2001；Uzzi & Spiro, 2005），控制变量的测量方法如下：1.成员影响力（influence），即测量团队成员中进入前200名年榜的所有内容的得分均值；2.内容发布时间段（seasonality），以半年划分的内容发布时间段，由于年榜的数据统计在12月31日，于上半年发布的内容得分时间更长，比下半年发布的内容更有优势。本书采用哑变量的编码方法，对进入年榜的内容发布时间进行归档整理，若为上半年则编码为1，否则编码为0；3.竞争强度（competition），以半年为计算单位，计算同时间段进入年榜的内容数量；4.生产规模（size），团队成员数量。

内容生产团队在整个场域中所处的位置由其个体成员的中心度构成（Uzzi & Spiro，2005）。内容生产团队中，每一位参与成员是带着其特有的资源进入该团队中的。生产团队中，个体中心度越高的行动者越能够为团队带来更多的社会资本，增加团队的社会资本，也意味着创作团队成员的个人社会资本也会因其加入而升高。因此，拥有中心度高的创作团队在虚拟偶像内容生产场域中占据更为中心的位置。据此提出以下假设：

H3.1.2a 团队成员在虚拟偶像内容生产网络中的度数中心度越高，其对集体生产的参与建构虚拟偶像的内容收益越高。

H3.1.2b 团队成员在虚拟偶像内容生产网络中的中介中心度越高，其对集体生产的参与建构虚拟偶像的内容收益越高。

H3.1.2c 团队成员在虚拟偶像内容生产网络中的接近中心度越高，其对集体生产的参与建构虚拟偶像的内容收益越高。

H3.1.2d 团队成员在虚拟偶像内容生产网络中的特殊向量中心度越高，其对集体生产的参与建构虚拟偶像的内容收益越高。

同样，占据虚拟偶像的认识建构权力作为虚拟偶像内容生产场域中特有的资本形式，跨越结构洞的行动者能为其所在的内容生产团队提供额外的信息收益和控制收益。因此，本书假设：

H3.1.2e 团队成员在虚拟偶像内容生产网络中的网络约束度越小，其对集体生产的参与建构虚拟偶像的内容收益越高。

在此基础上，本书将进一步验证合作团队的结构特性与其团队建构虚拟偶像权力方面的收益之间是否存在直接相关关系，本书提出若H3.1.2a~H3.1.2d 成立，将继续验证以下假设：

H3.1.3a 团队成员的度数中心度对团队的内容收益具有正向影响。

H3.1.3b 团队成员的中介中心度对团队的内容收益具有正向影响。

H3.1.3c 团队成员的接近中心度对团队的内容收益具有正向影响。

H3.1.3d 团队成员的特殊向量中心度对团队的内容收益具有正向影响。

H3.1.3e 团队成员的网络约束度对团队的内容收益具有反向影响。

## （二）数据收集

在计算合作团队结构特性的中心度和经纪性指标时，本部分将延续个体视角的研究，采用相同的行动者数据，将团队中每位成员（行动者）的中心度和网络约束度指标分别加总，在此基础上分别取均值得到团队的各类结构指数。合作内容的收益则定义为合作团队共同生产的内容产品（即年榜中的某个视频内容）的得分。

## 四、吸纳强者：团队对"强个体"的依赖

本部分从群体角度探讨合作团队的结构特性对合作生产的内容收益的影响。从上一小节中可知，个体的场域中位置的中心度和网络约束度指标与内容收益的相关关系存在相关关系，本节将引入可能影响因变量的控制变量进行多元回归分析，进一步研究行动者在场域汇总的位置与内容收益之间是否存在因果关系，并建立预测模型。

## （一）各变量概况

通过对合作团队结构特性的描述性统计分析发现，2019年合作团队的各种关系均值分别为度数中心度0.041、中介中心度0.018、接近中心度0.0003、特殊向量中心度0.0092和网络约束度0.0116。与第八章第四节中行动者个体视角的结构特性数值对比，团队均值的度数中心度、中介中心度、接近中心度、特殊向量中心度和网络约束度与独立个体均值有细微差别，这是由统计学计算研究方法导致的偏差，可忽略不计。内容收益方面，2019年各合作群体的内容得分均值约为86万，其中团队内容的最高得分约为936万，最低内容得分为29万。从变量的分布情况来看，除经过正态化处理的团队内容得分是符合正态分布的，其他表示行动者位置的中心度和经纪性指标均偏离正态分布，其中合作团队只有中介中心度的偏

态系数小于个体视角，其余位置变量均高于个体视角。属性变量的团队内容得分在分布上也呈现正偏态。

表 9-2　2019 年合作团队的结构特性和内容得分的描述性统计

|  | 最小值 | 最大值 | 均值 | 标准差 | 峰态系数 | 偏态系数 |
|---|---|---|---|---|---|---|
| 度数中心度 | 0.000 | 0.147 | 0.041 | 0.0022 | 2.965 | 1.767 |
| 中介中心度 | 0.0000 | 0.097 | 0.018 | 0.0018 | 4.553 | 2.322 |
| 接近中心度 | 0.0000 | 0.018 | 0.016 | 0.0003 | 12.455 | −3.597 |
| 特殊向量中心度 | 0.0000 | 0.994 | 0.035 | 0.0092 | 36.807 | 5.933 |
| 网络约束度 | 0.0000 | 1.125 | 0.209 | 0.0116 | 8.578 | 2.335 |
| 内容得分 | 291521 | 9359327 | 858428 | 73227 | 36.530 | 5.369 |
| 得分转换 | −2.80 | 2.807 | 0.000 | 0.071 | −0.071 | 0.000 |

## （二）相关性分析结果

在此基础上，我们将对以下 5 个假设进行合作团队的相关性分析。

H3.1.2a 团队成员在虚拟偶像内容生产网络中的度数中心度越高，其对集体生产的参与建构虚拟偶像的内容收益越高。

H3.1.2b 团队成员在虚拟偶像内容生产网络中的中介中心度越高，其对集体生产的参与建构虚拟偶像的内容收益越高。

H3.1.2c 团队成员在虚拟偶像内容生产网络中的接近中心度越高，其对集体生产的参与建构虚拟偶像的内容收益越高。

H3.1.2d 团队成员在虚拟偶像内容生产网络中的特殊向量中心度越高，其对集体生产的参与建构虚拟偶像的内容收益越高。

H3.1.2e 团队成员在虚拟偶像内容生产网络中的网络约束度越小，其对集体生产的参与建构虚拟偶像的内容收益越高。

通过斯皮尔曼等级相关性分析得出表 9-3，合作团队的结构特性与虚拟偶像认识发展同一时期的内容收益之间均存在显著的相关关系

（P<0.05），其中合作团队的各类中心度与内容得分均呈现正相关系，结果支持假设 H3.1.2a~H3.1.2d。其中，团队的特殊向量中心度的相关系数与团队内容总收益的相关系数为 0.419**，呈现出较高的相关性，其次是接近中心度和度数中心度，两者的相关系数都在 0.2 以上。基于假设 H3.1.2e 探究网络约束度与团队的内容收益，从表 9-3 可看出网络约束度与内容收益呈负相关，即跨越结构洞带来的经纪效应与内容得分呈现正相关，结果支持假设 H3.1.2e。就关系强度而言，合作团队的结构特性与内容收益的关系系数总体要低于个体角度。

相关性分析得到两个结论：其一，合作团队的结构特性（社会资本）与其在虚拟偶像认识建构处于同一时期的内容收益之间存在相关关系（P<0.05）；其二，合作团队的特殊向量中心度和同一时期的内容收益的关系最为密切，说明团队成员越是与网络中有影响力的人合作，跨越的结构洞越多，其合作产品的收益则越高。

表 9-3　合作团队的结构特性与合作团队内容收益之间的关系（2019 年）

| 属性变量 | 关系变量 | 相关系数 | 显著性（单尾） |
|---|---|---|---|
| 内容得分 | 度数中心度 | 0.215** | 0.002 |
| | 中介中心度 | 0.166* | 0.018 |
| | 接近中心度 | 0.249** | 0.000 |
| | 特殊向量中心度 | 0.419** | 0.000 |
| | 网络约束度 | −0.336** | 0.000 |

**.P 值在 0.05 水平下显著相关（单尾检验）。

综上所述，在虚拟偶像内容生产场域中，团队个体均值的网络结构特性与团队内容收益之间存在相关关系。无论是个人视角还是群体视角，优秀的内容产品都是虚拟偶像内容生产场域的"硬通货"，行动者参与的优秀作品越多，在场域中的影响力越大，在虚拟偶像的认识建构权方面就越有话语权。场域中拥有众多合作伙伴或优秀作品的行动者个人在社交媒体中对虚拟偶像发展塑造是有一定号召力和影响力的。

在场域中，由于专业技术的特点，PV师和画师基本是拥有众多合作伙伴的，尤其是已经在圈内小有名气的PV师和画师，会被不同团队邀请参与创作，一个季度内参加多部作品的创作也是常有之事。与美术相关的技术工种往往都有固定且具有个人特色的风格，相较于作曲、作词这种需要相对更为紧密配合的工作，美术往往是相对独立的，顺序也一般是先有曲子后有美术，这就允许团队在早期把所有基点和主题确定后，再根据总体效果邀请与曲风合适的画师和PV师参与生产创作。优秀的视觉效果甚至比曲目本身更能在第一时间抓住受众，能在视觉上与听觉相得益彰，周边和专辑的销售也非常依赖优秀的美术工作，部分受众可能并不喜欢曲目本身，但由于喜欢画师为曲目创作的虚拟偶像新形象而积极购买相关周边，反之则很少。因此，擅长美术和视觉传达的行动者往往拥有更多的人脉与合作机会，他们也基本以参与者身份加入内容生产之中，虽然他们很少担任整部作品的总负责人，但他们的一言一行也会被受众关注，其影响力不亚于很多作品负责人，例如，某原创PV师的视频创作风格多样且具有非常高的代表性，参与创作《权御天下》《九九归一》《枯干的画笔》等多部作品，她个人在社交平台中关于虚拟偶像的一言一行都会受到圈内粉丝的关注、喜爱甚至是审视，一句早期调侃"洛天依假唱"的言论也会备受关注，乃至引发争论。虽然她已退圈，但至今在互联网中探讨洛天依的"假唱"梗问题时仍会有人提起她，可见其在场域中的影响力。

### （三）因果关系检验：高特征向量中心度和高经纪性均可带来高内容收益

已知团队的行动者在场域中表示位置的关系变量（社会资本）与内容收益的属性变量（经济资本）之间存在相关关系，为了进一步验证两者的相关程度，本部分将在相关性基础上进行多元回复分析。由于相关性研究中，团队合作的度数中心度变量与内容收益之间不存在相关关系，因此本部分将不对其进行回归分析，本节需要检验以下五个假设：

H3.1.3a 团队成员的度数中心度对团队的内容收益具有正向影响。

H3.1.3b 团队成员的中介中心度对团队的内容收益具有正向影响。

H3.1.3c 团队成员的接近中心度对团队的内容收益具有正向影响。

H3.1.3d 团队成员的特殊向量中心度对团队的内容收益具有正向影响。

H3.1.3e 团队成员的网络约束度对团队的内容收益具有反向影响。

本书的回归分析目的是检验变量之间的关系，主要是探讨各类代表行动者在场域中的位置变量与内容收益的因果关系，建立一个具有预测关系的回归模型并不是本部分的主要目的，本部分的主要目的是证实性分析。本书的自变量是社会网络关系，而因变量是年榜内容的得分（standardize score），由于本书选用的 5 个社会网络关系变量（SNA metric）之间具有高相关性，为了避免回归方程出现多重共线性问题（multicollinearity problem），本部分参考已有文献（Cimenler，Reeves & Skvoretz，2014；Zaheer & Soda，2009）变量测量方法，选择 5 个关系变量分别建立回归方程。

除了自变量社会网络关系的 4 项表示场域位置的位置变量，以及因变量内容收益以外，根据前人经验（Baker & Faulkner，1991，Faulkner & Anderson，1987；Lazer，2001；Uzzi & Spiro，2005），在回归方程中加入 4 个控制变量，包括：1. 测量团队文化资本的属性变量——成员影响力（influence），即测量团队成员中进入前 200 名年榜的所有内容的得分均值；2. 测量市场的 2 个变量——内容发布时间段（seasonality）和竞争强度（competition），其中内容发布时间段的测量方法为以半年划分的内容发布时间段，由于年榜的数据统计在 12 月 31 日，于上半年发布的内容得分时间更长，比下半年发布的内容更有优势。本书采用哑变量的编码方法，对进入年榜的内容发布时间进行归档整理，若发布于上半年则编码为 1，否则编码为 0，而竞争强度的测量方法为以半年为时间区间，同时间段进入年榜的内容数量；3. 测量生产规模的变量——团队规模（size），即团队成员数量。

　　首先，本书将对加入的 4 个控制变量进行筛选，以 4 个控制变量作为自变量，正态化的 2019 年年榜内容得分作为因变量建立模型 1。在回归分析的过程中发现，内容发布时间段（seasonality）变量对因变量的影响不显著，P 值 >0.5。为了使模型更为简洁明了，本书将剔除档期变量，以竞争强度（competition）、团队规模（size）和成员影响力（influence）这 3 个变量与团队内容得分因变量进行回归分析，发现模型和各个变量的 P 值均小于 0.5，具有显著性，模型的 R 值为 0.346，$R^2$ 值为 0.12，调整后的 $R^2$ 值为 0.105，该模型解释了因变量的 10.5%。

　　基于此，本小节将建立以下回归方程用于假设检验：

standardize score $=\beta0+\beta1$（a SNA metric）$+\beta2$ size$+\beta3$ competition$+\beta4$ influence

　　1. 高特征向量中心度和高经纪性均可带来高内容收益

　　本部分将研究中介中心度与内容收益之间的影响关系。由于这部分的主要目的是证实性分析，因此将回归方程"standardize score $=\beta0+\beta1$（a SNA metric）$+\beta2$ size$+\beta3$ competition$+\beta4$ influence"中分别代入 5 个 2019 年团队成员均值的中心度和网络约束度的自变量，由此分别得到 5 个模型，结果如表 9–4 所示。

表 9–4　同一时期团队的内容收益与位置变量的关系（2019）

| 预测变量 | 模型 1 | 模型 2 | 模型 3 | 模型 4 | 模型 5 |
|---|---|---|---|---|---|
| 度数中心度 | 0.104 | | | | |
| 中介中心度 | | 0.042 | | | |
| 接近中心度 | | | 0.136 | | |
| 特殊向量中心度 | | | | 0.261** | |
| 网络约束度 | | | | | −0.300** |
| 团队规模 | 0.071 | 0.074 | 0.071 | 0.071 | 0.071 |
| 成员影响力 | 0.209** | 0.209** | 0.209** | 0.209** | 0.209** |

续表

| 预测变量 | 模型 1 | 模型 2 | 模型 3 | 模型 4 | 模型 5 |
|---|---|---|---|---|---|
| 竞争强度 | 0.190** | 0.19** | 0.19** | 0.19** | 0.19** |
| 调整后 $R^2$ | 0.101 | 0.109 | 0.106 | 0.157 | 0.147 |

**.P 值在 0.01 的水平下显著相关。

a. 因变量：正态转换后的 2019 年内容得分。

表 9-4 的模型 1~5 的方差分析（ANOVA）的显著水平（P 值）均为 0.000，表示内容收益的 5 个模型均有统计学意义。5 个模型中，只有 2 个模型的社会网络变量的 P 值在 0.01 的水平下均存在显著的正向关系，分别是特殊向量中心度（模型 4）和网络约束度（模型 5）。模型 1~3 中的自变量度数中心度、接近中心度和中介中心度的 P 值均大于 0.05，回归结构否定了 H3.1.3a~H3.1.3c 的假设，团队成员的度数中心度、接近中心度和中介中心度的均值虽然分别与团队内容收益存在相关关系，但不构成因果关系，不能说明三者对团队的内容收益存在正向影响，即成员的活跃度、独立性和是否在网络中担任桥梁的角色不一定能为团队收益带来正向影响。

模型 4 调整后的决定系数（$R^2$）为 0.157，方差分析显著水平为 0.000。因变量和自变量的显著水平小于 0.01，与成员影响力和竞争强度的显著性水平均小于 0.01，而成员规模并不显著。自变量团队成员特殊向量中心度均值与团队内容收益存在相关关系，标准化回归系数为 0.261（P=0.000）。分析结果说明，团队成员的特征向量中心度会给团队合作生产的内容带来一定的正向影响，结果支持假设 H3.1.3d。在社交网络中，节点本身处于中心的位置，与更多的节点建立联系固然重要，但与其建立联系的节点本身的位置同样非常重要。回归结果表明，当团队成员的"友邻"在场域中的位置靠近中心，团队成员就可以借助友邻对虚拟偶像内容生产网络施加影响力，进而为团队带来更高的合作收益。

模型 5 调整后的决定系数（$R^2$）为 0.147，方差分析显著水平为 0.000。因变量和自变量的显著水平小于 0.01，与成员影响力和竞争强度的显著性水平均小于 0.01，而成员规模并不显著。自变量团队成员的网络约束度均值与团队内容收益存在负相关关系，标准化回归系数为 –0.300（P=0.000）。分析结果说明，团队成员的网络约束度会给团队合作生产的内容带来一定的负向影响，网络约束度越低意味着成员跨越的结构洞数量越多，成员的经济性越高，结果支持假设 H3.1.3d。在社交网络中，跨越结构洞能够为内容生产者带来更多的机会和选择，也更利于成员创新，因为经纪性高意味着该行动者不仅与自身社群建立联系，同时与其他社群的成员有合作关系，跨越结构洞有利于接触到其他社群拥有的异质信息和资源，这将会为行动者带来更多的机会和选择。因此，本部分的线性回归结果证明，在加入控制变量后，网络约束度仍对内容收益造成反向影响，团队的成员具有较低的网络约束度，意味着他们跨越的结构洞数量越多，则能为合作团队带来更多的内容收益，增加团队的经济资本。

2. 同一时期团队内容收益的构成因素影响比较

根据以上研究可知，特殊向量中心度和网络约束度是在回归方程模型中显著的自变量，因此将以上成果整合成一个多元线性回归模型，因变量设置为 2019 年经过数据正态化处理的内容收益，将合作团队成员特殊向量中心度均值、网络约束度均值、成员影响力和竞争强度这 4 个变量设置为自变量。

该模型的回归方程因变量服从正态分布。根据图 9-1 的回归标准化残差分布图、残差正态 P–P 图和残差散点图可知，同一时期的团队内容收益残差分布比较平均，标准化残差分布图近似正态分布，残差的正态 P–P 图中，散点基本呈现直线趋势，残差散点图分布随机，没有出现异方差问题，均表明因变量服从正态分布。回归模型的方差膨胀系数（Variance Inflation Factor，VIF）均小于 10，状况系数（condition index）均小于 30，可以认为各自变量之间不存在多重共线性问题。

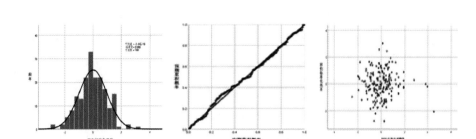

**图 9-1　正态化转换的团队内容收益的正态分布验证图**

（左：回归标准化残差分布图，中：残差正态 P-P 图，右：残差散点图）

如表 9-5 所示，这一回归模型是显著的，F（4, 183）=11.516，P<0.01，模型的决定系数（$R^2$）为 0.201，调整后的标准系数（调整后的 $R^2$）为 0.184，根据科恩准则，$R^2$ 为 0.09 和 0.24 分别对应效应量中和大，该模型决定系数的效应量在中到大之间，表明模型能够预测同一时期团队内容收益的 20%。根据表 9-6，在被调查的预测变量中，特殊向量中心度（β=0.234，t=3.485，P<0.01）、网络约束度（β=-0.208，t=-2.812，P<0.01）、竞争强度（β=0.227，t=3.383，P<0.01）和成员影响力（β=0.165，t=2.216，P<0.05），4 个预测变量均为显著的变量。根据各自变量的标准化系数可知，在虚拟偶像认识建构的同一时期中，团队内容收益产生影响的最大因素是特殊向量中心度，其次分别是竞争强度和网络约束度，最后是成员影响力。

由上述研究可以得出，同一时期虚拟偶像中文 VOCALOID 前 200 名内容的团队内容收益的预测方程模型的分析方程为：

standardize score =0.234（特殊向量中心度）-0.208（网络约束度）+0.165（成员影响力）+0.227（竞争强度）-0.35

表 9-5 团队内容收益预测回归模型的 ANOVA[a]

|      | 平方和    | 自由度 | 均方   | F      | 显著性   |
| ---- | ------- | --- | ----- | ------ | ------ |
| 回归   | 38.148  | 4   | 9.537 | 11.516 | 0.000[b] |
| 残差   | 151.555 | 183 | 0.828 |        |        |
| 总计   | 189.703 | 187 |       |        |        |

a. 因变量：正态化转换的团队内容收益。

b. 预测变量：（常量），网络约束度，竞争强度，特殊向量中心度，成员影响力。

表 9-6 团队内容收益预测回归模型的系数 [a]

|          | 未标准化系数 | | 标准化系数 | t | 显著性 | 共线性统计 | |
| -------- | ----- | ----- | ------- | ------ | ----- | ----- | ----- |
|          | B     | 标准错误  | Beta    |        |       | 容差    | VIF   |
| （常量）    | −0.35 | 0.209 |         | −1.676 | 0.095 |       |       |
| 竞争强度    | 0.008 | 0.002 | 0.227** | 3.383  | 0.001 | 0.97  | 1.031 |
| 成员影响力   | 0.025 | 0.011 | 0.165*  | 2.216  | 0.028 | 0.79  | 1.266 |
| 特殊向量中心度 | 2.062 | 0.592 | 0.234** | 3.485  | 0.001 | 0.971 | 1.03  |
| 网络约束度   | −1.262 | 0.449 | −0.208** | −2.812 | 0.005 | 0.795 | 1.258 |

a 因变量：正态化转换的团队内容收益。

## 小 结

本章从虚拟偶像的内容生产组织形式入手，探讨去中心化的组织模式下，虚拟偶像的内容生产是如何在分工与合作中完成任务，逐步形成自组织式的互利关系的。场域中的圈子、触媒式人物、信念、平台和斗士五大要素各司其职、相互配合，形成良性发展的虚拟偶像内容生产生态。在此基础上，以群体视角探讨场域中的行动者相互合作的互利路径。

本章以"周刊中文 VOCALOID 排行榜"2019 年年榜前 200 名的内容生产团队为研究对象，对个体维度的结论进一步扩展，从群体维度检验合作团队的结构特性与团队内容收益之间的关系。相关性分析的结果支持假设 H3.1.2a~H3.1.2e，P 值均小于 0.05，团队成员的节点中心度越高，经纪性越强，合作团队生产的虚拟偶像内容的收益则越高。代表友邻影响力的特殊向量中心度和代表经纪性的网络约束度与团队经济收益关系最为密切，中介中心度和特殊向量中心度与内容收益的关系相对较弱。为了进一步验证行动者在场域中的权力位置（社会资本）与参与虚拟偶像内容收益（经济资本）之间是否存在因果关系，本研究在相关性检验的基础上加入了 3 个控制变量，分别是竞争强度、团队规模和成员影响力，通过多元线性回归方程检验社会资本对经济资本的影响。研究结果支持假设 H3.1.3d 和 H3.1.3e，不支持假设 H3.1.3a~H3.1.3c，即团队成员拥有的部分社会资本能够为经济收益带来正向影响，团队成员的友邻影响力（特殊向量中心度）和经纪性能为内容收益带来正向影响，成员的度数中心度、中介中心度和接近中心度对团队合作生产的内容收益的影响不明确。为了对比各关系变量对团队内容收益的影响大小，通过将特殊向量中心度、网络约束度和两个控制变量（竞争强度和成员影响力）放入回归方程模型，发现特殊向量中心度对团队内容收益影响较大，网络约束度次之，说明合作团队的成员可以通过与网络中具有影响力的其他行动者建立合作关系，打破社交圈，积极接触异质性的创作群体，更有助于提升团队的收益。

在场域格局的动态发展中，行动者呈现"强者愈强"的趋势，他们通过优秀作品积累在场域中的优势，这种优势能够为他们自身带来更多的合作机会，也有能力为合作的团队带来更多的新鲜血液与新思路，他们在具体运演时期的场域中占据的优势地位，会为其带来直接或间接的经济收益，使其拥有更多的信息和资源，进而有助于他们在其后时期的场域结构中争夺到更中心的位置，从而获得更多的内容收益。随着虚拟偶像内容生产场域的发展，优秀作品成为最好的"名片"，为了积攒更多的质量与传播度，有影响力的行动者开始相互合作，以团队的形式进行内容生产活动，实现"强强联合"的态势。

# 第十章　虚拟偶像的运营：
# 官方主导与分布式自治

## 一、产消者的内容生产策略

本书以社会网络分析的方法呈现了中国技术型虚拟偶像原创中文曲的内容合作生产场域的变迁，经过数据分析可知，虚拟偶像内容生产场域存在着权力分布不均衡的现象，这也意味着虚拟偶像的建构权力能够被早期占据场域优势的行动者通过持续的内容生产而保持、延续，优质资源、人才和信息都会流向少数行动者，这种现象并没有因为2016年官方运营团队的暂时退出而消失，场域中少数具有高影响力的行动者始终凭借持续且稳定的创造力占据场域的中心位置。由表10-1可知，伴随技术型虚拟偶像的知名度不断上升，相关内容的总播放量也逐年攀升，这说明虚拟偶像的内容市场正在不断扩大，影响力也在逐渐扩大，但是表现粉丝互动量的评论量、收藏量有所下降，证明虚拟偶像的内容传播范围变大，这是由于在2017年后，官方团队开始积极在不同平台以不同形式增加虚拟偶像的曝光度，而在2019年以后，官方团队大量使用官方主导生产的新内容产品登上大众娱乐媒体平台，一些社会热点事件让少数具有高影响力的产消者的内容产品在更大的平台中获得推荐和关注，例如产消者"ilem"的原创曲目在2020年多次登上大众媒体和社交网络平台的热搜榜，被周深等当红歌手翻唱，产消者"ilem"于2020年以前创作的内容视频再次受到关注，"周刊VOCALOID中文排行榜"年度总结性特刊《VOCALOID中文曲 2020》中公布 2020 年度影响力最高的 5 首原创音乐视频中 3 首是产消者"ilem"非当年生产的原创中文曲。虽然过去的优秀作品再次得到了关注和传播，但是能够登上年榜排行的新作品数量却减少了，2020 年年榜中当年作品上榜率首次低于 60%，说明创作团队中欠缺具有影响力的新生力量，产消者新生产的内容得到关注的成本增加，进入场域的成本增大，场域中内容生产趋于"强者愈强，弱者愈弱"的马太效应。第九章的实证研究结果也从侧面印证了该趋势。

表 10-1　2014—2020 年间 VOCALOID 中文曲年度总结数据 [1]

| 年份 | 总播放量 | 总评论 | 总收藏 | 总硬币 | 总弹幕 | 统计时间段 |
|------|---------|--------|--------|--------|--------|-----------|
| 2014 | 1500 万 | — | — | — | — | 上一年 12 月 26 日 3:00 至当年 12 月 26 日 3:00 |
| 2015 | 6500 万 | — | — | — | — | |
| 2017 | 8970 万 | 148 万 | 700 万 | — | — | |
| 2018 | 1 亿零 980 万 | 228 万 | 825 万 | 557 万 | 214 万 | |
| 2019 | 1 亿 4192 万 | 196 万 | 767 万 | 687 万 | 99 万 | |
| 2020 | 1 亿 8563 万 | 174 万 | 703 万 | 634 万 | 169 万 | |
| 2021 | 1 亿 3421 万 | 77 万 | 483 万 | 430 万 | 36 万 | |
| 2022 | 2 亿 3650 万 | — | — | — | — | |
| 2023 | 2 亿 5456 万 | — | — | — | — | |

　　虚拟偶像内容生产场域的发展逐渐呈现马太效应，也就意味着未来场域中的资源和信息会越发汇集到场域中的头部创作者。他们通过早期的原始积累，拥有资金、文化资源和粉丝基础，这部分产消者更容易在下一轮竞争中获胜，其生产的新内容产品也更容易得到传播和关注；相反，场域的后进入者由于处于初创时期，资金、粉丝积累和专业技术的磨炼都处于不足状态，按照哔哩哔哩弹幕视频网站在 2021 年 5 月发布的"创作推广

---

① 数据来源于由用户"非洲のGUMI"发布在哔哩哔哩弹幕视频网站中"周刊 VOCALOID 中文排行榜"视频中呈现的数据。

升级公告"，由于推广功能及其推荐算法的变更，VOCALOID 虚拟歌手相关的创作类音频内容的推荐传播权有了一定的改变，新发布的作品如果在早期未能得到一定数量的播放和互动数据，则会被算法自动降低它的推荐度，在中后期就很难再被推荐从而实现翻盘。这种创作推广机制让很多内容发布者盲目追求播放量、完播率等相关数据，而不得不放弃长视频的制作，陷入恶性竞争，导致众多内容生产者的收入有了一定的下滑，很多使用虚拟歌手进行创作的优秀原创曲目得不到应有的关注。在这种模式下，新加入的产消者只有本身具备过硬的专业生产技术，并根据当前网络热点制作具有一定质量的、"蹭热度"的内容产品，才有可能突破重围，这无疑增加了进入虚拟数字人内容生产场域的门槛。再者，产消者早期大部分都是"为爱发电"，内容生产主要依赖自身喜好、较为业余的生产技术和大量的时间投入，这类努力已经很难得到关注与回报。长此以往，这样的发展模式很难为虚拟偶像内容生产场域培养更多新生创作力量。

对于在场域中已经积累一定关注度和影响力的产消者而言，需要做到保持内容的质量和产出，争取利用虚拟偶像这一特殊媒介积累更多的目标受众，尽可能借助已有影响力辐射到外部场域，争取与具有不同优势资源的行动者合作，实现强强联合的态势，将受众引流到其他社交媒体平台中。由于平台视频的算法推荐，通过创作内容作品，运用热点事件同青年目标受众进行"对话"，结合流行文化中的"梗"（meme）进行创作，虽然此类作品有"蹭热度"之嫌，但通过作品与时代接轨，对受众关心的热点、热门话题进行正向、积极的回应，也是内容创作者需要具备的能力之一。另外，有影响力的行动者也可以通过推出内容相关的周边产品，增强内容传播力和变现能力。

相对而言，对于新加入场域的产消者来说，借助虚拟偶像这种特殊媒介能够精准吸引某一类型的目标受众，这对于有专业技术却得不到关注的创作者而言是一个很好的宣传自己和积累用户的平台。以偶像身份进行运营的虚拟数字人拥有固定的目标群体，这对于希望打开青年群体市场的专业音乐人士而言是非常好的途径。例如，专业词曲制作人 ChiliChili 在 2020 年为虚拟偶像洛天依创作的《我的悲伤是水做的》，凭借优秀的词曲和专业的调音，在哔哩哔哩和网易云音乐平台收获了洛天依粉丝和 V 圈（VOCALOID 人声合成技术爱好者团队）的喜爱与关注，成为该音乐人在网易云音乐个人页面中展示的代表作品之一。ChiliChili 参与虚拟偶像内容生产的时间较晚，但凭借优秀的质量依旧能在场域中占据一席之地。然而，对于在后期凭借爱好加入的业余参与者而言，进入虚拟偶像内容生产场域的门槛将有所提高，如果不能依靠优秀作品一鼓作气，积攒足够的人气，则很容易因付出与回报不成正比带来心理落差而放弃。对于单纯满足自身创作欲望、不求回报的内容创作者而言，的确能在一段时间内保持不计回报的内容输出，但创作热情会随着喜爱程度的下降和现实问题而被消磨殆尽，在如今的算法推荐和尚未形成良好的内容创作生态圈的前提下，这种一味强调"为爱发电"的策略难以支持虚拟偶像内容生产圈层保持良性且持久的发展。

在目前的环境下，新参与者需要首先解决在内容生产圈子内的"存活问题"，生产策略可大致分为三种：

其一，精品路线，精心雕琢和打磨推出高质量的原创作品。这比较适合本身具有一定专业水平和愿意投入资金和精力的产消者，典型例子有产消者"z 新豪"，他在 2015 年至 2018 年间仅生产了三首原创中文曲内容，但他每首曲子单平台播放量均超过 150 万，在 2019 年至 2023 年平均每年生产一至两首原创单曲，虽然单曲视频播放量基本在 20 万至 70 万之间，但依靠早期曲子的影响力依旧能够获得较多与官方合作机会，很多粉丝依旧在等待他的新视频发布。

其二，爆款路线，与社会热点问题的契合度和与目标受众关心的话题相关度都能更容易与受众产生共鸣，而二次元文化爱好者和青少年群体对于圈内话题和流行文化是非常敏感的，一首击中受众"萌点"或"痛点"的作品很容易实现病毒式传播，早期通过创作此类内容能够迅速引起目标受众的关注。例如，第一首达成传说曲的 VOCALOID 人声合成技术原创中文曲内容是《DOTA 税》，是一首改编自《妄想税》的游戏"梗曲"。

其三，合作路线，与场域内部和外部具有高影响力的行动者进行合作。这类路线需要自身具备某种特殊的优势资源，这种优势资源不一定是内容生产的专业能力，文化资本、经济资本、社会资本和政治资本方面的优势都能够吸引场域内的掌权者与之合作。例如共青团等政治组织具备丰富的政治资本，虽然在场域中不具备内容生产方面的优势，但能够为内容和创作者进行背书，有利于虚拟偶像的发展，众多官方团队和大部分产消者都会努力争取与之合作的机会，实现强者与强者的合作生产联盟。

## 二、新型媒介的运营视角：虚拟偶像与传统内容产品运营的差异

与传统大众媒体相比，电视和广播等大众媒介是信息的载体，是信息的渠道，它为内容提供传输服务，其传输的内容不代表载体的观点，只代表媒体所有方的观点，而媒体所有方对该媒介（渠道）传输什么内容具有绝对的控制权。相对而言，虚拟偶像这种新型媒介的存在完全依赖于受众的"共同想象"，是否符合当时特定受众群体基本的"共同想象"成为"虚拟偶像"能否持续在市场中站稳的关键，而这种"共同想象"的形成依赖于受众和虚拟偶像之间持续且稳定的互动，其中线上线下活动和内容生产是吸引受众与虚拟偶像互动的最主要方式。另外，虚拟偶像的存在不被某种技术或载体所局限，这就意味着谁都能以不同的形式借助虚拟偶像这个渠道传播内容，这些内容都将成为"共同想象"的一部分。值得注意的是，在特定受众群体中，最有能力直接影响"共同想象"的受众是产消者，他们既是"共同想象"的拥有者，也是在个体需求牵引下"共同想象"的引领者或破坏者，其中部分具有高影响力的产消者甚至能够一呼百应，

左右虚拟偶像的命运。因此，引导和管理产消者的生产活动、稳固受众对虚拟偶像整体认识朝着良好的态势发展，成为虚拟偶像的媒体所有者最基本的任务。

因此，在虚拟偶像认识建构过程中，虚拟偶像的所有方会更为重视与产消者之间的互动关系，这种互动关系比以往任何类型的传媒产品都更为密切。例如，以真人为主体的内容产品，如电视剧、真人秀、纪录片等相关娱乐内容，这些传媒产品的运营方需要保持其合作的演员、明星的公众形象，主要是对演员、明星本人的行为约束和管理，其次是对负面舆情进行干预。然而，虚拟偶像洛天依本质上是一个具有虚拟形象的人声合成技术，人人都能使用洛天依表达各种各样的想法，包含大量影响洛天依正面形象的内容，因此，对虚拟数字人公共形象的维护成为最基本的业务，内容则是公众形象的载体，内容生产者就是虚拟数字人的建构者和引导者。虚拟数字人的运营团队是"共同想象"的倡议者和推广者，他们需要考虑怎样的共同想象更符合虚拟偶像良性发展的需求，如果官方运营团队的设定与受众心中的期待是割裂的，就很容易出现虚拟数字人在发布初期就被抵制的情况。

虚拟偶像的官方团队不仅需要负责虚拟偶像的技术开发与商业化应用，更重要的是维护虚拟偶像作为"虚拟数字人"的整体形象，需要确定虚拟偶像的基础人物设定、整体形象和未来建构方向，引导受众对其虚拟偶像的总体认识不偏离其基本方向。由于虚拟偶像不存在实体，其作为传播主体具有极强的不确定性，又由于其建构权分散在运营方及其用户的手上，无法从源头控制负面内容的生成，因此，官方团队应采取以下措施：对严重违反法律法规的内容进行依法删除；对不利于虚拟偶像长远、健康发展的负面内容，引导受众积极抵制；积极与不了解虚拟数字人的个体进行对话与沟通，减少误会和歧义。例如"洛天依假唱"问题，当运营团队面对虚拟偶像的内容供给侧问题时，主要任务之一就是对虚拟偶像整体预期的设定和对预期的动态调整，这是与以往其他类型的内容产品和媒体运营的不同之处。

本书通过探讨以中文 VOCALOID 人声合成技术为载体的虚拟偶像的内容生产场域中官方团队与产消者之间的互动关系，发现在虚拟偶像认识建构的不同时期，官方团队可以根据当前时期虚拟偶像发展中遇到的问题，让渡虚拟偶像的部分版权，积极与内容生产场域中影响力较高的产消者进行合作；也可以通过授权方式限制不符合虚拟数字人形象内容的传播；同时，也可以利用自身在经济资本和政治资本的优势对虚拟偶像内容生产活动进行干涉。例如，在虚拟偶像刚推出市场的前思维运演时期，这一时期官方团队最需要解决的问题是虚拟偶像在市场的生存问题，开拓市场、积累用户是首要解决的问题，只有让更多的人接触到旗下虚拟偶像，让更多的人积极参与到虚拟偶像的内容生产活动中，才能保证旗下虚拟偶像在市场中站稳脚跟。因此，在这一时期大部分官方团队积极鼓励产消者的内容生产活动，对可能产生负面形象的内容采取放任态度。例如，韩国虚拟女团 KDA 的公司早期为了让旗下虚拟女团成员更接近真人"明星"，不惜为旗下虚拟偶像制造"绯闻"，鼓励产消者生产"绯闻"相关的内容，制造话题和热度，让更多的人接触到旗下虚拟女团。然而，当虚拟偶像在市场得到普遍认可，认识建构发展到具体运演时期，很多官方团队就会对旗下虚拟偶像的负面内容进行管理和限制。例如，早期虚拟偶像洛天依的"假唱梗"登上百度搜索榜热搜时，官方团队并没有第一时间进行严肃处理，甚至众多爱好者还会以开玩笑的方式对"假唱梗"进行调侃。但是，2017 年后，官方团队开始对虚拟偶像洛天依相关的负面内容进行处理，在官方微博中引导受众抵制"假唱梗"等恶意损坏洛天依形象的内容，对发布在视频网站中关于"假唱"和"擦边"等不利于青少年健康的内容进行举报和下架处理。

可见，媒体运营方对产消者的态度和策略会随着虚拟偶像不同的发展时期而进行动态调整，对产品的预期设定和对预期的动态调整将是未来智能时代媒体运营需要面临的重要任务之一，这不仅仅是虚拟偶像运营团队面临的问题，而且是所有使用虚拟形象和知名"IP"的运营团队都将面临的挑战。

## 三、中国化道路的探索：中日虚拟偶像运营模式对比

人声合成音源库技术 VOCALOID 是日本雅马哈公司为专业音乐从业者设计和开发的应用软件。该软件的人声合成需要耗费大量的时间调音，即便如此，最终效果也不及真人演唱，推出市场后销量不及预期。将这项技术成功商业化的是伊藤博之，其在先后推出虚拟女性歌手 MEIKO 和虚拟男性歌手 KAITO 等产品探测市场后，针对二次元文化中的男性群体推出虚拟偶像初音未来，初音未来一经上市大获成功，成功的背后是准确的目标受众定位和基本成型的偶像化运营理念。虚拟偶像是虚拟形象与技术的结合，虚拟形象的人物设定和形象设计是其骨架，而偶像化运营和开放版权为虚拟形象赋予了灵魂和生命力。这种运营模式的成功得益于其背后的几乎整个日本动漫文化产业和参与式文化下产消者自组织式内容创作环境。这是技术型虚拟偶像想要在世界范围内取得成功必须考虑的两大难点。

技术型虚拟偶像的成功需要搭配成熟的二次元产业链与知识产权（IP）管理和保护意识，但只有这些仍然是不够的，因为技术型虚拟偶像主要依托技术而非内容，如何保证高质量且具有传播性的内容持续产出是运营的关键。对于技术型虚拟偶像而言，官方团队主要以技术开发团队和运营团队为主，内容生产主要依靠用户生产内容（UGC），去中心化生产模式带来了内容创意和近乎免费的数字劳动，但同时独立且自由的生产模式也导致不稳定的人物塑造，无法协同承担大型高质量系列内容的生产，这为技术型虚拟偶像建构稳定且长期的正向形象带来巨大的挑战，转型成本甚至高于推出全新虚拟偶像的成本。

虚拟偶像要走中国式路径需要考虑三个方面的问题：其一，文化产业

链的完善，为虚拟偶像日后的运营和变现提供丰富的可能性；其二，知识产权的运营与保护是否完善，目标受众群体是否得到有限却足够的创作空间及经济回报，运营团队是否具备运营和管理知识产权的经验和能力；其三，目标受众是否支持或鼓励文化创意生产活动，是否营造了良好的内容生产氛围，能够为目标受众提供一定的宣传和变现途径，为其能力或社会认可度提供一定的上升空间。

日本虚拟偶像初音未来成功背后的最大推手是自组织式用户内容生产模式，产消者也通过虚拟偶像得到了展示个人能力的宣传途径，更重要的是为影响力高的产消者提供了经济方面的盈利变现机会和职业发展方面的上升空间。产消者通过免费为虚拟偶像进行内容生产获得大量目标受众的支持和关注，内容的广泛传播也为其在业界继续发展打下基础，提供了转变为职业音乐人和内容创作者的就业机会。借助虚拟偶像这个特殊渠道成功转型的产消者中最典型的是在日本家喻户晓的日本词曲作者和男歌手米津玄师，他于 2009 年开始使用初音未来的声源库创作歌曲，创作了多首广为人知的热门原创曲目，其中包括在日本弹幕视频网站 Niconico 动画上最快达成传说曲播放量的作品《砂の惑星》，后于 2012 年成功出道，成为男歌手，其专辑获得日本公信榜单周专辑排名冠军，成为 2020 年东京奥运会的应援曲制作人。初音未来的成功为内容创作者带来了就业机会，为拥有专业生产技术却无施展空间的年轻人提供了展示才华的平台，提供了一定的上升空间。

但是由于日本弹幕视频网站 Niconico 动画受到短视频和直播产业兴起的冲击，其影响力日渐衰退，更多的青少年群体开始聚集在 TikTok（海外版抖音）和 Instagram 等短视频 / 社交平台上，直播产业推动下的虚拟主播开始登上时代的舞台，绊爱等以直播技术为基础的新一代日本虚拟偶像逐渐崭露锋芒。以 VOCALOID 技术为载体的虚拟偶像仍拥有一大群忠实且黏度高的粉丝群体，但其关注度被各类虚拟数字人抢夺，影响力出现稍稍势弱。

与日本技术型虚拟偶像发展模式相比，中国市场具有其自身的特点。虚拟偶像洛天依，其早期发展模式几乎完全照搬日本的 VOCALOID 的发展模式，同样是以自组织式内容生产模式为主，虚拟数字人的知识产权相关权益暂时性让渡，但在中国实践过程中发现，在中国运营虚拟偶像面临的一个巨大问题就是版权保护意识淡薄，这种版权意识淡薄不仅体现在用户层面，还体现在官方运营团队本身。一方面，中国的盗版软件横行，依靠销售声源库软件来维持虚拟偶像的日常运营显然是不可行的，品牌代言和广告等企业对企业商业模式（B2B）是虚拟偶像在中国市场实现变现盈利的主要方式，周边销售等企业对用户商业模式（B2C）为辅；另一方面，版权所属官方以商业目的使用产消者的作品时不够规范和严谨，歌曲名称出现错别字或制作人姓名缺失等问题严重打击产消者的创作热情，上海禾念公司负责人任力曾因随便商用产消者生产的内容产品，使官方运营团队与产消者关系交恶，旗下虚拟数字人的运营工作也因经营与版权归属问题几乎陷入停滞状态。

如果内容生产只依赖产消者自组织式内容生产模式，内容产品虽然在数量上呈指数级增长，但在质量上良莠不齐，高质量内容产出不稳定，同时中国的音乐培养教育主要依赖青少年的综合素质培养，以乐器培训为主，在乐理基础、作曲等方向培养的业余爱好者数量较少。大部分热爱二次元文化的青少年群体不具备进行高质量内容生产和创作的能力和条件，这就导致在中国发展的虚拟偶像难以拥有大量被专业人士或一般大众认可的高品质代表作，降低了虚拟数字人进入大众流行文化圈层的可能性，限制了未来发展空间。另外，中国市场还遇到两难问题，如果单纯依赖专业生产内容模式，对于运营团队而言需要耗费过多的内容生产成本和运营成本，难以在虚拟空间中保证虚拟偶像的活跃度。因此，自 2017 年开始，虚拟偶像洛天依的运营团队开始重新布局，有意挑选和培养虚拟偶像内容生产场域中影响力较高的产消者，积极与具有影响力的产消者合作，在演唱会和晚会等大型活动中使用产消者生产的内容，并将符合虚拟偶像整体形象的优秀作品推上更主流的平台，不仅为影响力高、实力强的产消者提供资金支持和更大的展示实力的舞台，也能够更好地宣传旗下虚拟偶像。

面对日本技术型虚拟偶像逐渐弱势的发展趋势，中国的运营团队借助主流媒体平台宣传技术型虚拟偶像，虚拟偶像登上湖南卫视和中央电视台举办的2021年春节联欢晚会，这说明中国运营团队不再满足于技术型虚拟偶像的二次元用户的定位，试图构建积极正向的青少年偶像形象，将虚拟偶像推向大众娱乐市场，希望更多的青少年能够接触和认识虚拟偶像。这种从面向特定目标受众转而面向一般受众的开拓市场的决策被部分忠实粉丝所抵制。这一问题同样出现在日本，初音未来曾多次尝试登上日本NHK跨年晚会"红白歌会"，但最终均因部分忠实粉丝和一般网民的反对而不了了之。中国的虚拟偶像洛天依登上2021年春晚舞台，离不开主流媒体对新兴技术的高接纳度与虚拟偶像运营团队的运营定位，主流媒体较高的权威性让洛天依的运营与推广得到官方支持。

中国的虚拟偶像运营团队还积极尝试其他技术载体，通过直播实现旗下虚拟偶像直播带货，增加其变现途径。这些积极尝试都说明官方团队不再僵硬地照搬日本的发展模式，而是积极主动探索技术型虚拟偶像在中国市场发展的有效模式。伴随人工智能技术的发展，虚拟数字人会更大范围地融入人们生活的方方面面，技术型虚拟偶像在中国市场的积极探索将为日后传媒产业开展虚拟数字人的内容产品的生产和运营提供宝贵的经验。

## 小　结

本章对上述各章节研究尚未尽述的内容进行补充性讨论。

虚拟偶像的内容主要以视频形式发布于互联网视频平台，平台的战略定位与算法推荐机制也是影响内容生产与传播的重要因素之一。作为独立且自由的个体，产消者的内容生产基本不存在"热启动"能力，缺乏传统组织的大规模资源投入，让作品通过投放等方法广泛传播，实现爆发式的数据增长。新进入场域的产消者主要依靠低成本的"冷启动"方式完成早期的粉丝积累。"冷启动"策略大致分为三种，分别是精品路线、爆款路线和合作路线。具有一定影响力的产消者则可利用已有优势积极增强影响力，引流到外部场域，积极回应目标受众关心的热点话题与潮流话题，通过作品与受众对话。

与传统模式下的内容产品不同，虚拟偶像的自组织式内容生产模式决定了其形象的多样且自由，随之而来的是虚拟形象的不稳定性与难以把控。产消者的自由创作需要官方合理且有限的规制，大方针的预设与后期的动态调整都是运营团队每天需要面对的基本问题。如何在整体形象稳定的前提下保证内容生产与传播的活力，始终是未来虚拟数字人 IP 运营需要面对的难题与挑战。

虚拟偶像内容生产模式的中国式道路仍在实践探索的途中，如何调整与选择就像走在悬崖边，一边是依赖自由且独立的产消者自组织式内容生产模式，另一边是依赖专业且稳定的内容生产团队的传统内容生产模式，偏向自组织式内容生产就容易缺乏稳定且保质的内容输出，偏向传统专业团队的生产模式又需要耗费大量的资金和成本投入，内容的多样性与复杂性无法得到保证，运营过程需要不偏不倚地走在悬崖尖上，过多地向任何一边倾斜都会影响整个内容生态环境。

# 结　语

作为虚拟现实和人工智能技术发展下逐步形成的新型媒介，虚拟偶像可以独立于现实载体，仅存在于虚拟空间，官方团队针对虚拟偶像提出的人物设定和形象设计只是其骨架，内容和运营是虚拟偶像整体形象建构的关键。与传统媒介的内容生产和传统真人偶像的运营相比，由于虚拟偶像自身缺乏实体，这种新型媒介本身不具备自行生产内容的能力，需要大量且具有创意的内容生产支撑和市场运营，而产消者的用户生产内容恰好能满足虚拟偶像对于内容数量和创意的需求，但也正因为缺乏实体和"人人皆是虚拟偶像的造物主"的特点，虚拟偶像这种新型媒介产品具有极强的不确定性。因此，虚拟偶像想在娱乐市场中发展，得到目标群体的广泛认可，内容生产和运营是首要任务。虚拟偶像本身具有极强的不确定性，而这种不确定性和用户生产内容的相对独立会对虚拟偶像的整体形象和发展方向造成直接影响。在虚拟偶像认识建构的动态发展过程中，官方团队处理与产消者和品牌方两者之间的关系，在维持虚拟偶像基本设定和形象的基础上，对虚拟偶像整体发展趋势进行动态调整，对不利于虚拟偶像发展的负面信息和负面形象进行及时干预。与此同时，产消者数量基数大，独立且分散，同时作为虚拟偶像整体形象建构的参与者，他们被各种不同的需求和利益驱动，进行虚拟偶像相关内容创作，促使虚拟偶像朝着更符合内容生产者利益的方向发展，而这种发展不一定符合官方团队和商业合作方的利益。

在虚拟现实和人工智能技术的发展下，本书通过研究虚拟偶像这种新型媒介，探讨媒介运营者和内容生产者之间的新型合作关系，而这种媒介运营者和内容生产者之间的合作互动关系将是未来媒介内容供给侧的新常态。为研究这种新型合作关系，本书以一个特定的内容生产场域——以中文VOCALOID为载体的技术型虚拟偶像内容生产场域作为研究对象，开展实证研究。在该场域中，行动者通过内容生产加入虚拟偶像的认识建构过程中，并基于合作关系连接在一起，形成网络化结构。场域中的既有行动者是拥有虚拟偶像归属权的官方团队及其合作者，而挑战者是新加入虚拟偶像内容生产建构的产消者，研究官方团队（既有掌权者）和产消者（挑战者）如何在虚拟偶像内容生产场域中合作建构的互动过程，具体围绕以下三个研究问题展开：首先，虚拟偶像认识建构的不同发展时期中，虚拟偶像内容生产场域结构是如何变迁的？（RQ1）其次，官方团队与产消者为参与虚拟偶像认识建构所采取策略与其内容生产场域的结构变迁之间存在怎样的关系？（RQ2）最后，探讨随着虚拟偶像认识建构进入不同的发展时期，其内容生产场域的变迁与行动者参与虚拟偶像认识建构的内容收益之间存在怎样的关系？（RQ3）

探讨虚拟偶像的认识建构过程，首先要对虚拟偶像媒体运营方和内容生产方的互动关系场域有一个全面且客观的认识。第一部分首先对虚拟偶像内容生产场域现状进行静态分析，并在此基础上回顾场域的动态演进过程。因此，本书的第一个实证研究（第三章和第四章）需回答"虚拟偶像认识建构的不同发展时期中，虚拟偶像内容生产场域结构是如何变迁的？"这一问题可被细分为：（1）当前虚拟偶像内容生产场域的整体结构如何？（RQ1.1）（2）官方团队及其合作者与产消者分别在其中扮演怎样的角色？（RQ1.2）（3）虚拟偶像的认识建构在不同的发展时期，其内容生产场域的结构是否有所不同？官方团队及其合作者与产消者在场域中的位置经历了怎样的变化？（RQ1.3）本章使用社会网络分析方法，并从静态分析和动态演进两个维度进行展开。

静态分析结果显示，整体上看，当前生产网络规模大，行动者之间的关系较为紧密，场域中游离在场域边缘位置的小群体数量较少，存在一个庞大的凝聚子群。从客观结构看，合作生产是场域中大部分行动者的共识，各类行动者积极通过合作生产的方式参与技术型虚拟偶像认识建构。同时，当前场域存在关系不均衡现象，少数行动者控制着虚拟偶像内容生产场域中的大部分资本，其中官方团队及其合作者在当前场域占据优势位置，而产消者（尤其是围绕虚拟偶像内容生产而组建的文化团队的成员）在场域中的影响力不容小觑。从主观结构来看，官方团队为了同产消者保持合作生产和共同维护虚拟偶像的合作关系，承认产消者掌控的用户生产内容对于虚拟偶像的发展起到关键性作用，"虚拟歌手"已成为虚拟偶像的主导发展逻辑，但偶像的发展理念已生根发芽，潜移默化地影响着虚拟偶像的未来走向。

动态分析从虚拟偶像认识建构的"感知运动水平时期""前思维运演时期""具体运演时期"和"形式运演时期"四个时期，展现了在官方团队主导和产消者参与下虚拟偶像内容生产场域结构的变化过程。以官方团队主导产品推出，产消者参与设计的虚拟偶像处于开发期"感知运动水平时期"（2012年3月22日以前）；产消者成为场域的掌权者，官方团队边缘化的虚拟偶像引入期"前思维运演时期"（2012年3月22日—2016年12月）；在虚拟偶像成长期"具体运演时期"（2017—2018年），官方团队积极开展偶像化运营并与场域内高影响力的产消者合作，试图夺回场域的中心位置；到了虚拟偶像成熟期"形式运演时期"（2019年后），官方团队从边缘重回场域的中心，再次成为场域中的掌权者。从感知运动水平时期到形式运演时期，场域关系不均衡的现象持续存在，并没有因为官方团队的暂时离开而有所减弱，在整个虚拟偶像认识建构的过程中，权力基本呈现日益集中的趋势。

从第四章和第五章可知，在虚拟偶像内容生产场域的变迁中，媒体运营方和内容生产方都在参与内容生产活动的过程之中，在互动关系场域中所占据的位置发生了变动，少数占据内容生产场域中心位置的行动者更能影响虚拟偶像的认识建构。为了探讨虚拟偶像所属方和生产方个体行动者的策略与场域结构改变之间的关系,本书的第二部分研究(第六章和第七章)将聚焦官方团队的保守策略和产消者的颠覆策略与场域结构变迁之间的关系。本书从主观和客观两个层面展开,探讨这两种策略与内容生产场域结构变迁的关系,分析不同策略与虚拟偶像的认识建构权力的流动之间的相关性。

主观结构部分使用批判话语分析方法,阐释虚拟偶像内容生产场域中的行动者分别采取怎样的话语建构策略维系或改变场域的运行规则,从而争取更多的虚拟偶像建构权。通过话语分析发现,在虚拟偶像建构的前思维运演期和具体运演期(2012—2018年),内容场域中偶像话语和歌手话语两种话语建构策略并存。其中,虚拟偶像官方团队为了维持自身占据优势的经济资本和政治资本在场域中关键性资源的评价,巩固其偶像化运营的合法性,倡导旗下技术型虚拟形象应该从技术和用户内容推动的"歌手"路线转变为以形象和人物设定推动的"偶像"路线,在两种话语中摇摆不定;另外,产消者则为了争取提升自身占据优势的文化资本在场域中的评价,认为失去技术和用户生产内容的"偶像"路线将使技术型虚拟偶像失去核心竞争力,强调用户生产内容(UGC)才是建构技术型虚拟偶像的关键性资源。从上述可知,产消者选择拥抱歌手话语,质疑偶像话语,强调技术载体和用户生产内容是技术型虚拟偶像建构的核心竞争力,应积极推动技术研发和建立良好的内容创作生态圈。面对产消者对偶像话语的抵制,官方团队选择妥协,明确表示对歌手话语的认可,但在其歌手话语中呈现出了对偶像话语的积极回应,有意无意地使用偶像话语中的概念代替既有概念。

客观结构部分使用量化分析方法,探讨官方团队及其合作者采取的保守策略和挑战者的颠覆策略与内容生产结构中的权力依赖关系是否存在关系。本部分将行动者分为官方团队和产消者两类,分别分析其策略是否有助于内容生产场域中的行动者争夺虚拟偶像的建构权。

首先,分析保守策略是否有助于官方团队及其合作者在内容场域中保持优势。通过量化分析发现，官方团队及其合作者在当前场域（2019年）的优势位置与其在上一时期（2017年）的策略选择密切相关。官方团队及其合作者针对客观结构策略可以从两个方面展开：其一，通过举办或参加官方商业活动和正面宣传虚拟偶像的方式增强己方优势资本的既有掌权者（官方团队及其合作者）更可能占据场域中的优势位置。其二，官方团队及其合作者通过提高参与建构虚拟偶像的技术门槛和制作成本，与场域内影响力高的内容生产者合作等方式加强其他行动者对其优势资本的依赖等策略同样有助于其在场域中争得优势位置。

其次，分析颠覆策略是否有助于产消者在内容场域中改善既有的权力依赖关系。通过量化分析发现，挑战者在具体运演时期的虚拟偶像内容生产场域（2017年）的优势地位与其上一时期（2015年）策略选择存在一定的相关关系。产消者从两个方向开展策略，相关性分析结果表明：其一，产消者采取加深自身优势资本策略有助于改善产消者在场域中的权力位置，其中，采取公开其他社交平台用户名或提出或继承"二次设定"的产消者在场域中更容易争得优势位置；其二，降低对对方优势资本的依赖对改善产消者的度数中心度和经纪性有一定的助益效果，而与其他中心度指标则相关性较弱或不存在相关关系，这可能是因为抢占新兴虚拟偶像内容市场和非官方途径销售内容等方式需要的资金支持和时间成本较高，而在经济资本方面的弱势导致部分产消者没有条件选择该类策略。

本书的第三个实证研究（第八章和第九章）回答了两个问题：（1）在现阶段的虚拟偶像内容生产场域中的权力位置与其在同一时期内参与虚拟偶像认识建构的内容收益有何关系？（RQ3.1）（2）行动者在现阶段场域参与虚拟偶像认识建构的内容收益与其在下一时期行动者在场域中的权力位置之间的关系？（RQ3.2）本章采用社会网络分析中测量得到的变量数据，并将其中的关系变量和属性变量结合，从静态和动态两个维度进行解释性分析。

静态分析结果表明，在虚拟偶像认识建构的同一时期中，行动者通过争夺场域位置而获得的权力位置（社会资本）与行动者个体及其合作团队参与虚拟偶像认识建构的内容收益（经济资本）之间存在正向关系。在此相关性分析的结论之上，研究引入控制变量进行多元线性回归方程检验两者因果关系。回归结果显示，团队成员的友邻影响力和经纪性能为内容收益带来正向影响。其中特殊向量中心度对团队内容收益影响较大，网络约束度次之，说明合作团队的成员可以通过与网络中具有影响力的其他行动者建立合作关系，打破社交圈，积极接触异质性的创作群体，更有助于提升团队的收益。

动态分析结果表明，行动者在上一时期参与虚拟偶像认识建构获得的内容收益（经济资本）与其下一时期中场域的位置（社会资本）之间存在正向相关关系。在虚拟偶像内容生产场域中，生产的内容收益越高，该行动者越有可能在下一时期的场域中夺得优势位置。研究结果证实了虚拟偶像内容生产场域中的社会资本和经济资本的相互转换关系，说明行动者在权力格局的动态发展中逐渐出现两极化趋势，趋于"强者愈强，弱者愈弱"。

本研究在分析过程中力图搭建一个多维的分析框架，以期分析内容生产的复杂性，着眼于探讨产消者参与内容生产场域中虚拟偶像认识建构权力的变迁。由于研究者本身能力和客观条件的限制，本研究存在一定的局限性，需要在未来进一步开展系列拓展研究。

首先，本书在结合网络结构理论、社会交换理论的资源依赖视角和布迪厄场域理论的基础上，整合出一个社会学导向的理论框架，用于分析媒介所有方和内容生产方合作互动影响下，技术型虚拟偶像的内容生产场域的结构变迁，并以技术型虚拟偶像的中文 VOCALOID 音乐类内容生产场域为例，应用和验证该理论。选择中文 VOCALOID 音乐类的内容为研究对象是因为用户生产内容的模态多样化且数量庞大，音乐类内容是该类型虚拟偶像数量最多和最具代表性的内容形式。但是，这也意味着该理论框架是否具有广泛解释力的问题尚存疑，需要在后续的拓展研究中将其运用到虚拟偶像内容生产的其他特定场域中加以验证。

其次，本书研究的虚拟偶像的传媒场域主要为内容生产场域，将场域中的行动者划分为官方团队和产消者，其中文化团体和政治组织的成员也统一划分到产消者的类别。场域的边界限定为"周刊 VOCALOID 中文排行榜"年榜入选音乐类视频的作者合作生产网络。然而，在互联网和虚拟现实等技术发展下，参与虚拟偶像建构活动的行动者不只是媒介所有方和内容生产方，行动者团队庞大且身份各异，虚拟偶像相关的用户生成产品形态复杂多样，以技术型虚拟偶像官方团队活动为例，除了在社交平台的官方账户发布旗下虚拟偶像最新作品、日常更新和相关内容外，还有众多演唱会、见面会或庆生会等线下活动，记录线下活动的视频也会经过剪辑制作上传到互联网中。这些演出现场形式各异，不乏以全息投影、增强现实和动作捕捉等视觉技术与人声合成技术相结合展示的线下舞台，让受众能够裸眼看到虚拟偶像在现实舞台中演出。生产者除了产消者和官方团队以外，存在一部分拥有专业技术的团队或工作人员，他们负责线下活动的舞台灯光、技术开发、专业级音乐和视频生产等活动，他们切实参与了虚拟偶像认识建构活动，但只是单纯的雇佣关系，不包含任何个人情感，关于这部分参与者的研究还有很多可以深入探讨的议题。

官方团队与产消者之间除了以内容生产保持合作关系以外，产消者同时以消费者的身份与官方团队保持联系，还会与其他类型虚拟偶像的消费者产生互动。未来随着人工智能和虚拟现实技术的发展，以机器形式呈现的虚拟偶像与消费者之间的关系也值得关注与研究。本书没有涉及这一部分，主要出于三点考虑：其一，受限于研究数据公开性和庞大数据的搜集、处理能力；其二，技术型虚拟偶像在该领域中的影响力，技术型虚拟偶像发展起步早，作品较多且横跨时间维度较长，在虚拟偶像粉丝群体中具有较高的影响力；其三，该类型虚拟偶像的持续性问题，此次研究重点放在虚拟偶像的建构过程中媒介所有方和内容生产方之间的关系，动态分析需长时间观察，而此类虚拟偶像由于不需要真人扮演者，"塌房"与"退役"的风险较小，有利于研究的持续跟踪。因此，本书在选择研究对象的范围上存在一定的局限，该方面的研究在未来仍有进一步拓展的空间。

再次，就研究方法而言，本书在研究行动者策略与场域结构变迁关系部分，通过社会网络采集的变量指标的影响因子较为复杂，研究范围不仅在内容生产场域内部，还涉及内容生产场域外部的连接关系。由于对象的复杂性，研究者在分析过程中深感自身能力有限，因此主要采用相关性分析和线性回归分析。为了进行更为立体和多维的讨论，在后续拓展研究中有必要引入第三变量。

最后，本研究主要采用中观维度对虚拟偶像媒介所属方和内容生产方之间的关系进行分析，虽然意识到了场域的复杂性，纳入了中观与宏观、中观与微观的分析，但在行动者个体层面的微观策略层面仍有进一步探讨的空间。由于时间和精力有限，本书的定性研究部分主要使用公开性资料进行批判性话语分析，对参与文化下产消者的内容生产行为动机和自我认同等微观问题缺乏实证分析。针对如何更好地关注人与虚拟偶像的互动，特别是对于生产者、传播者和消费者等不同维度的互动，虚拟偶像是否具有不同的形态特征和规律等问题，笔者后续计划采用深度访谈或民族志等定性研究开展进一步探讨。

# 参考文献

[1] 奥瑞·布莱福曼，罗德·贝克斯特朗.海星式组织 [M].李江波，译.北京：中信出版社，2019.

[2] 白秀梅，徐世民.虚拟主播在应急气象影视节目制作中的应用探讨 [J].黑龙江气象，2020（2）：31-32.

[3] 蔡叶枫.新媒体时代"养成"类偶像的粉丝文化研究 [D].武汉：华中科技大学，2018.

[4] 曹璞.试论互联网企业参与下的电影生产场域权力变迁 [D].北京：中国人民大学，2018.

[5] 曹斯琪.背后的故事：电视剧生产微观研究——以 S 公司为例 [D].合肥：安徽大学，2015.

[6] 陈文敏.媒介场域视角下的电视机制及其演进路径 [J].东南传播，2019（2）：15-17.

[7] 程粟.新媒体环境下的媒介场域分析 [J].青年记者，2019（24）：30-31.

[8] 成怡."初音未来"：虚拟技术与现实世界的伦理碰撞 [J].传媒观察，2013（3）：10-12.

[9] 戴维·诺克，杨松.社会网络分析 [M].第 2 版.李兰，译.上海：格致出版社，2005.

[10] 付天麟，索士心，杜志红.短视频时代农村影像生产场域的博弈路径 [J].传媒观察，2019（6）：17-22.

[11] 高勇，马思伟，宋博闻.国内虚拟主播产业链发展现状及趋势研

究 [J]. 新媒体研究，2020（1）：10-14.

[12] 高寒凝 . 虚拟化的亲密关系——网络时代的偶像工业与偶像粉丝文化 [J]. 文化研究，2018（3）：108-122.

[13] 高寒凝 . 偶像本虚拟：偶像工业的技术革新、粉丝赋权与生产机制 [J]. 媒介批评，2019（1）：74-82.

[14] 郭倩玲 . 全息投影技术在舞台设计中的应用 [J]. 中国文艺家，2019（8）：104-105.

[15] 韩筱涵 . 浅谈场域理论在当前新媒体环境下的延续与重构 [J]. 艺术科技，2017（5）：122.

[16] 何川 . 虚拟偶像的德勒兹式解读 [J]. 传播力研究，2017（7）：242.

[17] 郝昌 . 基于 AI+ 动作捕捉技术的虚拟主播体感交互系统的设计与实现 [J]. 广播与电视技术，2019（10）：48-52.

[18] 胡萌萌 . 关于初音未来派生 CGM 文化的考察 [D]. 宁波：宁波大学，2014.

[19] 黄婷婷 . 虚拟偶像：媒介化社会的他者想象与自我建构 [J]. 青年记者，2019（30）：28-29.

[20] 乐国安，汪新建 . 社会心理学理论与体系 [M]. 北京：北京师范大学出版社，2011.

[21] 雷雨 . 虚拟偶像的生产与消费研究 [D]. 南京：南京师范大学，2019.

[22] 李菲露 . "场域"理论视角下的真人秀节目内容生产研究 [D]. 武汉：武汉体育学院，2020.

[23] 李佳黛 . 浅析"初音未来"在数字艺术文化中的审美 [J]. 大众文艺，2020（5）：265-266.

[24] 李佳雨 . "场域理论"视域下网络视听节目中的精英文化回暖现象研究 [D]. 成都：四川师范大学，2019.

[25] 李镓，陈飞扬 . 网络虚拟偶像及其粉丝群体的网络互动研究——

以虚拟歌姬"洛天依"为个案 [J]. 中国青年研究，2018（6）：20–25.

[26] 李墨馨，霍一荻 . 人声音乐技术的发展与虚拟歌手的传播社会影响 [J]. 新闻研究导刊，2019（4）：246–247.

[27] 李勇 . 新媒体语境下我国电视新闻生产研究 [D]. 武汉：武汉大学，2012.

[28] 李勇 . 跨越文化身份的迷障——全球文化场域中的文艺原创力 [J]. 苏州大学学报（哲学社会科学版），2019a，40（5）：121–128.

[29] 李勇 . 生产性场域中的文艺原创力——论起始性审美创造能力生成的现实场域与形成机制 [J]. 学术论坛，2019b，42（3）：20–29.

[30] 刘佳美 . AI 虚拟偶像发展"钱景"研究 [J]. 科技传播，2019（24）：106–107.

[31] 刘坚 . 媒介文化权力关系分析的多元视角 [J]. 社会科学战线，2012（11）：133–138.

[32] 刘晓燕，丁未，张晓 . 新媒介生态下的新闻生产研究——以"杭州飙车案"为个案 [J]. 深圳大学学报（人文社会科学版），2010（4）：135–141.

[33] 刘少杰 . 经济社会学的新视野：理性选择与感性选择 [M]. 北京：社会科学文献出版社，2005.

[34] 刘宴熙 . 场域视域下人的媒介行为及其媒介化过程阐释 [J]. 新媒体与社会，2016（1）：144–157.

[35] 芦依 . 场域视角下官方舆论场对民间舆论场的影响探究——以共青团中央知乎账号为例 [D]. 北京：北京外国语大学，2019.

[36] 罗德尼·本森，韩纲 . 比较语境中的场域理论：媒介研究的新范式 [J]. 新闻与传播研究，2003（1）：2–23+93.

[37] 罗纳德·伯特 . 结构洞：竞争的社会结构 [M]. 任敏，李璐，林虹，译 . 上海：上海人民出版社，2008.

[38] 马宁 . 传播力与媒介使用者的关系变迁——新媒体语境下对传播学经典问题的再思考 [J]. 阴山学刊，2014（2）：5–10.

[39] 马歇尔·麦克卢汉. 理解媒介：论人的延伸 [M]. 何道宽，译. 北京：商务印书馆，2000.

[40] 迈克尔·格伦菲尔. 布迪厄：关键概念 [M]. 第 2 版. 林云柯，译. 重庆：重庆大学出版社，2018.

[41] 穆思睿. 浅析虚拟偶像的定位及与其他动漫形象的区别 [J]. 戏剧之家，2018（10）：89+114.

[42] 缪滢岚，翟华镕. 自我投射的歌者——"洛天依"词曲内容分析 [J]. 新闻研究导刊，2019（3）：63-64.

[43] 木泽佑太. 虚拟偶像《初音未来》演唱会的传播模式 [J]. 新闻传播，2014（6）：184.

[44] 皮埃尔·布尔迪厄. 文化资本与社会炼金术：布尔迪厄访谈录 [M]. 包亚明，译. 上海：上海人民出版社，1997.

[45] 皮埃尔·布迪厄，华康德. 实践与反思：反思社会学导引 [M]. 李猛，李康，译. 北京：中央编译出版社（原著出版于 1992 年），1998.

[46] 皮埃尔·布迪厄. 资本的类型 [M]. 瞿铁鹏，姜志辉，译. 上海：上海人民出版社，2014.

[47] 皮亚杰. 发生认识论原理 [M]. 王宪钿，译. 北京：商务印书馆，1981.

[48] 钱丽娜. 初音未来：中国二次元商业里的梗、坑与机遇 [J]. 商学院，2017（10）：19-23.

[49] 邵鹏，杨禹. AI 虚拟主播与主持人具身传播 [J]. 中国广播电视学，2020（6）：71-74.

[50] 邵仁焱，史册. 5G 技术的电视节目虚拟偶像全息影像研究 [J]. 北方传媒研究，2019（6）：29-32+52.

[51] 孙大平. 社会媒介场域话语符号权力的探索与反思——以新浪微博为例 [D]. 安徽：中国科学技术大学，2011.

[52] 石淼，张漪然. 虚拟歌手在中国的发展现状及问题 [J]. 人文论谭，

2018（1）：328–337.

[53] 宋岸 . 从"初音未来"看虚拟歌手对音乐文化的影响 [D]. 广州：暨南大学，2017.

[54] 宋雷雨 . 虚拟偶像粉丝参与式文化的特征与意义 [J]. 现代传播（中国传媒大学学报），2019（12）：26–29.

[55] 孙薇 . 二次元的音乐语言文化——以初音为例浅析虚拟歌手的音乐文化 [J]. 北方音乐，2015（5）：148+150.

[56] 唐婷玉 . 社交媒介中 UGC 评论区场域研究 [D]. 苏州：苏州大学，2019.

[57] 陶若恺 . 初音未来全息技术的民间探索 [J]. 中国电视（动画），2013（4）：33–34.

[58] 谭莹 . 互联网时代国内虚拟 UP 主"小希"的传播关系建构研究 [D]. 南宁：广西大学，2019.

[59] 万秋燕 . 媒介场域视野中的人民日报客户端 [D]. 南京：南京师范大学，2017.

[60] 王彦林 . 场域视野下社会价值观的媒介建构与呈现 [D]. 武汉：武汉大学，2013.

[61] 王玉良 . 虚拟明星：建构电影明星研究新视角——以动画明星 Baymax 为例 [J]. 当代电影，2015（7）：101–103.

[62] 魏丹 . 虚拟音乐角色的音乐文化与传播影响——以"初音未来"为例 [J]. 音乐传播，2016（1）：122–124.

[63] 魏丹 . 新媒体背景下虚拟音乐角色文化现象及传播特征研究 [D]. 深圳：深圳大学，2018.

[64] 沃特·德·诺伊，安德烈·姆尔瓦，弗拉迪米尔·巴塔盖尔吉 . 蜘蛛：社会网络分析技术 [M]. 林枫，译 . 北京：世界图书出版公司，2012.

[65] 武香慧 . 虚拟人物成为中学生偶像的过程研究 [D]. 北京：中国青年政治学院，2019.

[66] 咸玉柱，罗彬. 新媒介场域中灾害性事件报道的舆情衍化 [J]. 新闻论坛，2016（1）：82-85.

[67] 徐媛. 场域理论视角下科幻 IP 的跨媒介生产与传播探析 [J]. 出版发行研究，2019（4）：34-38+29.

[68] 徐越，付煜鸿. 虚拟偶像 KDA 女团——电竞文化与粉丝文化结合的典型范例 [J]. 新媒体研究，2019（3）：90-91.

[69] 嫣然. 虚拟偶像的虚拟和不虚拟 [J]. 中国电视（动画），2013（Z1）：80-85.

[70] 严佳婧，金伟良. 二次元歌姬洛天依背后的三次元团队——禾念的虚拟偶像中国梦 [J]. 华东科技，2015（4）：58-63.

[71] 杨雨丹. 新闻惯习的产生与生产——惯习视角下的新闻生产 [J]. 国际新闻界，2009（11）：51-54.

[72] 尹莉，臧旭恒. 消费需求升级、产消者与市场边界 [J]. 山东大学学报（哲学社会科学版），2009（5）：18-27.

[73] 尤达. 媒介场域理论观照下的"长尾剧"——从电视剧霸屏到网播剧回流 [J]. 编辑之友，2020（9）：62-68.

[74] 喻国明，耿晓梦. 试论人工智能时代虚拟偶像的技术赋能与拟象解构 [J]. 上海交通大学学报（哲学社会科学版），2020（1）：23-30.

[75] 喻国明，杨名宜. 虚拟偶像：一种自带关系属性的新型传播媒介 [J]. 新闻与写作，2020（10）：68-73.

[76] 袁梦倩. 赛博人与虚拟偶像的交互：后人类时代的跨媒介艺术、技术与身体——以虚拟偶像"初音未来"的传播实践为例 [J]. 媒介批评，2019（1）：64-73.

[77] 岳改玲. 新媒体时代的参与式文化研究 [D]. 武汉：武汉大学，2010.

[78] 曾增恩. 青少年對虛擬偶像「初音未來」的認同歷程與迷文化之研究 [D]. 臺北教育大學，2014.

[79] 曾仕龙. 虚拟的偶像——"古墓奇兵"萝拉对市场营销业的启示 [J]. 南开管理评论，2000（5）：44–47+54.

[80] 战泓玮. 网络虚拟偶像及粉丝群体认同建构 [J]. 青年记者，2019（11）：7–8.

[81] 张斌. 场域理论与媒介研究——一个新研究范式的学术史考察 [J]. 新闻与传播研究，2016（12）：38–52+127.

[82] 张驰. 后身体境况——从"赛博格演员"到虚拟偶像 [J]. 电影艺术，2020（1）：94–99.

[83] 张凯. 虚拟偶像重新定义"产品代言人"[J]. 知识经济，2019（17）：104–107.

[84] 张萌. 视觉传播时代虚拟偶像与粉丝的互动关系 [J]. 青年记者，2019（36）：38–39.

[85] 张磊. 新媒介场域下粉丝权利意识的觉醒 [J]. 科技传播，2019（17）：137–138.

[86] 张宁. 中国转型时期政府形象的媒介再现 [D]. 上海：复旦大学，2007.

[87] 张勤，马费成. 国外知识管理研究范式——以共词分析为方法 [J]. 管理科学学报，2007（6）：65–75.

[88] 张书乐. 虚拟偶像"洛天依"们的当红时代 [J]. 法人，2018（5）：74–75.

[89] 张旭. 迈向真实消散的时代——以"初音未来"为例讨论数字复制技术对当代人的影响 [J]. 教育传媒研究，2016（5）：70–74.

[90] 张颖. 人工智能与虚拟现实对我国媒体产业的影响研究 [J]. 中国广播影视，2019（22）：94–96.

[91] 张雨涵. 场域理论视域下媒介融合新闻生产的批判研究 [D]. 重庆：四川外国语大学，2018.

[92] 张自中. 虚拟偶像产业中 UGC 动机研究 [J]. 新闻论坛，2018（2）：

15-18.

[93] 张志安 . 编辑部场域中的新闻生产 [D]. 上海：复旦大学，2007.

[94] 赵艺扬 . 青年亚文化视角下的虚拟偶像景观研究——以"洛天依"为例 [J]. 北京青年研究，2020（3）：7-54.

[95] 周红亚 . 虚拟动漫歌手的文化解读 [J]. 四川戏剧，2018（6）：122-124.

[96] 周诗韵 . 身份认同视角下虚拟偶像的中国粉丝消费动机研究 [D]. 厦门：厦门大学，2019.

[97] 周荣庭，孙大平 . 社会媒介场域的概念与理论建构——互联网自组织传播的关系性诠释 [J]. 今传媒，2011（6）：17-20.

[98] 朱钊 . 浅析虚拟偶像"初音未来"与赛博空间 [J]. 现代交际，2010（9）：59-60.

[99] 朱婧雯 ."农村"：作为媒介场域的影像呈现与变迁——新中国成立 70 年以来农村题材电视剧发展综述 [J]. 电影评介，2019（19）：108-112.

[100] 濱崎雅弘，武田英明，西村拓一 . 動画共有サイトにおける大規模な協調的創造活動の創発のネットワーク分析－ニコニコ動画における初音ミク動画コミュニティを対象として－[J]. 人工知能学会論文誌，2010（1）：157-167.

[101] 後藤真孝，中野倫靖，濱崎雅弘 . 初音ミクと N 次創作に関連した音楽情報処理研究 [J]. 情報管理，2014（11）：739-749.

[102] 末吉優，関洋平 . 音楽のジャンルと印象を用いた VOCALOID クリエータの検索 [J]. 人工知能学会論文誌，2017（1）WII-K_1-12.

[103] 小松陽一 . 事業創造と意味ネットワークの構造変化：「初音ミク」と米黒酢の事例をめぐる一考察（＜特集＞ネット時代の流行・普及）[J]. 日本情報経営学会誌，2009（1）：88-98.

[104] 東浩紀 . 動物化するポストモダン オタクから見た日本社会 [M]. 東京：講談社，2001.

[105] 한저 , 이현석 . The Characteristics of User Created Content(UCC) for Virtual Band K/DA[J]. Journal of Korea Multimedia Society, 2020(1): 74–84.

[106] BAKER W E, Faulkner R R. Role as resource in the Hollywood film industry[J]. American journal of sociology, 1991(2): 279–309.

[107] BARNES J A. Class and committees in a Norwegian island parish[J]. Human relations, 1954(1): 39–58.

[108] BARONI A. The favelas through the lenses of photographers photojournalism from community and mainstream media organisations[M]// ALLAN S. Photojournalism and Citizen Journalism. London Routledge, 2017.

[109] BLACK D A. Digital bodies and disembodied voices: virtual idols and the virtualised body[J]. The fibreculture journal: internet theory criticism research, 2006(9): 1–9.

[110] BONACICH P. Factoring and weighting approaches to status scores and clique identification[J]. Journal of mathematical sociology, 1972(1): 113–120.

[111] BOURDIEU P. In other words: Essays towards a reflexive sociology[M]. Calif: Stanford University Press, 1990.

[112] BOURDIEU P. The social structures of the economy[M]. Cambridge Polity, 2005.

[113] BOURDIEU P, WACQUANT L J D. An invitation to reflexive sociology [M]. Cambridge: Polity University of Chicago Press, 1992.

[114] BOURDIEU P. The forms of capital.Routledge.Bourdieu P. The forms of capital[M]//The sociology of economic life. Routledge, 2018: 93–111.

[115] BOURDIEU P. The forms of capital [M]//Lauder P B H, Dillabough J–A. Halsey A–H. Education, globalisation and social change. Oxford: Oxford University Press, 2006.

[116] BORN G. The Social and the Aesthetic: For a Post–Bourdieuian Theory of Cultural Production[J]. Cultural Sociology, 2010(2): 171–208.

[117] BOSCHETTI A. Bourdieu's work on literature: contexts, stakes and perspectives[J]. Theory culture & society, 2006(6): 135–155.

[118] BRAFMAN O, BECKSTROM R A. The starfish and the spider: the unstoppable power of leaderless organizations[M]. London: Penguin, 2006.

[119] BROUSSARD R. "Stick to Sports" is Gone: A Field Theory Analysis of Sports Journalists' Coverage of Socio–political Issues[J]. Journalism Studies, 2020(12): 1627–1643.

[120] CALDWELL J T. Cultures of production: Studying industry's deep texts, reflexive rituals, and managed self–disclosures[J]. Media industries: History, theory, and method, 2009: 199–212.

[121] CIMENLER O, REEVES K A, SKVORETZ J. A regression analysis of researchers' social network metrics on their citation performance in a college of engineering[J]. Journal of Informetrics, 2014(3): 667–682.

[122] COHEN J. Statistical power analysis for the behavioral sciences[M]. San Diego, CA California Calif Academic Press, 2013.

[123] COLEMAN J, KATZ E, MENZEL H. The diffusion of an innovation among physicians[J]. Sociometry, 1957(4): 253–270.

[124] COULDRY N. Media meta–capital: Extending the range of Bourdieu's field theory[J]. Theory and Society, 2003(32): 653–677.

[125] DE NOOY W. Fields and networks: correspondence analysis and social network analysis in the framework of field theory[J]. Poetics, 2003(5–6): 305–327.

[126] EMERSON R M. Exchange theory, part II: Exchange relations and networks[J]. Sociological theories in progress, 1972(2): 58–87.

[127] FAULKNER R R, ANDERSON A B. Short–term projects and emergent careers: Evidence from Hollywood[J]. American journal of sociology, 1987(4): 879–909.

[128] FLIGSTEIN N, MCADAM D. A theory of fields[M]. Oxford: Oxford University Press, 2012.

[129] FOWLER J H. Connecting the Congress: A study of cosponsorship networks[J]. Political analysis, 2006(4): 456–487.

[130] FREEMAN L C. Centrality in social networks: conceptual clarification[J]// Social network: critical concepts in sociology. Londres: Routledge, 2002(1): 238–263.

[131] GILES D C. Parasocial interaction: a review of the literature and a model for future research[J]. Media psychology, 2002(3): 279–305.

[132] GLEVAREC H, PINET M. From liberalization to fragmentation: a sociology of French radio audiences since the 1990s and the consequences for cultural industries theory[J]. Media culture & society, 2008(2): 215–238.

[133] GRAHAM A. Broadcasting policy and the digital revolution[J]. The political quarterly, 1998(B): 30–42.

[134] GRENFELL M. Bourdieu and the initial training of modern language teachers[J]. British educational research journal, 1996(3): 287–303.

[135] GRENFELL M,HARDY C. Art rules: Pierre Bourdieu and the visual arts[M]. Oxford: Berg, 2007.

[136] GRENFELL M, JAMES D. Bourdieu and education: Acts of practical theory[M]. Califorlia: Routledge, 2003.

[137] HARTLEY J M. 'It's something posh people do': digital distinction in young people's cross–media news engagement[J]. Media and communication, 2018(2): 46–55.

[138] HAYASHI M, BACHELDER S, NAKAJIMA M.Microtone analysis of blues vocal: can Hatsune–Miku sing the blues? [C]// 13th annual international conference 'NICOGRAPH International 2014', 30 May–1 June 2014, Visby, Sweden.

[139] HESMONDHALGH D. Bourdieu, the media and cultural production[J]. Media culture & society, 2006(2): 211–231.

[140] HILARY BERGEN. Animating the Kinetic Trace: Kate Bush, Hatsune

Miku, and Posthuman Dance[J]. Public, 2020(60): 188–207.

[141] HIRAYAMA C. Modeling the diffusion of User Generated Contents and analyzing the network effect on the diffusion Analyzing VOCALOID songs in niconico[J]. Transactions of the Academic Association for Organizational Science, 2018(2): 233–238.

[142] HORTON D, RICHARD WOHL R. Mass Communication and Para-Social Interaction[J]. Psychiatry, 1956(3): 215–229.

[143] HU J, CUI G. Elements of the habitus of Chinese football hooli-fans and countermeasures to address inappropriate behaviour[J]. The international journal of the history of sport, 2020(sup1): 41–59.

[144] JOSEPH, JONATHAN.Structural power[M]// DOWDING K. Encyclopedia of power. Los Angeles: Sage Publications, 2011.

[145] KACSUK Z. FROM "GAME-LIFE REALISM" to the "IMAGINATION-ORIENTED AESTHETIC" : Reconsidering Bourdieu's contribution to fan studies in the light of Japanese manga and otaku theory[J]. Kritika Kultura, 2016(26): 274–292.

[146] KRAUSE M. Reporting and the transformations of the journalistic field: US news media, 1890–2000[J]. Media culture & society, 2011(1): 89–104.

[147] LAOR T, GALILY Y. Offline VS online: attitude and behavior of journalists in social media era[J]. Technology in society, 2020, 61: 101239.

[148] LAZER D. The co-evolution of individual and network[J]. Journal of mathematical sociology, 2001(1): 69–108.

[149] LEVINA N, ARRIAG M. Distinction and Status Production on User-Generated Content Platforms: Using Bourdieu's Theory of Cultural Production to Understand Social Dynamics in Online Fields[J]. Information Systems Research, 2014(3): 468–488.

[150] LINDELL J. Bringing Field Theory to Social Media, and Vice-Versa:

Network–Crawling an Economy of Recognition on Facebook[J]. Social media society, 2017(4).

[151] LINDELL J, JAKOBSSON P, STIERNSTEDT F. The field of television production: genesis, structure and position–takings[J]. Poetics, 2020(80): 101432.

[152] MONGE P R, CONTRACTOR N S. Theories of communication networks[M]. Oxford: Oxford University Press, 2003.

[153] MUNNIK M B. A Field Theory Perspective on Journalist–Source Relations: A Study of 'New Entrants' and 'Authorised Knowers' among Scottish Muslims[J]. Sociology, 2018(6): 1169–1184.

[154] ÖRNEBRING H, KARLSSON M, FAST K, et al. The space of journalistic work: a theoretical model[J]. Communication theory, 2018(4): 403–423.

[155] OGMYANOVA K, MONGE P. A multitheoretical,multilevel,multidimensional network model of the media system: production, content, and audiences[R]. Annals of the International Communication Association, 2013(1): 67–93.

[156] PASSMANN J,SCHUBERT C. Liking as taste making: social media practices as generators of aesthetic valuation and distinction[J]. New media & society, 2021(10): 2947–2963.

[157] PERREAULT G, STANFIELD K. Mobile journalism as lifestyle journalism? Field Theory in the integration of mobile in the newsroom and mobile journalist role conception[J]. Journalism Practice, 2019(3): 331–348.

[158] ROBERTSON H, DUGMORE H. "But is it Journalism?" Reflections on Online Informational Roles and Content Creation Practices of a Sample of South African Lawyers[J]. African Journalism Studies, 2019(3): 107–122.

[159] SYDOW J, WINDELER A, WIRTH C, et al. Foreign market entry as network entry: a relational–structuration perspective on internationalization in

television content production[J]. Scandinavian journal of management, 2010(1): 13–24.

[160] Tandoc Jr E C. Why web analytics click: factors affecting the ways journalists use audience metrics[J]. Journalism studies, 2015(6): 782–799.

[161] Tandoc Jr E C. Five ways BuzzFeed is preserving (or transforming) the journalistic field[J]. Journalism, 2018(2): 200–216.

[162] TATSUMI T. Transpacific Cyberpunk: Transgeneric Interactions between Prose, Cinema, and Manga[J]. Arts, 2018(1): 9.

[163] TRAVERS J, MILGRAM S. An experimental study of the small world problem[M]// Social networks.Academic Press, 1977.

[164] UZZI B, SPIRO J. Collaboration and creativity: the small world problem[J]. American journal of sociology, 2005(2): 447–504.

[165] VAN DER GAAG M, SNIJDERS T. Proposals for the measurement of individual social capital[J]. Creation and returns of social capital, 2004(9): 154.

[166] WEISS T. Journalistic autonomy and frame sponsoring. Explaining Japan's "nuclear blind spot" with field theory[J]. Poetics, 2020(80): 101402.

[167] WILLIAMS R. Good neighbours? Fan/producer relationships and the broadcasting field[J]. Continuum, 2010(2): 279–289.

[168] WU S, TANDOC E C, SALMON C T. A Field Analysis of Journalism in the Automation Age: Understand Journalistic Transformations and Struggles Through Structure and Agency[J]. Digital journalism, 2019(4): 428–446.

[169] ZAHEER A,SODA G. Network evolution: the origins of structural holes[J]. Administrative science quarterly, 2009(1): 1–31.

# 后 记

撰写这篇后记时,我已从母校中国人民大学博士毕业两年半。至今仍记得,十六岁的我,怀揣着憧憬与渴望,在人大东门留下星星之火,远远地在外眺望东门正中央的"实事求是石"。很幸运,求学的每个阶段都遇到了恩师,他们孜孜不倦的教诲宛如阶梯,引我迈向学术之路。如今,我已回到母校广西大学,在新闻与传播学院任教,即将步入"青椒"生涯的第三年。

夜静月明,柳影斑斓,我在凤城的晚秋中出生。感谢父母的养育之恩,爱与相信是他们的"魔法",一路守护在我的身后。外公外婆的音容笑貌和爷爷奶奶的嘘寒问暖,一直默默地滋养着我。年过三十,愈能体会"谁言寸草心,报得三春晖"的感慨。2009年,我踏入全国重点大学、国家"双一流"建设高校华南农业大学完成了四年本科学业,有幸成为梁松青老师的学生;2013年,响应国家号召,我光荣地成为广东省第七批援藏工作队的志愿者,在西藏林芝市易贡茶场尽微薄之力;2014年,我来到广东佛山顺德职业技术学院创培学院任教;2015年,进入国家"双一流"建设高校和入选国家"211工程"的广西大学攻读硕士学位,在吴海荣教授的悉心指导下荣获"优秀毕业论文";2017年,我考入"双一流""学科评估排名第一"的中国人民大学新闻学院,有幸成为中国传播学实证研究领域的领军人物、长江学者喻国明教授的学生;2021年博士毕业后,我选择回到母校广西大学,在新闻与传播学院继承前辈们的精神,成为一名光荣的青年教师。

博士论文的完成与出版离不开我的恩师喻国明教授。喻国明导师对我的谆谆教诲如长灯不灭，伴我在学海中航行。他是护芽成树的，是前瞻且新锐的。博士四年间，导师鼓励我拓宽学术视野，指导我接触不同领域方面的文献和书籍，支持我尝试不同的研究方法，涉猎不同学科的理论知识。学术科研道路上，喻老师给予了我最大程度的包容与毫无保留的肯定，每当我提出相对稚嫩的想法时，喻老师都会非常认真且郑重地回复，并提出长远且切实可行的具体指导，为我的科研和学习保驾护航的同时，不忘给予充分的自由发挥空间。喻国明导师对学术研究有着天然的敏锐度和前瞻性，他的思想经常走在年轻人的前面，在严谨且扎实的学术要求下，总会为喻门师生带来春风拂面的轻松氛围，以笔醺浓墨书写热忱与初心。幸有此德高望重且严谨治学的恩师，四年间我不敢懈怠。在喻老师的带领下，我有幸参与国家重点研发计划"公共安全"重点专项"职务犯罪智能评估、预防关键技术研究"之子项目"反腐防控决策模型与评估系统研究"，并以一篇 CSSCI 论文《平台型智能媒介的机制建构与评估方法》作为项目阶段性成果发表。

读博犹如长距离野外徒步旅行，有风和日丽，也有雨雪漫漫，无论何时何境，总有前辈为年轻人指路、撑伞。感谢 2017 级博士班班主任、长江学者胡百精教授，在学习和生活上遇到任何问题，他都会站出来为我们排忧解难。入学之初，班主任对我们寄予厚望，在寻找工作焦虑之时，班主任毫不犹豫地帮我写推荐信，名实咸宜的寄语谨记心中。在母院就读期间得到了周勇教授、张辉峰教授、钟新教授、刘海龙教授、李彪教授、王斌教授、韩晓宁教授、周蔚华教授、周俊副教授、马建波副教授、潘曙雅老师等人大老师的悉心教诲，感谢徐雅琴老师四年来的辛勤付出，他们的厚爱与扶持犹如冬日暖阳洒在心间。本书的写作基础源自博士毕业论文，有幸在毕业论文开题、预答辩和毕业答辩阶段得到北京师范大学新闻传播学院院长张洪忠教授、丁汉青教授、宋素红教授、闫文捷副教授和中国传媒大学韩运荣教授为我的博士论文提供的宝贵建议。

感谢北京师范大学"认知神经传播学实验室"。在这个温暖的科研大家庭，很荣幸在传播学和心理学研究上得到了杨雅、修利超、赵睿、梁爽、程思琪、潘佳宝、景琦、曹璞、付佳、姚飞和师景等众多优秀师兄师姐的帮助，有机会与冯菲、苗勃、韩婷、耿晓梦、杨颖兮、杨嘉仪和张珂嘉等众多优秀的同门进行学术交流。

从"实事求是石"到"一勺池"，我在红楼、图书馆和明德楼三点一线，度过了春晖指路的日日月月。本书的写作有赖于众多同学与朋友的帮助，特别感谢我的舍友王文轩，四年同窗，我们彼此学习、互相鼓励。感谢2017级博士班里的每一位同学，是你们的优秀让我不敢流连，怕稍有耽搁就会掉队。

感谢广西大学新闻与传播学院银健书记、苏琦老师、科研处刘馨元老师，他们对本书的出版提供了无私帮助，由衷感谢广西大学对青年学术著作出版的资助。感谢杨奇光副教授、付钰姣同学，他们为本书的撰写与校对提供了诸多参考与帮助。

特别感谢人民日报出版社的编辑，本书的出版有赖于他们不辞辛劳的付出和孜孜不倦的教导，也特别感谢人民日报出版社对青年学者给予的厚爱与帮助！

借此深刻悼念陪伴我成长的荆鸿老师。

最后，感谢心中的光与漆黑的夜，它们陪我熬到了无数个通宵撰写论文的清晨。

杨名宜

2024 年 7 月

于广西大学新闻与传播学院

# 附　录

## 附录1：图表索引

❦

# 附录 2：话语分析资料索引

## 附表 1　正文援引话语资料基本信息（文章类）

| 编号 | 言说者 | 身份 | 年份 | 场合 | 话语来源 |
|---|---|---|---|---|---|
| a1 | 任力 | 上海禾念 CEO | 2014 | 上海 CCG 动漫展高峰论坛 | 上海 CCG 动漫展高峰论坛专访 |
| a2 | 曹璞 | 天矢禾念集团董事兼总经理 | 2018 | 杂志《创业邦》专访 | 国民少女洛天依"身世之谜"：原团队 3 年吃空数千万，她空降两年救活公司，奥飞 B 站投资 |
| a3 | 李迪克 | 星尘偶像制作团队和 P 主 | 2018 | Touch 音乐自媒体 | 发现天朝的二次元：虚拟偶像星尘 |
| a4 | 曹璞 | 天矢禾念集团董事兼总经理 | 2016 | 数娱梦工厂报道 | 虚拟偶像风潮：下一个洛天依和中国版的 lovelive 在哪里？ |
| a5 | 程若涵 | 禾念品牌商务总监 | 2016 | 中国新闻周刊 | 洛天依：虚拟偶像经济学 |
| a6 | 木然子 | 虚拟偶像洛天依粉丝 | 2017 | 《财经天下》专访 | 破壁偶像洛天依和她的三次元粉丝 |
| a7 | 曹璞 | 天矢禾念集团董事兼总经理 | 2017 | 演讲 | "未来的全民偶像 虚拟歌手洛天依"的演讲 |
| a8 | 曹璞 | 上海禾念信息科技有限公司执行董事 | 2016 | 中国新闻周刊 | 洛天依：虚拟偶像经济学 |
| a9 | ilem | 产消者 | 2016 | 知乎问答 | 知乎问答"如何评价洛天依形象的商业化？" |
| a10 | litterzy | 产消者 | 2019 | "瓜果瓜秧电视台"自媒体专访 | 《吃瓜不吐瓜 P》第 21 期 |
| a11 | 动点 p | 产消者 | 2019 | "瓜果瓜秧电视台"自媒体专访 | 《吃瓜不吐瓜 P》第 25 期 |
| a12 | zeno | 星尘偶像制作团队和 P 主 | 2018 | Touch 音乐自媒体 | 发现天朝的二次元：虚拟偶像星尘 |

续表

| 编号 | 言说者 | 身份 | 年份 | 场合 | 话语来源 |
|---|---|---|---|---|---|
| a13 | cop | 产消者 | 2018 | "瓜果瓜秧电视台"自媒体专访 | 《吃瓜不吐瓜P》第16期 |
| a14 | ilem | 产消者 | 2016 | 微博文章 | 《未来》 |
| a15 | 米库喵 | 产消者 | 2019 | "瓜果瓜秧电视台"自媒体专访 | 《吃瓜不吐瓜P》第27期 |
| a16 | 茅中元 | 玄机科技媒介总监 | 2017 | 数娱梦工厂报道 | 虚拟偶像风潮：下一个洛天依和中国版的lovelive在哪里？ |
| a17 | 孙华宁 | 聚粉文化CEO | 2017 | 数娱梦工厂报道 | 虚拟偶像风潮：下一个洛天依和中国版的lovelive在哪里？ |
| a18 | 任力 | 上海禾念信息科技有限公司和上海望盛信息科技有限公司创始人 | 2017 | "有声voice"自媒体品牌 | 任力专访《当虚拟偶像不只有歌姬，次元壁也可以打破》 |
| a19 | 李迪克 | 星尘偶像制作团队和P主 | 2017 | 数娱梦工厂报道 | 虚拟偶像风潮：下一个洛天依和中国版的lovelive在哪里？ |
| a20 | 洛天依团队负责人 | 洛天依团队负责人 | 2020 | "tech星球"自媒体品牌 | 虚拟主播带货潮，洛天依能否取代薇娅、李佳琦 |
| a21 | ilem | VOCALOID创作者 | 2020 | 情报姬自媒体访谈 | 专访音乐教主ilem：从《普通Disco》到《达拉崩吧》 |
| a22 | 程若涵 | 禾念品牌商务总监 | 2018 | 商学院杂志访谈 | "完美偶像"洛天依，二次元如何撬动"00后" |
| a23 | 阿良良木健 | 产消者 | 2018 | 知乎问答 | 知乎问答"洛天依能走多远？" |
| a24 | ilem | 产消者 | 2020 | "瓜果瓜秧电视台"自媒体专访 | 《吃瓜不吐瓜P》第38期 |
| a25 | 人形兔 | 洛天依声库制作人和产消者 | 2020 | 情报姬自媒体访谈 | 专访知名音乐人、洛天依声库制作人人形兔：中V式微？听听我怎么说 |

| 编号 | 言说者 | 身份 | 年份 | 场合 | 话语来源 |
|---|---|---|---|---|---|
| a26 | 柳延之 | 产消者 | 2019 | "瓜果瓜秧电视台"自媒体专访 | 《吃瓜不吐瓜P》第31期 |
| a27 | 萌白 vc编辑团队 | 产消者 | 2019 | "瓜果瓜秧电视台"自媒体专访 | 《吃瓜不吐瓜P》第29期 |
| a28 | 星辉p | 产消者 | 2019 | "瓜果瓜秧电视台"自媒体专访 | 《吃瓜不吐瓜P》第19期 |
| a29 | 跳蛹 | 产消者 | 2018 | "瓜果瓜秧电视台"自媒体专访 | 《吃瓜不吐瓜P》第11期 |
| a30 | 花儿不哭 | 产消者 | 2018 | "瓜果瓜秧电视台"自媒体专访 | 《吃瓜不吐瓜P》第9期 |
| a31 | litterzy | 产消者 | 2017 | 知乎问答 | 知乎问答"VOCALOID的p主靠什么赚钱？" |
| a32 | 杨洁 | 中国证券报记者 | 2020 | 中国证券报 | 打破次元壁！虚拟歌手洛天依跨界直播带货 品牌方瞄准"Z世代"钱袋 |
| a33 | 曹璞 | 天矢禾念集团兼总经理 | 2019 | "洛天依与郎朗全息演唱会"后专访 | 古典钢琴家与虚拟歌手实现破次元壁合作郎朗：若是真人，我会爱上洛天依 |

### 附表 2  正文援引话语资料基本信息（短评和公告类）

| 编号 | 言说者 | 身份 | 年月 | 场合 |
|------|--------|------|------|------|
| b1 | Vsinger | 虚拟偶像 Vsinger 经纪团队 | 201507 | 微博公告 |
| b2 | Vsinger_洛天依 | 虚拟偶像官方微博 | 201410 | 微博公告 |
| b3 | Vsinger_洛天依 | 虚拟偶像官方微博 | 201409 | 微博公告 |
| b4 | Vsinger | 虚拟偶像 Vsinger 经纪团队 | 201508 | 微博公告 |
| b5 | Vsinger_洛天依 | 虚拟偶像官方微博 | 201601 | 微博公告 |
| b6 | Vsinger | 虚拟偶像 Vsinger 经纪团队 | 201511 | 微博公告 |
| b7 | 枭目☆moku | 官方合作 P 主 | 202005 | B 站动态 |
| b8 | 墨兰花语 | 产消者 | 201602 | 微博公告 |
| b9 | Vsinger_洛天依 | 虚拟偶像官方微博 | 201602 | 微博公告 |
| b10 | Vsinger | 虚拟偶像 Vsinger 经纪团队 | 201602 | 微博公告 |
| b11 | Vsinger | 虚拟偶像 Vsinger 经纪团队 | 201602 | 微博公告 |
| b12 | Vsinger_洛天依 | 虚拟偶像官方微博 | 202005 | 微博公告 |
| b13 | Vsinger | 虚拟偶像 Vsinger 经纪团队 | 202006 | 微博公告 |
| b14 | Vsinger_洛天依 | 虚拟偶像官方微博 | 202003 | 微博公告 |
| b15 | Vsinger_洛天依 | 虚拟偶像官方微博 | 201901 | 微博公告 |
| b16 | Vsinger_洛天依 | 虚拟偶像官方微博 | 201812 | 微博公告 |
| b17 | Vsinger_洛天依 | 虚拟偶像官方微博 | 201602 | 微博公告 |
| b18 | Vsinger | 虚拟偶像 Vsinger 经纪团队 | 201602 | 微博公告 |
| b19 | Vsinger | 虚拟偶像 Vsinger 经纪团队 | 201601 | 微博公告 |
| b20 | 雨狸 | 产消者 | 201607 | 微博公告 |
| b21 | ilem | 产消者 | 201601 | 微博公告 |
| b22 | ilem | 产消者 | 201601 | 微博公告 |
| b23 | 雨狸 | 产消者 | 201407 | 微博公告 |
| b24 | 李迪克 | 星尘偶像制作团队和 P 主 | 202006 | 微博公告 |
| b25 | Vsinger_洛天依 | 虚拟偶像官方微博 | 201405 | 微博公告 |

| 编号 | 言说者 | 身份 | 年月 | 场合 |
|------|--------|------|------|------|
| b26 | Vsinger_ 洛天依 | 虚拟偶像官方微博 | 202102 | 微博个人介绍 |
| b27 | Vsinger_ 乐正龙牙 | 虚拟偶像官方微博 | 202102 | 微博个人介绍 |
| b28 | Vsinger_ 言和 | 虚拟偶像官方微博 | 202102 | 微博个人介绍 |
| b29 | Vsinger_ 乐正绫 | 虚拟偶像官方微博 | 202102 | 微博个人介绍 |
| b30 | Vsinger_ 徵羽摩柯 | 虚拟偶像官方微博 | 202102 | 微博个人介绍 |
| b31 | Vsinger_ 墨清弦 | 虚拟偶像官方微博 | 202102 | 微博个人介绍 |
| b32 | 心华 XINHUA | 虚拟偶像官方微博 | 202102 | 微博个人介绍 |
| b33 | 星尘 _Official | 虚拟偶像官方微博 | 202102 | 微博个人介绍 |
| b34 | Vsinger_ 洛天依 | 虚拟偶像官方微博 | 201801 | 微博公告 |
| b35 | Vsinger_ 洛天依 | 虚拟偶像官方微博 | 201804 | 微博公告 |
| b36 | Vsinger_ 洛天依 | 虚拟偶像官方微博 | 201808 | 微博公告 |
| b37 | Vsinger_ 洛天依 | 虚拟偶像官方微博 | 201811 | 微博公告 |
| b38 | Vsinger_ 洛天依 | 虚拟偶像官方微博 | 202004 | 微博公告 |
| b39 | Vsinger | 虚拟偶像 Vsinger 经纪团队 | 202001 | 微博公告 |
| b40 | Vsinger | 虚拟偶像 Vsinger 经纪团队 | 201806 | 微博公告 |
| b41 | Vsinger | 虚拟偶像 Vsinger 经纪团队 | 201807 | 微博公告 |
| b42 | Vsinger | 虚拟偶像 Vsinger 经纪团队 | 201902 | 微博公告 |
| b43 | Vsinger_ 洛天依 | 虚拟偶像官方微博 | 202007 | 微博公告 |
| b44 | Vsinger | 虚拟偶像 Vsinger 经纪团队 | 201906 | 微博公告 |
| b45 | Vsinger | 虚拟偶像 Vsinger 经纪团队 | 201511 | 微博公告 |
| b46 | Vsinger | 虚拟偶像 Vsinger 经纪团队 | 201508 | 微博公告 |
| b47 | Vsinger | 虚拟偶像 Vsinger 经纪团队 | 201508 | 微博公告 |
| b48 | Vsinger_ 言和 | 虚拟偶像官方微博 | 202101 | 微博公告 |
| b49 | Vsinger_ 言和 | 虚拟偶像官方微博 | 202101 | 微博公告 |
| b50 | Vsinger_ 言和 | 虚拟偶像官方微博 | 202001 | 微博公告 |
| b51 | Vsinger_ 洛天依 | 虚拟偶像官方微博 | 201408 | 微博公告 |
| b52 | Vsinger | 虚拟偶像 Vsinger 经纪团队 | 201701 | 微博公告 |
| b53 | Vsinger | 虚拟偶像 Vsinger 经纪团队 | 201708 | 微博公告 |
| b54 | Vsinger | 虚拟偶像 Vsinger 经纪团队 | 201904 | 微博公告 |

续表

| 编号 | 言说者 | 身份 | 年月 | 场合 |
|---|---|---|---|---|
| b55 | 箭场视频 | 自媒体品牌 | 201808 | 微博公告 |
| b56 | Vsinger_ 洛天依 | 虚拟偶像官方微博 | 201601 | 微博公告 |
| b57 | 墨兰花语 | 产消者 | 201402 | 微博公告 |
| b58 | 山新 | 虚拟偶像洛天依的声源 | 202008 | 微博公告 |

## 附录 3：中文 VOCALOID 虚拟偶像在中国发展简史

　　本附录的所有数据来源于萌娘百科[①]，微博官方认证账号 @Vsinger_洛天依、@上海禾念信息科技有限公司、@VOCANESE、@Vsinger，以及哔哩哔哩弹幕视频网站的用户洛宫羽发布在哔哩哔哩的文章《洛天依简史》的上中下篇[②] 和由哔哩哔哩弹幕视频网站用户 Fucyan 发布的专栏文集《中文 VOCALOID 简史》（https://www.bilibili.com/read/readlist/rl251383）。

附表 3　中文 VOCALOID 虚拟偶像在中国发展简史

| 年份 | 日期 | 事件 |
|---|---|---|
| 2011 | 11 月 20 日 | VOCALOID CHINA PROJECT（简称 VCP）启动，公布征集人物形象活动的计划，任力担任上海禾念的总经理 |
| | 12 月 1 日 | 征集活动正式开始，画师 Moth 绘制的《雅音 宫羽》位居 13 |
| 2012 | 1 月 17 日 | MOKO（徵羽摩柯原型）、绫彩音（乐正绫原型）、蝶音（因涉嫌抄袭终被取消）、牙音（乐正龙牙）、雅音宫羽（洛天依原型）初稿入选，并发布测试曲《茉莉花》 |
| | 3 月 22 日 | VOCALOID CHINA PROJECT 公布中文形象最终定样，宣布入围作品由画师 ideolo 进行重绘后公布，最终确定为洛天依、徵羽摩柯、墨清弦、乐正绫和乐正龙牙 |
| | 4 月 5 日 | 官方形象和设定对征集的设定有较大幅度修改，引起部分粉丝不满，官方发布微博回应此事，大部分粉丝表示理解并接受 |

---

[①]　萌娘百科是由 MediaWiki 软件支持的 ACGN 主题在线百科全书，收录众多动漫术语，被认为是专门收集二次元动漫术语的百科，网址为 https://zh.moegirl.org.cn/Mainpage。

[②]　由用户洛宫羽整理发布的《洛天依简史》的上篇、中篇和下篇，上篇网址为 https://www.bilibili.com/read/cv4737678，中篇网址为 https://www.bilibili.com/read/cv4827699，下篇网址为 https://www.bilibili.com/read/cv5251998/。

续表

| 年份 | 日期 | 事件 |
|---|---|---|
| 2012 | 5 月 22 日 | 洛天依官方人物设定在 VOCALOID CHINA 公布 |
| | 6 月 6 日 | 洛天依 VOCALOID3 声库豪华限量版开启预售，内容包括首张官方专辑《Sing Sing Sing》，其中包括曲目《茉莉花的音符》（谢谢 P & ideolo）、《Feel Your Dream》（Trii&KY）、《风萤月》（Zoey & 赵忠炉）、《不辍》（乐痕 & ideolo）、《三月雨》（Wing 翼）、《自然物语》（Ryuu & TID）和《千年食谱颂》（H.K.kun & IIduke） |
| | 6 月 6 日 | 由七灵石动画公司制作的动画片《VOCALOID CHINA PROJECT》开始更新，试听曲《Step on your heart~ 心印》为动画主题曲 |
| | 7 月 12 日 | 洛天依 V3 声库和官方首张专辑《Sing Sing Sing》正式发布，此日被正式定为虚拟偶像洛天依的出道日和生日，第一位中文 VOCALOID 虚拟偶像诞生 |
| | 7 月 13 日 | P 主 Lthis 在 B 站发布第一首洛天依民间原创曲《小小的我与你的歌》 |
| | 7 月 13 日 | 官方专辑曲《千年食谱颂》PV 发布正在 B 站，"世界第一的吃货殿下"的二次设定源自此曲 |
| | 8 月 7 日 | 第一期《洛天依新曲排行榜》（P 主河童子）发布，该排行榜是"周刊 VOCALOID 中文排行榜"的前身，其年榜数据是本书重要的内容分析数据来源 |
| | 9 月 22 日 | 洛天依原创曲《#66ccff》（杉田朗）发布，此曲以洛天依代表色的色号命名，自此，洛天依代表色逐渐发展为其粉丝的应援色，色号为 #66ccff，被广泛认可 |
| | 8 月 1 日 | P 主 PoKeR 发布《噬心》（已于 2018 年被作者删除），病娇和黑暗元素是该曲的特点，洛天依"黑化"的二次设定可能源于此曲 |
| | 12 月 22 日 | 洛天依官方共鸣专辑第二弹《Dance Dance Dance》和第三弹《梦的七次方》在魔都同人祭（COMICUP11）首发 |
| 2013 | 1 月 19 日 | 洛天依首次全息表演，以嘉宾形式参与韩国 SeeU 虚拟歌手全息演唱会表演歌曲《66ccff》 |
| | 2 月 9 日 | 洛天依首次参与 B 站哔哩哔哩拜年祭 |
| | 3 月 23 日 | 洛天依第四张官方专辑《星》发布 |
| | 3 月 25 日 | Mercury 企划、VOCALOID CHINA 与 178.com 动漫频道协办第二届「VOCALOID CHINA」形象募集活动 |
| | 事件 | 由于除洛天依外五色战队的其他人员尚未制作，VOCALOID CHINA 却开始募集新角色，引起粉丝不满。该问题直到 2019 年全部成员完成前都是中文 VOCALOID 圈内的主要矛盾 |
| | 4 月 4 日 | 平行四界 Quadimension 社团发布首张专辑 |

| 年份 | 日期 | 事件 |
|---|---|---|
| 2013 | 6 月 30 日 | 时任总经理任力对上海禾念信息科技有限公司的管理层进行收购 |
| | 7 月 1 日 | 上海禾念开始独自运营，Bplats 宣布终止 VOCALOID CHINA 项目的一切活动，宣传工作转交到 VOCALOID 官方，已发布的声库保持研发和销售 |
| | 7 月 11 日 | 第二位中文 VOCALOID 虚拟偶像言和的形象与声库正式公布，其首张官方专辑《The Stage 1》发布，歌单包括《柠檬烟火》《New Born》《簪春光》《舞夜序歌》《心之光》《刀剑春秋》《洗澡歌》《梦之雨》 |
| | 7 月 19 日 | 上海禾念推出 VOCANESE 品牌，并开通官方微博账户，此时禾念已与 Bplats 和雅马哈终止合作关系，放弃运营他们合作的 VOCALOID CHINA 品牌 |
| | 11 月 23 日 | 言和第二张官方专辑《The Stage 2》发布 |
| 2014 | 2 月 1 日 | 上海禾念信息科技有限公司从日本雅马哈公司处购回"洛天依"及其相关形象版权 |
| | 事件 | 由于最初投资款项基本用完，洛天依运营没有起色，日本雅马哈公司决定撤资，名叫龟岛则充的职业经理人从雅马哈手中买下洛天依 IP 版权 |
| | 5 月 20 日 | 洛天依官方微博开通 |
| | 事件 | 发光 p 事件（众多 P 主联合揭露第二位中文 VOCALOID 虚拟偶像言和的音源库本来是为 VCP 五色战队中的徵羽摩柯制作的，言和声库存在缺陷源于原声提供者刘婧荦录制时是以男孩子形象为蓝本录制的，见于 2013 年 7 月 19 日的访谈） |
| | 5 月 28 日 | 平行四界（北京福托公司）委托上海禾念制作虚拟偶像星尘的 V4 声库，并启动星尘的官方微博 |
| | 7 月 11 日 | 针对信任危机，粉丝认为其他四名成员将不被开发，上海禾念进行回应，宣布将与雅马哈合作推出新的中文 VOCALOID 声库，并尽力回购五色战队的版权，否定言和声库的来源质疑 |
| | 8 月 26 日 | 网易推出《战音 OL》游戏和新 VOCALOID 形象"战音 Lorra" |
| 2015 | 2 月 9 日 | 上海禾念法定代表人变为张睿，投资人变更为曹璞和沈虹，任力与上海禾念脱离法律关系 |
| | 2 月 18 日 | 洛天依参加哔哩哔哩 2015 年拜年祭的演唱歌曲《权御天下》，掀起 VOCALOID 在拜年祭的古风时代，但此曲后来长期陷入抄袭阳炎 Project《daze》的风波中，虽有争议但结果不了了之 |
| | 2 月 28 日 | 任力正式离职，标志 VOCANESE 项目夭折 |

| 年份 | 日期 | 事件 |
|---|---|---|
| 2015 | 2月27日 | 网易浚源游戏工作室解散，随后，战音OL游戏结束，战音Lorra项目失去商业价值，其开发项目冻结 |
| | 3月2日 | P主ilem（教主）发布《普通Disco》，此曲此后成为第一首传说曲（百万播放量）、神话曲（千万播放量） |
| | 5月12日 | 任力成立上海望乘有限公司，开始经营台湾虚拟偶像心华 |
| | 5月28日 | Vsinger官方微博开通 |
| | 6月24日 | 台湾心华（上海望乘）在大陆地区销售V3声库和V4编辑器 |
| | 7月1日 | 虚拟偶像Vsinger五色战队的乐正绫声库正式发售 |
| | 7月1日 | 上海禾念的投资人沈虹退出，张睿顶替 |
| | 7月4日 | 乐正绫公开试听曲《梦语》发布 |
| | 7月30日 | 乐正龙牙立项成功 |
| | 事件 | GK爆料事件（禾念离职员工GK在10月17日知乎问答中指出言和采样原是摩柯的，言和遭到恶意攻击） |
| | 10月19日 | Vsinger官方微博回应，平息此事争端 |
| | 11月16日 | Vsinger全员Q版手办造型征集活动 |
| | 11月21日 | Vsinger开启全国首个Cosplay服装授权 |
| | 12月31日 | 李宇春在"2016湖南卫视跨年演唱会"演唱改编后的《普通Disco》，VOCALOID中文曲首次在大众媒体上传播 |
| 2016 | 1月8日 | 由洛天依和河图共同演唱的歌曲《狐言》登上百度原创音乐榜第二名 |
| | 2月2日 | 洛天依参与2016年湖南卫视小年夜春晚，与杨钰莹共同演唱歌曲《花儿纳吉》 |
| | 3月22日 | 洛天依V4声音库录音正式开始 |
| | 3月30日 | 上海禾念得到奥飞文化传播公司投资 |
| | 4月13日 | 虚拟偶像星尘中文V4声库开启预售，成为首个中文V4声库，星尘首张官方专辑《星愿StarWish》发布 |
| | 5月10日 | 上海禾念信息科技有限公司法人从张睿变更为曹璞，获得广州奥飞文化传播有限公司B轮投资 |
| | 7月15日 | Vsinger公布洛天依V4官方人物设定和形象 |
| | 7月23日 | 洛天依首次参加BML2016（Bilibili Macro Link）演唱会 |
| | 9月15日 | 洛天依参加湖南卫视"2016年中秋之夜"晚会 |
| | 9月29日 | 洛天依官方微信公众号重新启用 |

| 年份 | 日期 | 事件 |
|---|---|---|
| 2016 | 9月23日 | 洛天依登上美国纽约时代广场巨型屏幕，源于在"半次元"举办的"2016年中国萌战"中获得第二名，与张起灵和叶修进入前三名 |
| | 10月15日 | 洛天依参与湖南卫视"2016年第十一届金鹰节互联盛典晚会" |
| | 10月17日 | Vsinger旗下虚拟偶像和浦发银行合作款信用卡发布 |
| | 11月10日 | 洛天依登上天猫双十一晚会，为其代言的品牌"三只松鼠"演唱《好吃歌》 |
| | 12月8日 | 天矢禾念公司召开品牌战略发布会，宣布2017年6月17日召开Vsinger首场全息演唱会 |
| | | 上海望乘告上海禾念在Vsinger首场全息演唱会中使用的宣传视频中有三个画面构成侵权，并在微博发布公开律师函 |
| | 12月26日 | 上海禾念公司首次得到上海幻电信息科技有限公司投资（哔哩哔哩视频网站母公司） |
| | 12月31日 | 洛天依和乐正绫参加2017年湖南卫视跨年演唱会 |
| 2017 | 1月16日 | Vsinger旗下虚拟偶像的官方应援色发布 |
| | 2月25日 | 上海禾念信息科技有限公司举办Vsinger创作大赛 |
| | 2月28日 | 平行四界（北京福托）推出虚拟偶像星尘的第二张官方专辑《星语Star Whisper》 |
| | 3月17日 | Vsinger粉丝后援会成立，粉丝俱乐部入会测试开启 |
| | 5月10日 | 乐正龙牙正式出道，声库开始预售，成为第一位VOCALOID中文男性声库 |
| | 5月13日 | 上海望乘推出闭源模式，不发售声库，而是通过与专业创作者合作交换声库授权，旗下推出章楚楚和悦成两位闭源虚拟偶像 |
| | 5月17日 | 上海望乘获得"心华"包括港澳台地区在内的中国全版权 |
| | 6月16日 | Vsinger与太和音乐集团旗下海蝶音乐合作推出一张VOCALOID中文官方专辑《虚拟游乐场》。 |
| | 6月17日 | Vsinger Live洛天依全息演唱会在上海梅赛德斯·奔驰文化中心举办 |
| | 7月4日 | 洛天依引起共青团中央关注，共青团中央微信公众号发布《洛天依：进击的中国虚拟偶像》 |
| | 7月21日 | 洛天依参加BML-VR（Bilibili Macro Link-Visual Release）演唱会2017 |
| | 9月15日 | 平行四界（北京福托）推出虚拟偶像星尘的第三张官方专辑《平行四界LIVE TOUR OFFICIAL ALBUM》 |

续表

| 年份 | 日期 | 事件 |
|---|---|---|
| 2017 | 10月4日 | 洛天依、乐正绫和乐正龙牙参加湖南卫视中秋之夜晚会 |
| | 11月20日 | 望乘告禾念案公开审理，禾念胜诉 |
| | 12月2日 | Vsinger 旗下乐正绫的首张官方专辑《绫》发售 |
| | 12月8日 | 洛天依参加湖南卫视节目《天天向上》，演唱《66ccff》 |
| | 12月26日 | 共青团中央出品中国制造日主题曲《天行健》，由洛天依演唱 |
| | 12月30日 | 洛天依 V4 中文声库正式发售 |
| | 12月31日 | 洛天依参加江苏卫视跨年演唱会，与周华健合唱歌曲《let it go》 |
| 2018 | 2月12日 | 平行四界推出的第二款虚拟偶像海伊的人设形象正式公开 |
| | 3月31日 | 洛天依参与 CCTV1《经典咏流传》节目，与王珮瑜老师演唱《明月几时有》，演出中穿着中华传统服饰，与洛天依古风方向吻合，"中华传统服饰"逐渐成为洛天依的二次设定 |
| | 4月15日 | 2018 年洛天依六周年诞生祭活动开始 |
| | 4月23日 | 洛天依 V4 声库日文版正式开启预售并试听曲《嘘つきは恋のはじまり》 |
| | 5月11日 | 平行四界（北京福托）推出星尘的第四张官方专辑，也是海伊首张官方专辑《星之海 StarOcean》 |
| | 5月21日 | 洛天依 V4 日文声库正式发售 |
| | 5月30日 | Vsinger 旗下五色战队的徵羽摩柯的 V3 声库发售 |
| | 6月14日 | Vsinger 旗下五色战队的墨清弦的 V4 声库发售 |
| | 7月12日 | bilibili 音乐出品 2018 洛天依庆生贺曲《一花依世界》 |
| | 7月20日 | 2018 BML 和 Vsinger Live 全息演唱会举办 |
| | 8月19日 | 以 Dreamtonics 团队开发的电子音声合成引擎 Synthesizer V 的技术预览版发布 |
| | 8月23日 | 箭厂视频的纪录片《成为偶像》的第三季《我的二次元女友是虚拟歌手》，Vsinger 旗下虚拟偶像为主角 |
| | 11月3日 | 洛天依参加网易云音乐在国家体育场举办的"2018 北京·国风极乐夜"音乐盛典，演唱《权御天下》 |
| | 11月6日 | 洛天依获得"2018 全球华语金曲奖"最佳二次元艺人提名 |
| | 12月15日 | 洛天依官方新专辑《Lost In Tianyi》开始预售 |
| | 12月24日 | Synthesizer V 电子音合成引擎正式发布，其中国大陆的销售代理权由北京福托科技开发有限公司代理 |
| | 12月28日 | SynthV 首款中文声库艾可发售 |
| | 12月31日 | 洛天依在江苏卫视跨年演唱会与薛之谦合唱《达拉崩吧－改编版》 |

| 年份 | 日期 | 事件 |
|---|---|---|
| 2019 | 1月1日 | 洛天依官方新形象更新 |
| | 2月3日 | 原 VOCALOID CHINA PROJECT 全员官方合唱曲《Hear me！》发布，VCP 从 2012 年到 2019 年终于完成五位成员的音源库全部正式发售 |
| | 2月13日 | P 主 ilem 与 bilibili 的合作专辑《2：3》第一首曲目发布 |
| | 2月23日 | 洛天依和钢琴演奏家郎朗演唱会在上海举办 |
| | 3月1日 | Vsinger 旗下虚拟偶像洛天依的第六张官方专辑《Lost In Tianyi》发售 |
| | 3月4日 | 上海禾念法定代表人从曹璞变更为郑彬伟，曹璞和奥飞文化退出，投资人变更为上海幻电信息科技公司和上海启蜀咨询管理有限公司 |
| | 4月19日 | SynthV 中文声库赤羽公开试听曲并开始预售 |
| | 5月18日 | 洛天依参加于广州亚运城举办的"2019 荔枝声音节" |
| | 5月31日 | SynthV 中文声库诗岸公开试听曲并开始预售 |